中国科协学科发展研究系列报告

中国科学技术协会 / 主编

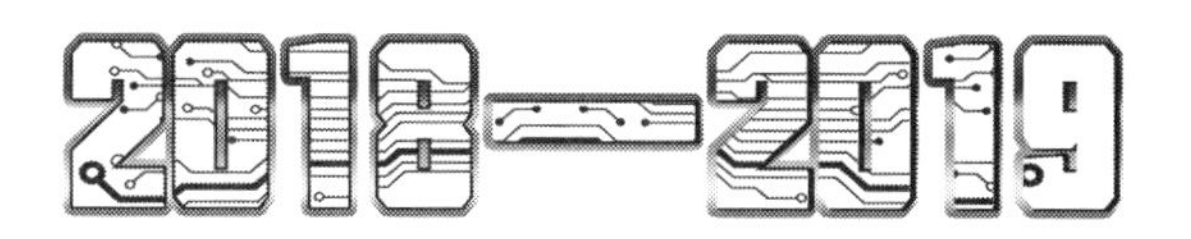

农学
学科发展报告
基础农学

—— REPORT ON ADVANCES IN ——
BASIC AGRONOMY

中国农学会 / 编著

中国科学技术出版社

·北　京·

图书在版编目（CIP）数据

2018—2019 农学学科发展报告：基础农学 / 中国科学技术协会主编；中国农学会编著 . —北京：中国科学技术出版社，2020.8

（中国科协学科发展研究系列报告）

ISBN 978-7-5046-8532-2

Ⅰ. ① 2… Ⅱ. ①中… ②中… Ⅲ. ①农业科学—学科发展—研究报告—中国—2018—2019 Ⅳ. ① S-12

中国版本图书馆 CIP 数据核字（2020）第 036877 号

策划编辑	秦德继　许　慧
责任编辑	张　楠　彭慧元
装帧设计	中文天地
责任校对	焦　宁
责任印制	李晓霖

出　　版	中国科学技术出版社
发　　行	中国科学技术出版社有限公司发行部
地　　址	北京市海淀区中关村南大街16号
邮　　编	100081
发行电话	010-62173865
传　　真	010-62179148
网　　址	http://www.cspbooks.com.cn

开　　本	787mm × 1092mm　1/16
字　　数	260千字
印　　张	12.25
版　　次	2020年8月第1版
印　　次	2020年8月第1次印刷
印　　刷	河北鑫兆源印刷有限公司
书　　号	ISBN 978-7-5046-8532-2 / S · 767
定　　价	67.00元

2018—2019

农学学科发展报告：基础农学

首席科学家　刘　旭　万建民　陈晓亚　梅旭荣

组　　　长　梅旭荣　莫广刚

副　组　长（按专题排序）

李立会　李新海　何祖华　骆世明　林　敏
高会江

组　　　员（按姓氏笔画排序）

丁向东　马有志　马　晶　王忆平　王志鹏
方长旬　田长富　朱书生　朱祝军　刘裕强
刘荣志　刘蓉蓉　宇振荣　杜　勇　李　争
李　隆　李凤民　李付广　李永祥　李成云
李春辉　李　俊　陈鹏飞　杨　平　杨　敏
邱丽娟　谷晓峰　辛　霞　张　帆　张少英
张江丽　张学昆　张学勇　张瑞福　张锦鹏

当今世界正经历百年未有之大变局。受新冠肺炎疫情严重影响，世界经济明显衰退，经济全球化遭遇逆流，地缘政治风险上升，国际环境日益复杂。全球科技创新正以前所未有的力量驱动经济社会的发展，促进产业的变革与新生。

2020 年 5 月，习近平总书记在给科技工作者代表的回信中指出，“创新是引领发展的第一动力，科技是战胜困难的有力武器，希望全国科技工作者弘扬优良传统，坚定创新自信，着力攻克关键核心技术，促进产学研深度融合，勇于攀登科技高峰，为把我国建设成为世界科技强国作出新的更大的贡献”。习近平总书记的指示寄托了对科技工作者的厚望，指明了科技创新的前进方向。

中国科协作为科学共同体的主要力量，密切联系广大科技工作者，以推动科技创新为己任，瞄准世界科技前沿和共同关切，着力打造重大科学问题难题研判、科学技术服务可持续发展研判和学科发展研判三大品牌，形成高质量建议与可持续有效机制，全面提升学术引领能力。2006 年，中国科协以推进学术建设和科技创新为目的，创立了学科发展研究项目，组织所属全国学会发挥各自优势，聚集全国高质量学术资源，凝聚专家学者的智慧，依托科研教学单位支持，持续开展学科发展研究，形成了具有重要学术价值和影响力的学科发展研究系列成果，不仅受到国内外科技界的广泛关注，而且得到国家有关决策部门的高度重视，为国家制定科技发展规划、谋划科技创新战略布局、制定学科发展路线图、设置科研机构、培养科技人才等提供了重要参考。

2018 年，中国科协组织中国力学学会、中国化学会、中国心理学会、中国指挥与控制学会、中国农学会等 31 个全国学会，分别就力学、化学、心理学、指挥与控制、农学等 31 个学科或领域的学科态势、基础理论探索、重要技术创新成果、学术影响、国际合作、人才队伍建设等进行了深入研究分析，参与项目研究和报告编写的专家学者不辞辛劳，深入调研，潜心研究，广集资料，提炼精华，编写了 31 卷学科发展报告以及 1 卷综合报告。综观这些学科发展报告，既有关于学科发展前沿与趋势的概观介绍，也有关于学科近期热点的分析论述，兼顾了科研工作者和决策制定者的需要；细观这些学科发展报告，从中可以窥见：基础理论研究得到空前重视，科技热点研究成果中更多地显示了中国力量，诸多科研课题密切结合国家经济发展需求和民生需求，创新技术应用领域日渐丰富，以青年科技骨干领衔的研究团队成果更为凸显，旧的科研体制机制的藩篱开始打破，科学道德建设受到普遍重视，研究机构布局趋于平衡合理，学科建设与科研人员队伍建设同步发展等。

在《中国科协学科发展研究系列报告（2018—2019）》付梓之际，衷心地感谢参与本期研究项目的中国科协所属全国学会以及有关科研、教学单位，感谢所有参与项目研究与编写出版的同志们。同时，也真诚地希望有更多的科技工作者关注学科发展研究，为本项目持续开展、不断提升质量和充分利用成果建言献策。

中国科学技术协会

2020 年 7 月于北京

基础农学是基础研究在农业科学领域中的应用和体现，在农业科学中具有基础性、前瞻性和主导性作用。基础农学及相关学科的新概念、新理论、新方法是推动农业科技进步和创新的动力，是衡量农业科研水平的重要标志。随着新一轮科技革命和产业变革深化演进，现代科学技术飞速发展，生物技术、信息技术、创新材料和先进制造等前沿高技术加速向农业领域渗透和应用，基础农学在理论、方法和技术创新方面日新月异，成为世界各国抢占农业科技发展制高点的重点领域，其基础和战略地位也日益凸显。持续开展基础农学学科发展研究，总结、发布基础农学领域最新研究进展，是一项推动农业科技进步的基础性工作，能够为国家农业科技和农村经济社会发展提供重要依据，对农业科研工作者和管理工作者跟踪基础农学学科发展动态、指导农业科学研究具有非常重要的意义。

2018 年，中国农学会申请并承担了“2018—2019 年基础农学学科发展研究”课题，这是继 2006 年起第 7 次承担基础农学学科发展研究工作。鉴于生物技术的飞速发展及其在农业领域的广泛渗透，本报告聚焦农业生物科学，选择作物种质资源、作物遗传育种、作物生理学、农业生态学、农业微生物学和农业生物信息学 6 个分支学科领域。

按照中国科协统一部署和要求，我会成立了以刘旭院士、万建民院士、陈晓亚院士、梅旭荣研究员为首席科学家，梅旭荣、莫广刚为主持人，李立会、李新海、何祖华、骆世明、林敏、高会江为学科牵头人，70 位专家组成的课题组，针对基础农学 6 个分支学科开展专题研究。在此基础上，课题主持人同步组织有关专家深入开展了基础农学综合研究。在研究过程中，课题组得到了中国科协学会学术部以及中国农业科学院、中科院上海植物生理生态研究所、中国农业大学、华南农业大学等单位的大力支持，专家们倾注了大量心血，高质量地完成了专题报告和综合报告。在此，一并致以衷心的感谢。

限于时间和水平，本报告对某些问题研究和探索还有待进一步深化，敬请读者不吝赐教。

中国农学会

2019 年 12 月

综合报告

专题报告

ABSTRACTS

Comprehensive Report

Reports on Special Topics

综合报告

基础农学学科发展研究

一、引言

农学是农业科学领域的传统学科，也是现代农业科学中应用最广泛的学科。而基础农学又是农学中的基础学科，是现代农业科学发展的“底层技术”，在现代农业科学技术的进步和发展中具有基础性、前瞻性、战略性的重要作用。随着新一轮科技革命和产业变革深化，现代科学技术飞速发展，生物技术、信息技术、创新材料和先进制造等前沿技术加速向农业领域渗透和应用，基础农学在保持传统特色基础上，理论、方法和技术创新日新月异，成为世界各国抢占农业科技发展制高点的重点领域，其基础和战略地位也日益凸显。

基础农学学科发展研究是一项长期性、基础性和系统性工作，需要不断地对基础农学的关键科学问题、重要科学方法和重大技术趋势等进行研判和谋划，为我国现代农业科学技术创新发展奠定基础。从 2006 年起，中国农学会在中国科协的长期支持下，组织全国农业科研机构、高等院校的院士和专家教授，选择基础农学一、二级学科的分支领域，开展研究进展、重大成果、国内外比较、发展趋势和展望等的综合分析。

目前为止，已经完成的 6 轮 43 个频次的基础农学学科发展研究情况如下：

2006—2007 年，开展了农业植物学、植物营养学、昆虫病理学、农业微生物学、农业分子生物学与生物技术、农业数学、农业生物物理学、农业气象学、农业生态学、农业信息科学 10 大分支领域专题研究。

2008—2009 年，开展了作物种质资源学、作物遗传学、作物生物信息学、作物生理学、作物生态学、农业资源学、农业环境学 7 大分支领域专题研究。

2010—2011 年，开展了农业生物技术、植物营养学、灌溉排水技术、耕作学与农作制度、农业环境学、农业信息学、农产品贮藏与加工技术、农产品质量安全技术、农业资源与区划学 9 大分支领域专题研究。

2012—2013 年，开展了作物遗传育种、植物营养学、作物栽培、耕作学与农作制度、农业土壤学、农产品贮藏与加工技术、植物病虫害、农产品质量安全技术、农业资源与区划学、农业信息学、农业环境学、灌溉排水技术 12 个分支领域专题研究。

2014—2015 年，开展了动物生物技术、植物生物技术、微生物生物技术、农业信息技术、农业信息分析、农业信息管理 6 个分支领域专题研究。

2016—2017 年，开展了农业环境保护、农产品加工、农业耕作制度 3 个分支领域的专题研究。

当前，中国特色社会主义进入新时代，迎来世界新一轮科技革命与产业变革同我国转变发展方式的历史性交汇期，乡村振兴战略、质量兴农战略、创新驱动战略等多战略共进，要求农业农村科技顺应新时代新需求，直面新机遇新挑战，紧盯农业基础科学和前沿技术发展态势，加强农学基础学科研究，增强农业科技竞争力和引领产业发展的能力，推动中国农业科技整体跨越。因此，鉴于生物技术的飞速发展和在农业领域的广泛渗透，本报告聚焦农业生物科学，选择作物种质资源学、作物遗传育种学、作物生理学、农业生态学、农业微生物学和农业生物信息学 6 个分支学科领域，系统梳理近年来各学科领域的最新进展、重大成果，进行学科发展的国际比较，展望发展趋势，以期为基础农学学科发展提供参考和依据。

种质资源（携带生物遗传信息载体且具有实际或潜在利用价值）是农作物育种的物质基础，是保障粮食安全、生态安全、健康安全和种业安全的战略性资源。作物种质资源学（Crop Germplasm Resource）是研究作物种质资源收集、保护、鉴定评价、新基因发掘和种质创新的一门基础学科，具有基础性、公益性、长期性等显著特点。

作物遗传育种学（Crop Genetics and Breeding）从基因型和环境两个层面研究并形成作物持续高产、优质、高效的理论、方法和技术，是关于作物生产与品种遗传改良的学科。作物遗传育种学科已发展成为遗传学、生物组学、育种学和生物信息等深度融合的现代学科体系，在遗传基础研究、育种新技术研发、种质资源创新、新品种培育等方面取得快速发展，是现代种业发展的基础科学。

作物生理学（Crop Physiology）围绕农作物栽培和环境因子，在群体、个体、细胞和分子不同层次水平上研究作物生长发育特性，物质、能量和信息转导机理及其与产品形成和产后质量维持的关系，为作物高产、优质、高效、抗逆育种和栽培、采后生理与保鲜等提供理论依据与指导。本次研究主要聚焦作物光合生理、栽培生理、水分生理、营养生理和采后生理 5 个方面。

农业生态学（Agroecology）是运用生态学和系统论的原理和方法，把农业生物与自然和社会环境作为一个整体，研究其中的相互联系、协同演变、调节控制和可持续发展规律的学科。生态农业是一种积极采用生态学友好的方法，全面发挥农业的生态系统服务功能，努力实现资源匹配、生态保育、环境友好、食品安全，促进农业的可持续发展的农业实践。农业生态转型是通过对农业效益的重新认识和对农业发展目标的重新定位，对不适宜的经济制度、法律制度、生产方式、生活方式进行改造，促进农业生态化发展的一种社会变革。因此，农业生态学既是一门学科，又是一种实践，还是一类社会运动。

农业微生物学（Agricultural Microbiology）主要研究农业生产（种植业、养殖业）、农产品加工和农业生态环境保护等相关领域微生物的基本特性、生命活动规律及其作用过程。农业微生物学科已发展成为微生物学、遗传学、植物营养学、植物病理学、兽医微生物学、发酵工程学以及组学、系统生物学和合成生物学等学科深度融合的学科体系，在动植物营养健康、病虫害绿色防控、生物质转化、农业细胞工厂、基因工程疫苗、生物饲料与抗生素替代等方面快速发展。

农业生物信息学（Agricultural Bio-informatics）是以农业动物、植物、微生物为研究对象，综合运用生物学、信息学和统计学知识，通过对上述农业生物的基因组、转录组、表观组、蛋白质组、代谢组、宏基因组、表型组等生物数据的采集、处理、存储、分析和解释，以期获得生物学新知识，解释农业领域内的各种生物学问题，从而为指导生物实验研究及品种培育、改良提供参考。其研究核心是引入生物信息学理论与方法，推动农业基础研究与应用技术更快更好的发展。

新时代担负新的使命。本次 6 个基础农学学科，都具有基础性、长期性、公共性和新兴交叉的特征，学科间存在从资源到品种、从微观到宏观的内在逻辑，是现代农业科学技术发展的基础和支撑。研究过程中，各专题和综合组召开了多次研讨会，广泛参阅各领域最新研究成果，征求各领域专家的意见与建议，在多位专家的共同执笔下，经反复研讨和修改，形成各专题学科发展报告。在各专题学科发展报告基础上，综合组形成了综合发展报告。综合发展报告和各专题学科发展报告是农业领域广大科技人员的集体智慧。由于研究时间短，数据资料收集有限，对部分领域的前沿研究和国内外对比研究等还不够充分，不妥之处在所难免，恳请读者批评指正。

二、近年的最新研究进展

（一）作物种质资源学与遗传育种学

近年来，我国在作物种质资源收集、保护与利用、遗传基础研究、育种新技术研发、种质资源创新、新品种培育等方面取得显著进展，为我国现代种业发展提供了强有力的技术支撑。

1. 作物种质资源收集迈向新高度

2015 年启动了“第三次全国农作物种质资源普查与收集”专项，标志着我国作物种质资源收集迈向新高度。截至 2018 年底，已开展了湖北、湖南、广西、重庆、江苏、广东、浙江、福建、江西、海南、四川、陕西 12 个省（自治区、直辖市）共 830 个县的普查和175个县的系统调查，抢救性收集各类作物种质资源29763份，其中85%是新发现的古老地方品种。基本查清这些地区粮食、经济、蔬菜、果树、牧草等栽培作物古老地方品种的分布范围、主要特性以及农民认知等情况。

2. 我国作物种质资源保护水平进入国际领先方阵

作物种质资源异地保存：首次掌握了种质在低温库保存条件下的活力丧失规律，明确了发芽率70%—85%为活力丧失关键节点。创建了电子鼻和光纤氧电极种子生活力快速无损监测预警技术和以“批”为单元的风险判断预警技术，攻克了庞大数量库存种质的全覆盖、快速监测预警和风险判断的难题。超低温保存技术研发与应用取得进展，研发优化了以休眠芽、茎尖、花粉等保存载体的超低温保存技术，填补了我国无性繁殖作物种质资源集中离体长期保存的空白。截至2018年年底，我国作物种质长期库保存资源总量达43.5万份，种质圃保存6.5万份，试管苗库和超低温库保存1008份，资源保存总量突破50万份，居世界第二位。

作物种质资源原位保护：截至2017年年底，利用物理隔离方式建设原生境保护点199个，保护物种39个；利用主流化保护方式建立的作物野生近缘植物原生境保护点共有72个，保护物种31个。特别是自20世纪80年代后，我国野生稻自然居群急剧减少，面临野外灭绝危险，因此创建了以GPS精细定位为基础的野生稻调查技术体系，研发了威胁因素评估技术和居群采集技术，确定了重点居群、优先保护边缘居群的原生境保护策略，“中国野生稻种质资源保护与创新利用”2017年获国家科学技术进步奖二等奖。

3. 作物种质资源鉴定评价跨入新阶段

在对种质库、圃、试管苗库保存的所有种质资源进行基本农艺性状鉴定的基础上，对30%以上的库存资源进行了抗病虫、抗逆和品质特性评价。“十三五”期间，对约17000份水稻、小麦、玉米、大豆、棉花、油菜、蔬菜等种质资源的重要性状进行了精准表型鉴定评价，发掘出一批作物育种急需的优异种质。同时，利用测序、重测序、SNP技术进行了高通量基因型鉴定，并在遗传多样性研究领域产生重大突破。如对来自89个国家和地区，代表了全球78万份水稻种质资源约95%遗传多样性的3010份世界水稻核心种质开展重测序研究，对亚洲栽培稻群体的结构和分化进行了更为细致和准确的描述和划分。

4. 野生种和地方品种利用取得新突破

野生种利用方面：近年来我国基于作物野生近缘种的创新利用取得很大进展。例如，创建以克服授精与幼胚发育障碍、高效诱导易位、特异分子标记追踪、育种新材料创制为一体的远缘杂交技术体系，突破了小麦与冰草属间的远缘杂交障碍，攻克了利用冰草属P基因组改良小麦的国际难题，“小麦与冰草属间远缘杂交技术及其新种质创制”2018年获国家技术发明二等奖。将存在于谷子野生近缘种细胞核中的抗除草剂“拿捕净”和“氟乐灵”基因转移到栽培谷子中，将存在于野生种细胞质中的抗除草剂“莠去津”基因转移到谷子细胞质中，创制出达到实用水平、抗除草剂谷子新种质，为谷子杂种优势利用和轻简化生产奠定了基础，“抗除草剂谷子新种质的创制与利用”2012 年获国家科技进步奖二等奖。

地方品种利用方面：在地方品种的创新利用上已取得了突破，诸多获国家级奖项的成果如“抗条纹叶枯病高产优质粳稻新品种选育及应用”“小麦种质资源重要育种性状评价与创新利用”“辽单系列玉米种质与育种技术创新及应用”“大豆优异种质挖掘、创新与利用”等，均用到了地方品种作为基础材料。

5. 主要农作物骨干亲本遗传基础研究取得重大进展

近年来，对重要农作物的骨干亲本遗传组成和利用效应研究取得了重大进展。例如，对不同时期、不同生态区的 37 个小麦骨干亲本及其衍生品种进行了表型和基因芯片分析，发现骨干亲本在产量、抗病、抗逆等育种关键目标性状上显著优于主栽品种；具有与产量、抗病、抗逆等性状密切相关的众多优异基因组区段，而且区段内的等位位点能够表现出更强的育种效应，进而从理论上揭示了骨干亲本形成与利用效应的内在规律，以及骨干亲本衍生近似品种与培育突破性新品种的遗传机制。借助不同类型的标记手段，实现了小麦、水稻、玉米等多个作物骨干亲本重要传递遗传区段的鉴定发掘，并初步发掘出传递区段中的一些控制重要性状的基因或 QTL。

6. 作物重要性状形成的分子基础解析不断深入

2018—2019 年，我国主要农作物重要性状形成的遗传解析不断深入，克隆了产量、品质、抗病虫、抗逆及不育等相关性状基因，并解析了重要性状形成的分子机制。

产量性状：克隆了水稻种间杂种不育基因 *qHMS7*，并解析其调控水稻杂种不育性状的分子机理；在全基因组水平揭示了杂交稻等位基因特异性表达（ASE）对杂种优势的影响；克隆了控制水稻茎秆基部节间长度基因 *SBI*；大豆叶柄夹角基因 *GmILPA1*，大豆百粒重优势基因 *Glyma17g33690*（PP2C），产量相关基因 *GmmiR156b*，促根瘤生长基因 *GmPT7* 等产量性状相关基因，进一步阐明了作物产量形成的分子基础。

高光效、固氮性状：通过多基因转化技术将乙醇酸氧化酶（$OsGLO_3$），草酸氧化酶（$OsOXO_3$）和过氧化氢酶（OsCATC）导入水稻并定位至叶绿体，成功构建了一条新的光呼吸支路，形成一种类似 C4 植物的光合 CO_2 浓缩机制，获得的水稻株系的光合效率、生物量、籽粒产量分别提高了 15%—22%、14%—35%、7%—27%。发现大豆 GmNINa-miR172c-NNC1 分子模块是一个整合结瘤和 AON 信号通路的主要开关，克隆了负调控根瘤形成基因 *GmBEHL1*，以及根系发育和结瘤过程中生长素的生物合成基因 *GmYUC2a*。

抗病虫、耐逆性状：解析了水稻理想株型基因 *IPA1* 高产抗病的分子机理，克隆水稻抗稻瘟病基因 *Ptr*、*Pit*、*Bsr-d1*，抗褐飞虱基因 *Bph6*、*CYP71A1*，小麦抗赤霉病基因、抗白粉病基因、玉米矮花叶病抗性基因 *ZmTrxh* 和 *ZmABP1*、抗纹枯病基因 *ZmFBL41*，明确了棉花免受黄萎病菌感染的作用机制。克隆水稻耐寒基因 *HAN1*，小麦抗旱相关基因 *TaBZR2*、*TaGST1*，玉米耐盐基因 *ZmNC1*、非生物胁迫响应因子 *ZmbZIP4* 等，为作物抗性分子育种提供基因资源。

养分高效、品质性状：克隆水稻氮肥高效利用基因 *GRF4*，提出 GRF4–DELLA 互作模型。克隆 *qGL3*、*GS9*、*OsLG3b*、*OsLG3* 和 *TGW3* 等控制水稻粒型基因，调控水稻糊粉层厚度基因 *OsROS1*；解析棉花纤维相关性状基因 *PRE1*、*XLIM6*、*GhFSN1*、*GhMML4_D12*；在油菜中首次克隆种子性状的细胞质调控基因 *orf188*；解析了番茄风味的物质和遗传基础，以及其风味调控机制。

发育相关性状：揭示水稻种子休眠调控的新分子通路 ETR1–ERF12/ TPL–DOG1；克隆小麦隐性细胞核雄性不育基因 *Ms1*、显性细胞核雄性不育基因 *Ms2*，影响小麦种子萌发基因 *TaJAZ1*、*miRNA9678*。克隆玉米开花抑制因子 *ZmCOL3*、花序形态建成基因 *GIF1*、籽粒发育相关基因（*UBL1*、*Smk2*、*Emp10* 等），抗倒伏性调控因子 *miR528*、棉子糖合成酶基因 *ZmRS* 等。发现大豆长童期控制基因 *J* 基因多种变异的产生是其适应低纬度地区和产量增加的重要进化机制。

7. 作物育种理论与技术不断创新

基因组编辑、单倍体、智能不育、分子设计、转基因、表型组学等技术的发展，孕育着新的育种技术革命。

基因组编辑技术：利用 CRISPR/Cas9 技术实现小麦基因组定点修饰的 DNA–free 基因组编辑体系；建立作物基因组单碱基编辑方法、玉米高效 CRISPR/Cas9 基因编辑系统；将 CRISPR–Cas9–VQR 系统的编辑效率提高到原有系统的 3—7 倍；在杂交水稻中同时编辑四种内源基因，实现了水稻种子无性繁殖和杂合基因型的固定；在水稻中发现 BE3、HF1–BE3 与 ABE 单碱基编辑系统存在脱靶效应；利用基因组编辑技术加速野生番茄人工驯化。

表型与基因型鉴定技术：建成田间机器人和无人机搭载平台的表型鉴定平台，具有通量性、时效性、无损性、精准性、低成本性等特点，可结合作物冠层光谱信息，快速解析作物动态发育特征，早期判断品种对环境的耐胁迫能力。利用作物 SNP 育种芯片、KASP 基因型检测平台实现对规模化育种后代基因型精确筛选，提高有利基因聚合效率，缩短育种周期。

单倍体育种技术：利用基因编辑技术创制高效孤雌生殖单倍体诱导系，开发出双荧光蛋白标记的玉米单倍体鉴定技术，实现稳定、高效筛选单倍体籽粒；建立基于加倍单倍体的小麦快速育种方法。

IMGE 育种策略：将单倍体诱导与 CRISPR/Cas9 基因编辑技术结合，在两代内创造出经基因编辑改良的不含转基因组分的双单倍体（DH）纯系。

智能不育技术：克隆玉米隐性核不育基因 *ms7* 及其恢复基因 *ZmMs7*，并利用 *ZmMs7* 基因及其突变体（*ms7ms7*）创建了玉米多控智能不育技术体系。

8. 作物新品种培育能力大幅提升

2018—2019 年，1308 个主要农作物新品种通过国家审定，其中水稻 269 个、小麦 136 个、玉米 633 个、大豆 35 个、棉花 6 个。2017 年，非主要农作物开始实施品种登记制度。2018 年农业植物品种授权量为 1990 件，境内主体 1888 件，占 94.9%。近年来，我国种子企业选育审定新品种数量猛增。2018 年通过审定的 3249 个主要农作物品种中，企业审定品种占 77%，以企业作为主体的育种能力正在全面增强。在水稻、小麦、大豆、油菜等大宗作物用种上，我国已经实现了品种全部自主选育，玉米自主品种的面积占比达到 90% 以上，做到了“中国粮”主要用“中国种”；在蔬菜生产上，自主选育品种的市场份额达到 87% 以上，西红柿等“洋种子”占优势的重要蔬菜已经逐渐被国产品种替代。作物新品种培育能力大幅提升，促进了我国农作物品种的更新换代。

（二）作物生理学

近年来随着分子生物学理论和技术的不断突破，作物生理学的研究也从微观的生理生化深入到分子调控，借助基因组学、转录组学、蛋白质组学、代谢组学、结构生物学、合成生物学等的发展，从亚细胞结构、蛋白分子、基因调控网络、代谢途径上进行更深入的研究，并与农作物的生长生理结合起来，在农业生产服务的广度与深度进一步得到加强。

1. 作物光合作用机理研究取得重大突破

通过提高作物光合效率以提升作物产量的研究取得了重大突破，为提升光合作用效率与作物产量提供新的理论依据与技术路线。我国科学家在作物光合复合体研究中处于国际领先地位。继解析了豌豆光系统 I- 捕光色素蛋白超级复合体（PSI-LHCI）的晶体结构，提出了由捕光色素蛋白复合体 I 向光系统 I 核心能量传递的 4 条途径后，运用冷冻电镜技术解析了玉米 PSI-LHCI 和 LHCII 的结构，揭示了天线和 PSI 作用心之间的能量传递路径及自然条件下光强变化中能量传递的平衡。这些研究为提高作物光能吸收、传递和转化提供坚实结构基础，也为作物的高效光合提供可靠的理论依据。最近借助合成生物学手段，我国学者设计了一种新的光呼吸旁路：乙醇酸氧化酶—草酸氧化酶—过氧化氢酶（GOC）旁路，在叶绿体内建立起一种类似 C4 植物 CO_2 浓缩系统，提高了 *Rubisco* 反应位点的 CO_2 浓度，提高光合速率，使光合作用效率、生物量和籽粒产量显著增加。

2. 作物高产生理与分子机理研究取得重要进展

除在籽粒灌浆栽培生理方面取得突破以外，我国科学家围绕主要作物器官建成规律、作物生育特性及其调控机理方面已开展了大量卓有成效的工作，在水稻理想株型研究方面取得了突破性进展，其中中国科学院遗传与发育生物学研究所领衔完成的“水稻高产优质性状形成的分子机理及品种设计”荣获 2017 年国家自然科学奖一等奖。为发展农作物工厂化生产，我国科学家与科技公司（如中科三安）从不同农作物对光质、温度、水分与养分供应的需求出发，发明了“植物工厂”的配套栽培设施与自动化技术，已经规模化生产与成套出口。

3. 作物水分生理与水分高效利用研究取得新进展

我国水资源短缺，随着粮食生产重心北移，水资源对农业的影响问题愈加突出。近年来，水稻、小麦、玉米、棉花等作物水分生理基础理论研究取得进展，对提高水分利用效率有重要指导意义。中国农业科学院作物科学研究所完成的“高产节水多抗广适冬小麦新品种中麦 175 选育与应用”获 2017 年中华农业科技奖一等奖，此外，在水稻调控根系生长响应与适应土壤水分胁迫的分子机制、水稻营养生长和干旱胁迫适应之间的调控机制、水稻节水抗旱品种选育、水分高效品种鉴选标准建立等方面均实现了新的突破。在灌溉技术领域，中国农业科学院完成的“北方井渠结合灌区农业高效用水调控技术模式”获 2017 年中华农业科技奖二等奖，精细灌溉技术集成优化、作物节水灌溉自动化技术创新、智能灌溉控制技术等的发展与推广运用也取得了显著的经济效益与生态效益。

4. 揭示了作物养分高效利用的生理机制与分子基础

国内外植物矿质元素领域在多个方面都取得重要进展，为减肥增效提供新的技术理论模型，主要体现在以下四个方面：①主要矿质营养的信号传递及转录调控的分子机制得到进一步明确。在氮信号感知传导领域，利用高通量酵母单杂交系统结合遗传网络模拟解析了氮调控根系发育的转录调控网络。在磷、铁和硫的信号传导领域，分别发现了植物低磷反应的调控网络通过抑制植物免疫系统以促进助磷吸收微生物更易与植物共生，铁长距离信号分子 IMA，以及硫营养信号调控植物生长的分子机制等。②在营养互作方面取得了一系列重大突破。阐明了根尖铁积累是低磷根构型形成的关键调控检查点；发现了磷和氮信号交互（cross-talk）的关键调控因子 PHO2 以及水稻中磷和氮通过 NRT1.1B-SPX4 互作进行信号交互的分子机制；鉴定了调控氮和钾平衡的 MYB59 等。③植物矿质营养与植物生长及器官发育相互协调的分子基础得以阐明。阐明了氮利用效率与碳代谢和生长发育共调节的分子机制；发现了硝酸根通过调控细胞分裂素信号调控植物干细胞生长的机制；鉴定了调控氮缺乏引起叶片衰老的关键因子 ORE1 及 PHO2；发现了调控磷缺乏下水稻叶夹角的 SPX-RLI1 分子模块。④一系列重要功能基因及其作用机制得到鉴定和阐明。如控制水稻籽粒磷含量的 *SPDT*、液泡磷酸盐运输蛋白编码基因 *OsVPE1* 和 *OsVPE2*、硝酸盐运输蛋白编码基因 *OsNRT1.1A/OsNPF6.3*、控制氨根离子运输的运输蛋白编码基因 *AMTs* 以及编码重金属积累调控蛋白的 CAL1 等。

5. 作物采后生理与保鲜的调控机理研究取得重要成果

深入揭示了作物采后成熟衰老和品质保持的调控机理，探讨了贮藏环境对品质调控的生理应答机制和采后抗病性诱导分子机理，并取得一批研究成果，包括以下两点。①番茄果实采后呼吸跃变模型，提出了呼吸途径模型，为精准控制果实呼吸代谢进程和保鲜新技术研发提供了理论指导。②利用生物技术控制果实软化进程，通过操纵编码果胶酸裂合酶基因，开发出一种控制番茄软化有效方法。其他重要研究进展包括解析了脱落酸 - 乙烯互作、生长素 - 乙烯互作、生长素、脱落酸 - 油菜素内酯的互作调控网络；荔枝果实采后衰老的能量特征、交替途径运行水平和能量转运、耗散和调控基因家族功能及其转录调控特性，提出能量产生、耗散和转运失调导致荔枝果实组织能量亏缺的可能作用机制；解析了果实在常温和低温条件下不同的衰老信号传导途径和机制，进而提出不同贮藏保鲜策略。

（三）农业生态学

自从20世纪60年代世界环境意识觉醒，可持续发展理念日益深入人心之后，农业生态学在世界范围得到了迅速发展，并逐步影响到各国农业的生态化发展方向。70年代末，当时我国学者广泛接受了系统论和控制论思想，环境意识的觉醒紧随工业化国家。由于认识到我国农业存在的生态环境问题，以及还原论方法和学科细分导致只见“树木不见森林”的认识论和方法论问题，终于促成了我国农业生态学的起步和发展。进入21世纪以来，我国经济高速发展过程引起的资源、环境、生态问题突出，广大群众对空气雾霾、清洁水源、安全食品的关切空前高涨。国家也在2007年开始提出了生态文明建设思路，农业生态转型发展进入了需求驱动阶段。

1. 作物间套作氮素高效利用和病害控制获得新进展

间套作是我国传统农业的精髓，近年来通过关注生态学原理的挖掘和应用，加强了作物种间竞争和促进相互作用的研究，对其有了新的认识。最新研究发现玉米与蚕豆间作体系能够增加生物固氮，其中的机制之一是玉米和蚕豆间作后根系分泌物中的黄酮类物质——染料木素浓度大幅度增加，强化了豆科作物和根瘤菌对话，并进一步增加了蚕豆的结瘤和固氮，结果发表在《美国科学院院刊（PNAS）》。通过禾本科与豆科作物间套种、禾本科与茄科作物间套种能够有效控制病虫害，明确了异质性作物搭配、群体空间结构设计和合理时间配置是对病虫害控制的三个关键因子。在全国应用面积3亿多亩，有效控制了玉米大斑病、玉米小斑病、马铃薯晚疫病、魔芋软腐病等病虫害，减少农药用量53.9%以上，促进农业增产234亿千克，增收278亿元。研究成果“作物多样性控制病虫害关键技术及应用”在2017年获得了国家科技进步奖二等奖。

2. 药用植物和蔬菜连作障碍的研究与应用取得明显进步

研究发现连作导致太子参、地黄的根际微生物群落中有益菌含量下降，病原菌含量急剧上升，连作中植物根系分泌物中的混合酚酸类物质对有益菌生长具有明显的抑制作用，而对病原菌却有显著的促进作用。证实了黄瓜和西瓜等根系分泌肉桂酸等酚酸类等自毒物质引起的自毒作用，发现独脚金内酯能够正向调控番茄对土传病原菌——根结线虫的防御作用。开发了毛葱“伴生”番茄和小麦“伴生”瓜类等控病促生栽培模式，还创建了小麦“填闲”模式，以解决设施蔬菜连作障碍的问题。“设施蔬菜连作障碍防控关键技术及其应用”成果在鲁、豫、冀、浙、闽等省推广1346万亩，经济效益达220亿元，农药化肥节支27.9亿元，辐射近20个省，实现了蔬菜稳产高效、安全和生态环保多赢，获2016年国家科技进步奖二等奖。

3. 稻渔复合系统效应与应用研究取得新成效

稻田养鸭、稻田养鱼是我国的传统农耕体系，近年来又有稻田养虾、稻田养蛙、稻田养蟹、稻田养鳖等模式。农业生态工作者研究了这些体系中的水稻与水产动物之间互作机理，取得了新的进展。在稻田养鸭方面，证实了稻田养鸭对控制农田有害生物、减少化肥农药使用、降低水稻株高、增强茎秆强度、增加水稻产量的效果，鸭稻共作还能减少稻田温室气体排放。稻田养鱼方面，进一步开展了稻鱼共生系统中地方田鱼种群的遗传多样性维持研究，研究区域内有明显地理隔离的“田鱼”，种群间无明显遗传分化；农户间频繁的种质交换驱动了基因流，使“田鱼”在区域尺度上形成集合种群和较大的基因库；表型不同的“田鱼”其取食行为与资源利用存在明显差异，增加了系统的稳定性。在稻田养虾和稻田养蟹研究和应用方面也取得了一些新进展。同时，对稻虾系统中存在的问题，如“重虾轻稻”现象，加剧了水资源消耗、土壤次生潜育化、水体富营养化风险等问题也进行了探讨。稻渔复合系统被中国农学会审定为“2018 十大新技术”之一。

4. 作物对杂草化感作用机制研究取得新进展

对小麦和其他 100 种植物之间的邻近识别和化感应答的研究，发现小麦可以识别同种和异种特异性邻居植物，并通过增加化感物质的产生来应对资源竞争。其中，黑麦草内酯和茉莉酸存在于来自不同物种的根系分泌物中，并能引发小麦化感物质丁布的生成。另外，水杨酸、茉莉酸诱导、稗草胁迫、低氮胁迫等均能提高化感水稻 PI312777 的 *PAL* 基因表达，促进酚酸类化感物质的合成与分泌，增强抑草作用等。

5. 景观生态学农业应用及生态条件脆弱区域农业生态体系构建取得长足发展

自 20 世纪 90 年代起，我国学者开始将景观生态学原理与方法应用于农业农村景观生态研究与建设中，在乡村景观动态、分类和评价、乡村景观格局与生物多样性及生态系统服务之间的关系、传统农业生态景观特征、土地整治和美丽乡村建设等方面取得了重要进展与成果，主要表现在：①推动乡村景观分类、评价和乡村空间规划的发展；②将斑块和廊道生态功能理论应用到农业景观建设和生产中；③通过景观格局优化推动水土流失和水环境整治。在生态调价脆弱区域的农业生态学研究方面：喀斯特地貌区域的水土流失过程规律揭示及其调控途径的基础研究；东北黑土地的土壤有机质与耕地肥力变化规律及培肥措施；西北干旱区域在水循环基础上的节水规律与盐渍化土地治理研究等都取得了重要进展。

（四）农业微生物学

目前我国在农业微生物机理解析、病虫害绿色防控、生物固氮和微生物酶工程等研究处于国际先进水平。此外，以农业微生物为核心的农业微生物产业不断壮大，基因工程疫苗、食用菌、微生物肥料、微生物农药和饲用酶制剂等产业走在世界前列，促进了农业和农村经济可持续发展。

1. 建立了“网络型”农业微生物资源收集、鉴定、保藏、共享体系

建成了以中国农业微生物菌种保藏管理中心（ACCC）为主体，以根瘤菌、乳酸菌、

芽孢杆菌、菌根菌、厌氧菌、农药降解菌、食用菌等特色农业微生物资源库为互补支撑的农业微生物菌种资源保护框架体系。国内从事农业微生物资源收集与保藏工作的主要保藏机构 / 实验室达到 28 家，保藏资源总量约 11 万株。建立了协调、高效的“网络型”农业微生物资源收集与鉴定评价的工作体系和资源数据中心，为微生物肥料、微生物农药、微生物饲料与酶制剂、微生物能源、环境微生物、食用菌等资源的高效挖掘应用以及农业微生物产业健康稳定发展提供资源和数据支撑。以中国农业微生物菌种保藏管理中心为主体、多元化共享服务体系日趋成熟，农业微生物资源实现高效社会共享，有效支撑了我国生物农业产业的发展和科研进步。

2. 重要农业微生物作用机理研究取得突破

在病原菌致病机理研究方面，揭示了小麦赤霉病、稻瘟病、小麦条锈病、水稻条纹叶枯病和黑条矮缩病等重要病原微生物的致病机理和灾变规律。阐明了稻瘟病菌组蛋白表观调节因子介导的细胞自噬及致病性调控机制；系统研究了水稻条纹叶枯病与黑条矮缩病在稻麦轮作区的流行规律和暴发成因，创新了病毒病绿色防控理念；发现了大豆疫霉菌侵入早期逃避寄主抗性反应的新策略，为研发诱导植物广谱抗病性的生物农药提供了重要的理论依据。

微生物 – 宿主互作方面，揭示了在丛枝菌根真菌与植物的共生过程中，脂肪酸是植物传递给菌根真菌的主要碳源形式，修改了“糖是植物为菌根真菌提供碳源营养的主要形式”的传统理论；阐释了根系分泌物介导的根际益生菌 – 根系互作对益生菌根际定殖的影响，提出了利用根系 – 土壤 – 微生物根际互作促进植物生长的研究展望；深入研究了豆科植物与根瘤菌之间的“分子对话机制”，发现根瘤菌分泌的Ⅲ型效应因子的新功能；提出了大豆根瘤菌“共进化的 ISs”所介导的共生匹配性的适应性进化规律，为根瘤菌种质资源开发利用提供指导；揭示了水稻矮缩病毒 RDV 介体叶蝉体内扩散的机制。

H5N1 高致病性禽流感和人感染 H7N9 禽流感病毒致病性、宿主特异性、遗传演化和生物学进化规律研究取得国际重大理论突破，发现了 H5N1 病毒获得感染哺乳动物能力和致病力增强的重要分子标记以及影响病毒毒力的重要基因，证明了 H5N1 病毒引起人流感大流行的可能性；证实人感染 H7N9 病毒来源于家禽，并发现高致病性 H7N9 突变株及其可在哺乳动物内复制过程中获得适应性突变的特点；率先发现了可转移的黏菌素耐药基因 *mx-1*，解析了其在人源、畜禽源、宠物源、食品源、水产源及其相关环境的流行传播特征及其传播的风险因素，揭示了碳青霉烯耐药基因 *bam* 与黏菌素耐药基因 *mc-1* 在大肠杆菌、肺炎克雷伯菌等不同种属致病菌中的传播规律。首次鉴定并发现了狂犬病病毒的一个全新的入侵神经细胞受体，该成果为世界狂犬病研究领域近 30 年来的重要发现。

3. 合成生物技术和根际微生物组学研究成为新热点

以模式微生物大肠杆菌为底盘，构建了由 5 个巨型基因组成的最小固氮酶体系，进一步在大肠杆菌中重构了植物靶细胞器的电子传递链模块，为光合作用和生物固氮相偶联提供了新的思路；解析了类固氮酶——光依赖型原叶绿素酸酯氧化还原酶 LPOR 的晶体结构，为 ATP 依赖型与光依赖（驱动）型酶（新型固氮酶、新型聚合酶等）的合成生物学设计提供思路；鉴定了固氮施氏假单胞菌中一个全新的非编码 RNA，在抗逆与固氮途径间建立一种确保高效固氮的新的调控偶联机制；利用“即插即用”模块化的组合生物合成技术，实现一系列“非天然的”的聚酮类化合物的一步合成，进一步通过多肽片段交换和氨基酸定点突变等手段开发了可定向改造氧甲基化生物催化元件的技术，在多种多酚类药物先导化合物上实现了氧甲基化修饰方式的改变；利用球孢白僵菌中可催化多种底物的糖基转移酶和甲基转移酶，合成了一系列水溶性和代谢稳定性提高的“非天然的产物”，为新型农用微生物药物的人工设计奠定工作基础。

根际微生物组学研究揭示了导致籼稻氮肥利用效率高于粳稻的重要生态基础；揭示了水稻亚种间根系微生物组与其氮肥利用效率的关系，建立了第一个水稻根系可培养的细菌资源库，为研究根系微生物组与水稻互作及功能奠定了重要基础；构建了玉米根际由 7 种细菌组成的极简微生物组，明确模型生态系统中发挥主导作用的菌株类型；组学分析探讨了放牧行为影响草甸草原土壤微生物群落和生态系统功能的机制；基于田间长期定位试验，证明有机培肥是调控土壤微生物组结构和功能的有效途径并阐释了调控机理。

4. 健康养殖微生物产业达到国际先进水平

自主研发的猪瘟兔化弱毒疫苗、马传染性贫血疫苗、H5N1 禽流感疫苗、布氏杆菌猪二号活疫苗和猪喘气病兔化弱毒活疫苗等动物疫苗在技术上处于国际领先，集成上述技术成果研制的口蹄疫高效疫苗，在全国推广应用，为及时快速遏制口蹄疫在我国大规模流行发挥了决定性作用。

在饲料用酶的基因挖掘—性能改良—高效生产这一完整研发链条上取得了系统性的理论进展，搭建了先进的饲料用酶技术平台，有效解决了我国饲料用酶性能差、成本高、知识产权受限等瓶颈问题；应用饲料用酶来缓解养殖业抗生素大量使用、饲料资源急需拓展等产业现状的新思路；突破了半纤维素酶工业化生产的技术障碍，攻克了半纤维素资源高效利用的技术难题，打破了国际跨国公司在半纤维素酶生产及益生元转化应用领域的技术垄断；自主研发的木聚糖酶、葡聚糖酶、甘露聚糖酶、半乳糖苷酶、纤维素酶多种糖苷水解酶、蛋白酶、脂肪酶、淀粉酶等多种消化酶实现了向发达国家的技术转让和产品输出；微生物肥料和农药产业发展迅猛，为化肥农药减施增效提供技术支撑；利用微生物和角蛋白酶在高效降解畜禽羽毛、蹄等方面取得重要突破，并实现了酶蛋白的产业化；开发了基于微生物和酶蛋白的秸秆、地膜等废弃物高效合成与转化系统及微生物活性物质的高效合成系统；探索了适用于高含纤维素农业废弃物厌氧发酵产甲烷的新模式。

5. 食用菌产业稳居全球首位

建立了 DNA 指纹图谱和栽培特征相结合的数据库以及主栽种类的 SSR/SNP/IGS2-RFLP 标准指纹图库，为食用菌的品种权保护和品种登记奠定了技术基础；建立了物种、菌株、经济性、菌种质量等多层级鉴定评价技术，大大提高育种效率；创立了结实性、丰产性、广适性的“三性”为核心、“室内鉴定结实性—室内预测丰产性—田间实测丰产性—室内检测广适性—田间综合鉴评”的“五步筛选”高效育种理论技术，将食用菌育种由几乎全部的田间筛选变为室内初筛后的定向田间筛选，筛选周期缩短 90%，田间筛选量缩减 79%，育种效率显著提高；系统评价了广温、耐高温、喜低温、加工性状优、耐碱、高活性成分等优异特色种质 274 株，提供了更多更优的育种选择；选育了适合不同生态条件生产的金针菇、香菇、平菇、毛木耳等广适性新品种，实现了食用菌园艺设施生产的稳产高产和周年生产，实现了全国不同生态条件区域的品种配套，市场的均衡供应；突破了种质资源精准鉴定评价和高效育种两大技术瓶颈，创建食用菌种质资源库和数据库，创新种质资源多层级精准鉴定评价和高效育种技术体系，在全国 19 省（直辖市、自治区）推广，近三年累计新增利润 129.45 亿元。食用菌产业成为我国农业种植业中继粮食、蔬菜、果树、油料之后的第五大产业。在农业产业结构调整、促进农民增收、保障国民健康等方面发挥着重要作用，成为农业供给侧结构改革的新路径。2017 年，全国食用菌总产量达到 3712 万吨，产值为 2721 亿元，产能稳居全球首位。

（五）农业生物信息学

近年来农业生物信息学为农业新品种的培育作出重大贡献，尤其在组学研究领域，通过对农业种质资源大范围的测序和注释，从参考基因组测序到全基因组关联研究，再到全基因组预测和选择，为育种家和科学家提供了准确而可用的信息，带来了包括高产、抗逆和抗虫等品种改良方面的突破，同时也为工程化改良农业物种提供了理论和技术支撑。

1. 农业生物组学数据呈爆发式增长

准确地获取各种组学数据是农业生物信息学研究的第一要务。核酸测序技术的进步对基因组学研究起到了至关重要的作用。基因组测序仪与 21 世纪初相比，测序通量提高了 100 亿倍，由以桑格法为基础的一代测序技术，到以焦磷酸法为基础的二代测序技术，及以单分子实时合成测序为特点的三代测序技术，测序读长显著增加，近期又出现了纳米孔测序法为代表的新测序技术。2017 年瀚海基因生产了基于单分子荧光测序技术的第三代基因测序仪，并入选“中国医药生物技术十大进展”。该仪器利用光学信号进行碱基识别，可实现边合成边测序。操作简便、测序时间短、无交叉污染、灵敏度高。深圳华大智造科技有限公司于 2018 年 10 月发布的两款自主研发的基因测序仪，已在科研领域开始大规模应用，但是国际影响力和市场占有率仍存在差距。目前农业基因组学主要基于二代测序技术，而新技术的逐渐成熟必将带来农业基因组学数据井喷式地增加。由此获得了大量的测序数据，华大研发了 GigaDB 数据库，用以收录这些测序，数据量达到 44T，包括 10.4 万个样本，主要涉及农业生物的基因组、转录组、表观基因组的数据。

我国近年来又构建了一系列功能更强、更有针对性的二级数据库，如国家基因库生命大数据平台（CNGBdb）、千种植物数据库（ONEKP）、肠道微生物数据库（MDB）、万种动物线粒体数据库（MT10K）、表型数据管理系统（DMAS）、SNPs 数据管理系统（SNPSeek）、植物转录因子数据库（PlantTFDB）、动物转录因子数据库（AnimalTFDB）、种子特异性基因数据库（SeedGeneDB）、谷子数据库（Millet）、华中农业大学作物表型中心（Crop Phenotyping Center）等具有农业专业特色的二级数据库。随着各类数据的海量获得以及对数据挖掘的逐渐深入，将会有更多的针对个性化分析的二级数据库被开发出来。由于需要较高的前期投入和长期积累，我国在基因组数据库的建设上相对滞后，在开放共享、数据分析等功能上仍存在缺陷。

农业生物表型组学可高效准确地提供产量、品质、抗逆等重要性状的量化信息，通过与遗传数据的关联分析，分析重要性状的遗传基础和基因 – 环境互作机理，进而为高效筛选优质基因型及改良农业生物品种提供可靠的大数据支撑。相对于其他各类组学研究，表型组学的理论基础和研究方法的滞后，已逐渐成为现今农业生物研究的一个瓶颈，严重影响了我们对重要农艺性状和经济性状的遗传分析和品种改良的研究进程。我国农业生物表型组研究相比欧美发达国家起步较晚，很多表型获取和分析技术仍以人工为主，不但工作量大、数据重复性差，而且在研究方法、评测标准等关键问题上没有建立在全国范围内可以推广的通用标准。目前，我国表型组的研究主要关注于通过监测和量化分析器官、个体和群体等不同层次样品在不同发育阶段的动态表型变化，再与其他多重组学分析结果相融合，通过大数据多方位剖析重要生命过程。在系统水平上深入研究农业动、植物在不同环境条件下的多尺度表型特征，真正建立一套把基因型和表型联系起来的分析技术。

2. 农业生物信息学算法不断取得新突破

目前，基因组学、蛋白质组的研究数据量很大，并一直在增长。如何充分利用这些数据破译出基因密码，挖掘出更多促进学科发展的相关信息，是生物信息工作者迫切希望解决的问题。针对这些组学数据，开发符合农业生物基因组特点的统计分析算法以及工具也取得了一定进展。

中国农业科学院深圳农业基因组研究所在全基因组组装算法、极低频点突变检测、基因组结构变异检测、DNA 存储技术以及基因组分析技术开发方面取得了突出的进展。为克服第三代测序准确度较低、测序数据组装工具资源占用大、组装质量不稳定的瓶颈问题，发挥第三代测序的优势，我国科学家开发了三代测序数据的纠错、组装软件 NextDenovo，实现了超大型基因组组装的突破，为利用三代数据组装基因组扫清了组装算法的障碍。基于 NextDenovo，实现了对水稻 93–11 测序数据的组装。在该组装中可以找到约 98.1% 的完整基因元件，单碱基准确率在 99.99% 以上。与其他组装策略相比，组装的水稻 93–11 基因组质量明显优于用其他软件组装的结果。开发了 NovoBreak 算法，该算法可以有效地提高结构变异的检测准确性和敏感性，在领域内权威的国际体细胞突变检测挑战赛上，连续取得最佳平衡准确度；为针对性提高基因组极低频突变测序的检测效率与数据利用率，开发新型高效测序检测技术，所开发的 O2n-seq 算法，不仅极大地降低了第二代测序技术的碱基错误率，且数据有效利用率较传统标签法高出 10—30 倍。

利用机器学习算法挖掘农业生物重要经济性状（农艺性状）的生物学机制是目前农业生物信息领域研究的一个主要研究方向。常用的机器学习算法主要有决策树算法、隐马尔可夫模型、神经网络反向传播算法、支持向量机、聚类分析等方法。序列比对是生物信息学的基础，目前已将神经网络和隐马尔可夫链算法应用于序列比对分析中。随着基因组研究的发展，利用机器学习算法进行基因识别被广泛使用。南京农业大学开发了用以准确识别 miRNA、piRNA 的极限学习机算法，优化了用以识别 lncRNA 的随机森林分类器模型；吉林大学开发了用于预测基因表达的卷积神经网络深度学习算法；中国农业大学通过对大规模表观基因组和转录组数据分析，研究基因表达调控机制，构建了识别节律性基因表达的算法 ARSER/LSPR，并应用于拟南芥和水稻高通量时序基因表达谱分析；基因组所开发了结合编码区和非编码区新生突变的统计学算法，利用这些新生突变和基因组功能注释，可以提高定位复杂性状基因的统计效力，为新的甲基化定位方法 Jump-Seq 开发了分析方法，验证了其在低成本的测序情况下能达到 20bp 左右的定位精度，填补了这个精度范围内低成本定位甲基化的空白。

在表型组学的研究中，研发了针对应用于玉米茎秆维管束表型组数据分析的随机森林模型；应用于大麦植株动态生长表型组数据分析的支持向量机算法，玉米植株分割、株高检测的 Faster R-CNN 算法，应用于大田水稻稻穗识别的简单线性迭代聚类和卷积神经网络算法。

在基因型和表型数据大量积累的基础上，中国农业科学院生物技术研究所利用基因家族代替单个基因为单位随机分配训练集和测试集数据，以解决“进化依赖”造成的模型“过拟合”问题。接着进一步利用多种算法对模型进行解析，获得了调控基因表达的关键 DNA 测序。在此模型基础上，研究人员利用进化上亲缘关系较近的两个物种，成功预测了同源基因的相对表达量，并进一步获得了调控同源基因相对表达量的关键 DNA 测序。

3. 农业生物信息学加速动植物分子设计育种进程

随着农业动植物大量基因组测序数据的涌现，分析不同物种间的进化距离和功能基因的同源性，结合表型组学可以快速地在农业动植物中规模化发掘与重要性状关联的基因及其有利等位基因。利用全基因组信息的分子育种对于突破农业动植物复杂性状育种改良的技术瓶颈，加快农业动植物新品种培育进程具有重大的理论和实践意义。

2018 年，由中国农业科学院作物科学研究所牵头，联合国际水稻研究所、上海交通大学、中国农业科学院深圳农业基因组研究所、美国亚利桑那大学等 16 家单位报道了 3010 份亚洲栽培稻基因组研究成果。这是国内外水稻研究专家大协作的重大成果，体现了我国在水稻基因组研究方面居于世界领先位置，扩大了水稻功能基因组研究国际领先优势。华中农业大学从 210 份水稻重组自交系亲本中产生的 21945 份杂交后代中随机选择

278 份材料进行表型鉴定，并利用这 278 份材料作为训练样本预测所有可能杂交种的产量相关性状，发现预测产量最高的 100 个潜在杂交种的产量比平均产量提高 16%。中科院上海植物生理生态研究所利用杂交稻品种的基因组信息，进行了杂交水稻的分子设计育种探索、杂种优势的机制研究以及通过基因组辅助的聚合育种技术培育出具有超亲优势的常规稻新品种打下重要基础。中国农业科学院对水稻种质资源进行大规模的基因组重测序和大数据分析，规模化发掘优良基因，突破水稻复杂性状分子改良的技术瓶颈，加快高产、优质、广适性新品种培育的进程，对基于全基因组信息的水稻分子设计育种具有重大的理论和实践意义。在玉米群体结构较为一致、亲本材料较为固定的前提下，利用基因组预测，对开花期、株高和穗重都可以达到较高的预测准确性。

2018 年“黄瓜基因组和重要农艺性状基因研究”获国家自然科学奖二等奖。在对世界范围内 400 份代表性的番茄种质进行了全基因组测序和多点多次的表型鉴定后，最终鉴定了影响 33 种风味物质的 200 多个主效的遗传位点，发现其中有 2 个基因控制了番茄的含糖量，5 个控制了酸含量，为番茄风味的全基因组设计育种奠定了基础。

在畜禽基因组研究领域，我国也取得许多可喜的成绩。中国农业科学院北京畜牧兽医研究所牵头构建了大规模绿头野鸭与北京鸭的杂交后代群体，并启动了“千鸭 X 组”计划，运用多组学技术对 1026 只杂交二代个体及其祖代亲本进行全基因组关联分析和表达数量性状基因座分析，表明杂交后代群体羽色分化由单个基因决定，完全符合孟德尔遗传定律。而且该研究鉴定出导致北京鸭体格变大的主效基因 *IGF2BP1*。此研究从组学的角度系统解析了动植物品种改良机制，并为畜禽分子设计育种提供了理论基础。西北农林科技大学通过对我国 22 个代表性地方品种的 111 头黄牛和 8 个陕西石峁遗址的 4000 年前的古代黄牛样品进行全基因组重测序，同时比较了国外 27 个牛种的 149 个个体的全基因组数据，首次证明全世界家牛至少可以分为五个明显不同的类群，即为欧洲普通牛、欧亚普通牛、东亚普通牛、中国南方瘤牛和印度瘤牛。中国黄牛地方品种来源于其中的三个血统，同时发现通过历史上牛亚科的跨物种人工杂交选育相关信息。本研究对中国黄牛遗传特性来源系统全面的分析将为我国兼顾高产、优质和抗逆的肉牛新品种培育提供理论基础。

全基因组选择技术是农业生物信息学研究的重要特色内容。国际上已经在理论上证明这一方法对于农业生物的育种应用有较大的潜力和优势，已经广泛应用于动物遗传改良与育种实践中。我国已经建立了奶牛基因组选择分子育种技术体系。在传统的奶牛育种中，优秀种公牛需要经过后裔测定进行选择，尽管其选择准确性高，但选择周期长、育种成本高、效率较低。中国农业大学以基因组学技术为核心，系统开展了奶牛基因组选择分子育种技术研究，建立了完善的技术体系，并大规模产业化应用。该分子育种技术被农业农村部指定为我国荷斯坦青年公牛的遗传评估方法，自 2012 年起在全国所有种公牛站推广应用，四年间选择了 930 头优秀青年公牛在全国使用，至少可获得 232.5 万头优良后代母牛，大幅提高群体遗传改良速率和生产效益，使我国奶牛遗传改良速度提高了 1 倍，极大地推动了我国奶牛业的科技进步，缩短了与发达国家的差距，产生了显著的经济效益和社会效益。我国自主培育种公牛的能力得到大幅提升，优秀种公牛的国产化率由不到20%提高到50%以上，全国奶牛平均产奶量由4500千克提高到5500千克，接近欧盟的平均水平，在北京市，平均产奶量由7500千克提高到9000千克，接近北美平均水平。

（六）研究平台建设与人才团队培育进展

1. 研究平台建设

（1）国家作物种质库

国家作物种质库是全国作物种质资源长期保存与研究中心，于1986年10月在中国农业科学院落成，由作物科学研究所运行，总建筑面积为3200平方米，由试验区、种子入库前处理操作区、保存区三部分组成。保存区建有两个长期贮藏冷库，总面积为300平方米，其容量可保存种质40余万份。凡能通过种子繁殖维持物种遗传完整性的各类植物种质资源，都可保存到国家种质库，其种子应是耐低温和耐干燥类型，即正常型种子。种质贮藏条件为：温度 -18℃ ±1℃，相对湿度 <50%。依托国家作物种质库，收集、整理编目和入库保存了350多种作物2386个物种50万份种质资源，保存总量位居世界第二。保存资源目录性状的科学鉴定率达到100%，其中8%的资源得到了精准鉴定评价，并建立了数据库，有力地支撑了我国作物育种和现代种业发展。2019年2月26日，新国家作物种质库项目在中国农科院正式开工建设，种质库设计容量为150万份，是现有种质库容量的近4倍，将为我国作物育种、基础研究、产业化发展等方面提供十分关键的平台保障。

（2）国家菌种资源库

国家菌种资源库（National Microbial Resource Center，NMRC）由9个科研院所和大学共同承担，分别以中国农业、医学、药用、工业、兽医、普通、林业、典型培养物、海洋9个国家专业微生物菌种管理保藏中心为核心单位，开展微生物资源的整理整合和共享运行服务，并在不同领域内组织资源优势单位104家进行资源的标准化整理。国家菌种资源库以原国家科委指定相关部委设立的国家级专业菌种保藏中心为基础，2002年开始组建，2011年成为科技部、财政部首批认定的23家国家科技基础条件平台之一，2019年优化调整定名。截至2018年，平台库藏资源总量达235070株，备份320余万份。其中可对外共享数量达150177株，分属于2484个属13373个种，占国内可共享资源总量的80%左右，资源拥有量位居全球微生物资源保藏机构首位，涵盖了国内微生物肥料、微生物饲料、微生物农药、微生物环境治理、食用菌栽培、食品发酵、生物化工、产品质控、环境监测、疫苗生产、药物研发等各应用领域的优良微生物菌种资源。

依托中国农业科学院农业资源与农业区划研究所建立了中国农业微生物菌种保藏管理中心，是国家菌种资源库的核心单位之一，中心的菌株库藏量占国内农业微生物资源总量的三分之一，涵盖了几乎所有农业相关领域的微生物资源。菌种库服务范围涵盖实物资源共享、菌种鉴定、菌种保藏、技术培训及服务等，其中实物资源的社会共享是菌种库的核心服务内容。

（3）农作物基因资源与基因改良国家重大科学工程

以中国农业科学院作物科学研究所、生物技术研究所为依托单位，是我国农业科学基础研究与应用基础研究领域的标志性工程。主要围绕农作物基因资源和新基因发掘的理论基础与技术创新、作物重要性状形成的分子基础及功能途径以及作物品种分子设计的理论基础与技术体系三大主要科学问题，重点开展水稻、小麦、玉米、棉花、大豆等主要农作物基因资源鉴定、重要性状新基因发掘、功能基因组学研究、种质和亲本材料创新与分子育种。主要研究方向为基因发掘与种质创新、作物分子育种、作物功能基因组学、作物蛋白组学、作物生物信息学等。

（4）国家重点实验室

目前，我国农业科学领域共有国家重点实验室 25 个，其中涉及作物科学与农业微生物学的共有 14 个，分别是：依托西北农林科技大学建设的旱区作物逆境生物学国家重点实验室，依托华中农业大学建设的农业微生物学国家重点实验室，依托华中农业大学建设的作物遗传改良国家重点实验室，依托南京农业大学建设的作物遗传与种质创新国家重点实验室，依托中国农业大学、香港中文大学建设的农业生物技术国家重点实验室，依托中国农业大学建设的植物生理学与生物化学国家重点实验室，依托中国水稻研究所、浙江大学建设的水稻生物学国家重点实验室，依托山东农业大学建设的作物生物学国家重点实验室，依托中国科学院微生物研究所建设的微生物资源前期开发国家重点实验室，依托中国科学院遗传与发育生物学研究所建设的植物细胞与染色体工程国家重点实验室，依托中国科学院微生物研究所、中国科学院遗传与发育生物学研究所建设的植物基因组学国家重点实验室，依托中国科学院植物研究所建设的系统与进化植物学国家重点实验室，依托中国科学院上海生命科学研究院建设的植物分子遗传国家重点实验室，依托中国农业科学院棉花研究所、河南大学建设的棉花生物学国家重点实验室。国家重点实验室在聚焦国际前沿、解决农业领域重大科学问题和培养高水平基础研究人才等方面发挥了重要的作用。然而，农业领域国家重点实验室仍然存在一些较为薄弱的环节，例如在学科交叉研究、原创性研究等方面尚有一定差距，在聚焦国家重大需求和解决农业重大问题方面仍有不足，战略布局方面还需要进一步完善优化。

（5）国家农作物改良中心（分中心）

为有效解决我国农作物育种材料不足、种质基础狭窄、育种进程不快等问题，促进突破性新品种选育，提升种业竞争力，我国建设了国家农作物改良中心体系。在 30 个省（区、市）共建设改良中心（分中心）206 个，涵盖 50 余种主要粮食作物、果树、蔬菜及其他经济作物。改良中心提升了有关单位和育种企业的装备水平与田间基础设施建设水平，吸引和凝聚了一大批专门从事育种工作的科技人才，促进了农作物育种理论和技术突破，创制了一大批优异品种，为我国种业发展奠定了坚实基础。

（6）农业基因组大数据分析中心

中国农业科学院深圳农业基因组研究所依托“农业部农业基因数据分析重点实验室”建设了农业基因组大数据分析中心。该中心围绕农作物种质资源开发利用、粮食安全预测预报、食品安全监控、传染性疾病预报预警、农业环境监控等产业发展方向，建立国家农业生物信息数据库，针对性突破农业生物大数据挖掘和分析等关键技术，构建农业生物大数据云计算平台，实现了“基因组测序—功能基因挖掘—设计育种”的大贯穿，平台测序通量和计算能力均为全国农口单位最大。依托研究平台积极为全国60多家农业科研单位提供基因组学服务，积累数据量超过2PB。

（7）国家农业科学观测实验站

为更好地推进我国农业基础性长期性科技工作，加强农业领域长期定位观测监测站点建设，提升农业科学数据的观测、收集、整理、分析和应用水平，开展新品种、新产品和新技术的集成试验研究与示范，按照“统一部署、系统布局、整合资源、稳定支持”的原则，根据已有观测年限和工作基础条件，并经现场考察和专家论证，农业农村部在2018年确定了第一批“国家农业科学观测实验站”，包括土壤质量、农业环境、渔业资源环境等领域共36个站点。2019年，又在农业环境、植物保护等领域确定80个站点为第二批“国家农业科学观测实验站”。在作物种质资源学方面，第一批观测实验站中有国家种质资源管城观测实验站、渭源观测实验站、武鸣观测实验站、红原观测实验站、江津观测实验站、道外观测实验站6个，第二批观测实验站中有国家种质资源长春观测实验站、南京观测实验站、澄迈观测实验站3个。在农业微生物学方面，第二批观测实验站中有国家农业微生物鄂尔多斯观测实验站、双流观测实验站、伊春观测实验站、扬州观测实验站、新都观测实验站、乌鲁木齐观测实验站6个。此外，还确定了一大批国家土壤质量观测实验站和国家农业环境观测实验站。

2. 人才团队培育

（1）中国农业科学院作物科学研究所小麦种质资源与遗传改良创新团队

该团队2016年荣获国家科学技术进步奖创新团队奖，团队带头人为中国工程院刘旭院士。团队现有研究人员82名，包括院士2人、二级研究员10人、博士生导师19人。通过“联合攻关、协同创新”，在育种材料创制和育种方法研究等5个方面取得重大突破。①全面系统开展种质资源收集保存、评价与创新利用，在我国历次小麦品种更新换代中，90%以上主栽品种都利用了该团队提供的优异育种材料及其衍生后代，为实现小麦从严重短缺、基本自给到丰年有余的历史性转变提供种质支撑，近10年引领国内外种质资源研究新方向；②首创矮败小麦高效育种技术体系，解决了小麦大规模开展轮回选择的国际难题，为提高育种效率提供新方法，用这一体系育成的新品种推广1.8亿亩；③创建以面条为代表的中国小麦品种品质评价体系，为促进我国品质育种取得突破提供关键技术，用这一评价体系育成的优质品种累计推广 4.8 亿亩，为改善民生作出突出贡献；④在国际上首次完成 D 基因组测序，发掘的育种可用分子标记在美国等 14 个国家广泛应用，引领小麦遗传改良新方向；⑤集成创新高产高效生产技术，居国际同类生态区领先地位，为一年两熟耕作制度下粮食周年丰收提供了技术保障。

团队在育种材料创制、育种方法研究等方面引领了国际小麦研究新方向，在国内外学术界产生重大影响。1998 年至今，先后获国家科技进步一等奖 3 项、二等奖 4 项、国际奖 5 项，与其他单位合作获国家科技进步二等奖 3 项。获授权发明专利和新品种保护权 91 项；在国内外出版专著 8 部；在 *Nature*、*Plant Cell* 等发表 SCI 论文 438 篇，SCI 论文总量居小麦遗传改良领域国内第 1、国际第 2。国际小麦基因组协作网负责人 R. Appels 教授认为，该团队引领了国际小麦遗传改良新方向；世界粮食奖获得者 S. Rajaram 博士认为，该团队研究内容全面系统，学术影响与产业贡献兼顾，总体居国际领先地位。

（2）湖南杂交水稻研究中心 / 湖南省农业科学院杂交水稻创新团队

该团队 2017 年荣获国家科学技术进步奖创新团队奖，团队带头人为中国工程院袁隆平院士。团队依托 1995 年组建的国家杂交水稻工程技术研究中心，经过 22 年的建设，已形成涵盖杂交水稻基础、种质发掘与创新、新品种培育及应用配套技术研发等研究方向的创新群体。该团队创新了两系法杂交水稻理论与技术体系，提出了超级杂交稻育种技术路线，创立了超级杂交稻“高冠层、矮穗层”理想株型模式。提出了籼粳亚种间杂种优势利用与株型改良相结合的超级杂交稻育种技术路线，育成的系列超级稻品种，实现了亩产 1000 千克的中国育种目标，并创造百亩示范片平均亩产 1088.0 千克、百亩双季稻平均亩产 1537.8 千克等多项世界纪录，引领了国际超级稻育种的方向。培育的一批突破性骨干亲本和主导品种大面积推广，其中，Y 两优 1 号是迄今为止国内唯一先后通过了长江上游、长江中下游和华南等南方籼稻全部 3 大生态区国家审定的广适性超级杂交中稻品种，被评为首批“国家自主创新产品”,2010 年来连续 7 年被农业农村部确认为长江中下游稻区主导推广品种。

1995 年以来，该团队育成审（鉴）定不育系 24 个，审定杂交水稻品种 69 个，获超级稻认定品种 11 个，获植物新品种权 48 项，发明专利 26 项，制订国家技术标准 1 项；先后获国家科技奖励 10 项，包括首届国家最高科学技术奖 1 项、国家科技进步奖特等奖 1 项、一等奖 2 项、二等奖 2 项、三等奖 3 项，国家技术发明奖二等奖 1 项、三等奖 1 项；获部省级奖 51 项；出版著作 20 部，发表论文 800 余篇。该团队培育通过审定以及利用团队创制的亲本配组选育的品种，累计在全国推广面积超过 8 亿亩（其中团队培育品种推广 3.5 亿亩），按照每亩平均增产稻谷 25 千克估算，共增产粮食 200 亿千克，增加经济效益 540 亿元以上，为保障我国和世界粮食安全作出了不可磨灭的贡献。团队先后与联合国粮农组织、国际水稻研究所等 9 家国际组织及科研机构建立了良好的合作关系；承担了多项杂交水稻援外项目和国际杂交水稻技术培训班共 74 期，为 30 多个发展中国家培养了逾 4000 名杂交水稻技术人员，为实施我国“杂交水稻外交”和服务于“一带一路”国家战略作出了贡献。

（3）神农中华农业科技奖优秀创新团队

中国农学会组织专家共评审出2018—2019年度神农中华农业科技奖优秀创新团队25个，其中在作物种质资源学与遗传育种学领域的优秀创新团队有：中国水稻研究所水稻品质遗传改良团队、湖北省农业科学院水稻分子及细胞工程育种创新团队、中国农业科学院棉花研究所棉花基因组育种创新团队、河北农业大学棉花抗病遗传育种创新团队4个，作物生理与农业生态学领域的优秀创新团队有：中国农业科学院作物科学研究所玉米栽培与生理创新团队、辽宁省农业科学院旱地耕作制度创新团队、中国农业科学院农业资源与农业区划研究所土壤培肥与改良创新团队、农业农村部环境保护科研监测所养殖业污染防治创新团队、中国农业大学农业生物质利用的工程基础创新团队5个。这些创新团队科研道德素质过硬、创新能力强、业绩贡献重大、团队效应突出、引领作用显著，在推进现代农业产业技术体系发展与创新中取得重大科研成就，成果转化与产业化效益显著。

（4）第六届中华农业英才奖

中华农业英才奖是农业农村部设立并组织实施，面向全国农业科技工作者的奖项。该奖项主要用于表彰奖励在农业科技进步、促进中国农业和农村经济发展中作出突出贡献的科技人才。2018年底，农业农村部评选出了第六届中华农业英才奖获奖人共10名。其中，河北省农林科学院粮油作物研究所张孟臣研究员为大豆遗传育种家，在大豆育种技术、种质创新及新品种选育方面成绩突出，创新了大豆育种方法，育成大豆品种22个，推动和促进了大豆遗传育种学科发展，为我国大豆育种和产业发展作出重要贡献。南京农业大学资源与环境科学学院沈其荣教授长期从事有机肥、生物肥、土壤微生物等领域研究，建立了堆肥pH控制技术，研发出条垛式高效堆肥工艺及系列有机（类）肥料产品，对我国有机肥和生物肥产业的快速发展作出了突出贡献。

（5）农业科研杰出人才培养计划

农业科研杰出人才培养计划是“现代农业人才支撑计划”的子计划，由农业农村部组织实施，旨在建立一支学科专业布局合理、整体素质较高、自主创新能力较强的高层次农业科研人才队伍。2011—2020年，计划在全国选拔培养300名农业科研杰出人才，建立300个农业科研优秀创新团队（每个团队10名左右成员），并给予必要的经费支持。

该计划于2011年启动，先后于2011年、2012年、2015年共评选出300名农业科研杰出人才。在2015年评选出的150名农业科研杰出人才中，作物种质资源学与遗传育种学领域共有24人，作物生理与农业生态学领域共有17人，农业微生物学领域共有6人，农业生物信息学领域共有7人。通过提供专项资金支持、开展培训交流、加大政策扶持，创新团队建设日益完善，科技成果不断涌现，业内国际影响力稳步提高，已成为农业领域大专家、大成果的培育孵化器，树立了人才培养工程的国家级品牌，为乡村振兴战略实施和农业农村现代化提供了强有力的人才支撑。

三、国内外研究进展比较

“十二五”以来，特别是党的十八大以来，党中央、国务院高度重视农业农村科技创新工作，作出一系列重大部署。我国农业农村科技快速发展，自主创新能力显著增强，进入领跑、并跑、跟跑“三跑并存”新阶段。农业科研整体水平大幅提升，一批核心关键技术取得新突破，为农业农村可持续发展奠定了坚实基础。同时，与国际发展前沿和国家战略需求相比，仍在部分核心关键研发方向上存在较大差距。

（一）农学相关学科加速发展，部分研究领域达到世界先进水平

1. 作物种质资源学与遗传育种学领域

目前，我国作物种质资源学科发展水平总体上达到国际先进水平。突出表现在：我国建立了较为完善的作物种质资源保存体系，种质库（圃）保存资源总量已经突破 50 万份，位居世界第二位；原生境保护点 271 个，在世界上居领先地位。我国作物种质资源精准鉴定评价水平和规模居国际第一方阵，基于作物野生近缘种的创新利用的应用研究相对走在世界前列，在作物种质资源新基因发掘领域处于国际先进水平。我国在本土起源作物的驯化研究方向处于整体领先地位。

总体上，我国杂交水稻、油菜、小麦、大豆、转基因抗虫棉等研究处于国际领先水平，杂交玉米、优质小麦等处于国际先进水平。我国部分重要农作物的杂种优势利用技术国际领先，倍性育种、远缘杂交及细胞与染色体工程育种技术得到广泛应用。我国率先构建了水稻、棉花、油菜等重要农业生物的全基因组序列框架图，建立了超高密度遗传图谱，解析了产量、株型、品质、抗性和育性等多种重要性状形成的分子基础，明确了 3010 份亚洲栽培稻的起源和群体基因组变异结构，首次破译小麦 A 基因组和精细图谱，在水稻和小麦功能基因组研究上达到世界领先水平。水稻生物学以产量控制基因以及杂交水稻育种理论研究为代表推动了学科发展，以独脚金内酯和茉莉素信号转导途径及其生物学效应为代表的激素生物学具有明显的优势，以基于测序和计算能力的水稻基因组为先导，推动了国际植物基因组学的发展，攻克同源多倍体基因组拼接组装的世界级技术难题，公布了甘蔗基因组，是全球首个组装到染色体水平的同源多倍体基因组。

2. 作物生理学领域

近年来，通过提高作物光合效率以提升作物产量的研究取得了重大突破，我国科学家在作物捕光色素蛋白复合体结构和功能、降低光呼吸的人工光合设计作物、群体光合测定方法等方面达国际领先或先进水平。在作物栽培生理的研究方面，我国的研究水平与国外发达国家基本接近，在水稻等作物的生长发育机理、水稻理想株型形成机制、稻麦同化物转运和籽粒灌浆的调控机制、抗逆生理机制等方面的研究取得了较大的进展。在植物矿质

营养研究领域我国总体上和国际上保持相同的发展趋势，水平相近。我国作物采后生理学发展迅速，紧跟国际发展前沿，部分处于国际先进水平。

3. 农业生态学领域

在农业资源高效利用领域，研发的作物高产栽培理论体系，以周年温光资源高效利用为核心的高产高效种植理论体系，形成了独具中国特色的农业生物高产种养理论。云南农业大学农业生物多样性应用技术国家工程研究中心在农业生物多样性利用方面具有国际学术影响，浙江大学关于稻鱼共作模式的研究成果获得国际学术界高度评价，中国农业大学关于禾本科与豆科间套种的地下部营养与分泌物相互关系在国际知名刊物发表。针对我国区域独特的农业生态问题，例如西北黄土高原的水土流失、东北黑土地的地力保护、西南喀斯特石漠化区域的农业发展、内蒙古草原的草畜平衡、西北干旱半干旱区域的节水农业、南方红壤区水土流失、西北农牧交错带的风沙防治等的研究持续深入，产生了一系列国际先进的成果。在化学生态学相关的化感作用和诱导抗性研究方面，分子生物学水平的诱导抗性机理研究已触及国际前沿，在我国急需解决的连作障碍方面的研究已经取得国际先进的研究成果，在世界上产生了重要影响。

4. 农业微生物学领域

我国在农业微生物机理解析、病虫害绿色防控、基因工程疫苗、生物固氮、微生物酶工程等领域达到国际先进水平。在重要农业微生物作用机理研究方面取得一系列理论突破，例如：在 H5N1 高致病性禽流感和人感染 H7N9 禽流感病毒致病性、宿主特异性、遗传演化和生物学进化规律研究取得重大理论创新；在黏菌素耐药肠杆菌和碳青霉烯类耐药肠杆菌耐药机制的研究上处于世界领先地位；首次鉴定并发现了狂犬病病毒的一个全新的入侵神经细胞受体，为世界狂犬病研究领域近 30 年来的重要发现。以农业微生物为核心的农业微生物产业不断壮大，达到国际先进水平。农用基因工程疫苗、食用菌、微生物肥料、微生物农药产业走在世界前列。我国饲料用酶产业已成为具有国际竞争力的高新技术产业，自主研发的木聚糖酶、葡聚糖酶、甘露聚糖酶、半乳糖苷酶、纤维素酶多种糖苷水解酶，蛋白酶、脂肪酶、淀粉酶等多种消化酶在国际市场的占比超过 50%，植酸酶基因工程产品已占国内外市场的 80% 以上，实现了向欧美等数十个国家的技术转让和产品输出。预计至 2022 年，中国酶制剂产品的市场规格将达到 522 亿元，动物疫苗市场规模有望达到 330 亿元，基因工程疫苗占比预计将超过 60%。我国政府高度重视合成生物学研究，把合成生物学研究作为国家中长期发展规划的重要内容，并启动了一批国家级重大项目，布局了多个研究中心和重点实验室。目前我国合成生物学研究无论是基础科研论文发表量还是技术专利申请量，都已经处于国际排名第二位。

5. 农业生物信息学领域

继 2002 年水稻全基因组测序完成之后，深圳华大基因研究院的深度测序和基因组计算生物学分析平台推动我国生物基因组研究进入高速发展时期。中国农业科学院积极参与番茄基因组测序任务，经过10余年的潜心研究，广泛收集了全球600多份不同类型的番茄种质资源，并开展了基因组、转录组、代谢组等多组学分析，产生了约7 TB的原始序列数据，数据分析获得了2600万个基因组变异位点、3万多个基因的表达量和980种果实代谢物的群体多组学数据，构建了全球最大园艺作物组学数据库，深度解析了人工驯化过程，实现了我国在该领域上由“跟跑”向“领跑”的转变。针对飞速增长的三代测序通量与滞后的基因组组装能力之间的突出矛盾，中国农科院深圳农业基因组研究所开发了世界上目前计算效率最高的三代长序列组装算法，可将基因组组装效率提高6000倍，成为首个能够匹配当前及一段时间内测序通量增长需求的组装算法。

（二）从科技论文与专利竞争力分析看学科研发现状

1. 科技论文竞争力分析

中国农业科学院农业信息研究所《中国与世界农业科技竞争力发展态势分析》揭示了2008—2018年种业领域Top100高质量论文（高被引论文和热点论文）全球竞争态势，中国从2008年紧追美国的状态，逐渐加快追赶速度，于2015年开始高质量论文数反超美国，处于全球领先地位。种业领域主要涉及种质资源的收集保护与鉴定、作物品质改良和作物分子育种技术3个重点研究方向，从Top100产出论文量来看，目前中国在前两个研究方向全球领跑，在第三个研究方向与美国并跑。2008—2018年全球高质量论文统计数据显示，美国共产出406篇高质量论文，占比36.9%，其中通讯作者论文从2008年的16篇增加到2018年的24篇；中国共产出324篇，占比29.45%，其中通讯作者论文从2008年的13篇增加到2018年的30篇。

分析农业生物技术领域Top100高质量论文的全球竞争态势发现，中国从2008年的落后于美国持续追赶，至2015年反超美国，排名第一。农业生物技术领域主要涉及酶工程、基因工程、细胞工程、蛋白质工程、生化工程等生物技术，主要用于解决农业领域的能源危机、环境污染和育种问题。2008—2018年，农业生物技术领域Top100全球高质量论文共计1100篇，其中美国278篇、中国370篇。

根据中国农业科学院科技经济政策研究中心、中国农业科学院科技管理局等单位联合发布的《2017全球农业科技论文与专利竞争力分析》报告，农艺学领域2014—2016年美国共发表论文4787篇，排名世界第一，中国发表4093篇，排名世界第二。研究时段内该学科论文总被引频次统计排名，美国总被引17346次排名第一，中国总被引16011次排名第二，远远领先于其他国家；学科规范化的引文影响力排名瑞士第一，中国排名第十四。在生物技术与应用微生物领域，2014—2016年中国共发表论文20563篇，排名世界第一，美国发表16381篇，排名世界第二。美国论文总被引频次122369排名第一，中国总被引117895排名第二；学科规范化的引文影响力排名英国第一，中国排名第十一。在基因和遗传学领域，2014—2016年美国发表论文排名世界第一，中国排名世界第二，中国总被引频次排名第四，学科规范化引文影响力排名第二十。虽然与世界一流的农业研究强国相比，我国论文产出绝对量已经赶超，论文产出质量差距在快速缩小，但学科规范化的引文影响力学科排名较低，还需大力提升研究质量。

2. 专利竞争力分析

中国农业科学院农业信息研究所《中国与世界农业科技竞争力发展态势分析》开展了全球农业专利统计，数据显示，种业技术全球竞争中中国与美国的实力差距较大，整体处于跟跑状态。美国陶氏杜邦公司在技术上高度垄断，中国主要技术研究机构呈分散分布状态，在少量国外专利上拥有实施许可权。统计数据显示，2008—2018 年该技术领域全球高质量专利（采用 Incopat 专利数据系统中合享价值度指标对专利质量进行评价）申请总量 4523 件，其中美国申请 2394 件，中国申请 204 件，差距十分显著。

农业生物技术全球竞争中，美国在转基因和基因编辑两大生物技术领域处于绝对优势地位，陶氏杜邦公司高度垄断核心技术，中国总体实力远落后于美国，技术研发机构分布较分散，且研发主体为科研院所和高校。统计数据显示，2008—2018 年该技术领域全球高质量专利申请总量 3488 件，其中美国专利申请总量 1760 件，中国专利申请量 191 件。在全球专利中有 1330 件涉及转基因技术领域，占比超过整体技术领域的三分之一，其中美国申请 834 件，中国仅申请 56 件，显示我国农业技术海外知识产权保护亟待加强，尚未形成企业成为技术创新主体的格局。

（三）重点学科发展的问题与差距

1. 作物种质资源学与遗传育种学

与国际相比，我国作物种质资源学与遗传育种学方面的差距集中表现在以下方面。①随着城镇化、工业化进程加速，气候变化、环境污染等因素影响，地方品种和野生种等特有种质资源丧失严重，并且我国保存资源总量中国外资源的占有率较低、物种多样性较低。②我国优异资源和基因资源发掘利用严重滞后，在现有 50 万余份种质资源中，已开展深度鉴定的仅占 2% 左右，野生近缘种和地方品种的发掘不够，种质资源保护、鉴定与研究设施不完善。③种质资源重要性状的精准鉴定和全基因组水平上的基因型鉴定尚处于起步阶段，针对重要育种性状的新基因发掘尚未规模化，具有重要利用价值的基因不多，把种质资源转变为基因资源的历程任重道远。除水稻外，大部分物种的基础研究尚在跟跑，经济性状形成的遗传基础与调控网络研究不系统不深入。④我国原创性的农业生物技术仍然较少，如原创性的基因编辑技术、实用化分子育种技术缺乏，育种大数据开发与应用不够，规模化高通量动植物复杂性状表型自动检测设备、育种芯片设计与制备系统等缺乏。⑤我国主要农作物品质、抗性等遗传改良有待进一步加强，优质抗逆的稻、麦、棉，高蛋白大豆，宜机收玉米和油菜等品种选育与国际先进水平有明显差距。

2. 作物生理学

总体来看，我国作物生理学研究与国际上的主要差距表现在：①我国光合生理的研究与发达国家还存在较大的差距，相关研究仍较为零散，光合作用合成生物学研究跟实际应用之间的距离仍较大；②在作物机械化智能化栽培的生理机制研究方面还存在差距，尤其是 3S 技术在作物栽培方面的应用与机理研究方面，与国外发达国家差距较大；③提高作物水分利用效率还有很大的空间，在抗旱节水作物品种的选育、农业灌溉技术推广、高效环保型节水材料与制剂研发等方面落后；④作物栽培学科体系远未完善，缺乏关键原始创新在作物生产上的应用，在超高产、优质、资源高效利用和栽培的协同方面还未成熟；⑤在植物矿质营养研究领域，国外主要在基础理论重大问题上突破和创新，而我国的优势体现在水稻等作物的研究，研究成果具有直接应用的前景，但原始创新明显不足；⑥作物采后生理学大而不强，围绕关键理论研究不深入，常规技术多、突破性技术少，基本处于跟踪地位。

3. 农业生态学

我国农业生态学研究的主要“短板”集中在信息化推进和生态农业的社会经济研究方面。①农业生态系统的能物流模型、作物轮间套作模拟模型、景观分析和遥感分析模型都基本依赖国外的方法体系，生态农业模式与技术体系的形成还主要靠经验摸索；②生态农业相关的数据库建设和技术集成体系的建设还没有开展，大数据计算与人工智能在农业生态学应用的潜力才刚刚开始被认识；③在农业生态系统能物流长期定位观察站的部署总体比西方国家晚了很多，长期观察体系不完整，部署系统性不足；④在农业和农村中利用景观生态学原理和方法开展研究起步更晚，在方法论创新和实际应用的深度和广度方面都与国际有较大差距；⑤由于我国农业生态学研究一直放在自然科学和农业科学的框架内开展，农业生态学相关的社会经济学研究比较弱。

4. 农业微生物学

我国农业微生物研究总体来看处于国际先进水平，能够紧跟国际趋势，但关键核心技术与发达国家相比存在差距；农业微生物产业规模大，但产品的创新能力及竞争力有待提高，企业自主研发能力不强，产学研结合不够密切。①合成生物学方面，我国在基础理论、使能技术、核心体系、产业技术进展等方面尚存在不小的差距，表现在原创性的标志性工作少，共性关键技术和方法体系方面需要加强顶层设计，基础研究到应用技术创新衔接不够紧密等方面；②生物农药种类结构还不够合理，存在剂型及助剂等配套技术的瓶颈；③微生物肥料菌剂与作物品种的匹配技术等技术瓶颈尚未解决，生物肥料保活材料筛选与保活技术落后，研发产品中菌剂活性较短，不利于储藏和运输；④微生物发酵饲料普及率低，液体饲喂模式还处在探索阶段；⑤微生物对农林废弃物转化的精准控制、转化效率等方面与国际先进水平具有一定差距。

5. 农业生物信息学

生物信息学在作物功能基因组学、系统生物学、分子设计育种、作物资源高效利用以及农业生态安全等方面的研究与应用，都是我国基础研究需要重点布局的方向。与农业生物信息学发达的国家、地区或机构相比，我国的主要差距表现在：①农业生物科学研究与开发虽然对生物信息学研究和服务的需求非常广阔，但真正开展农业生物信息学具体研究和服务的机构或公司却相对较少。农业生物信息学服务公司提供的服务仅局限于核酸或蛋白质的序列测定，真正用于生产实践的农业生物信息学产品或技术服务相对较少，与国际水平差距还很大。②由于需要较高的前期投入和长期积累，我国在基因组数据库的建设上相对滞后。据统计，国际上用于开展农业生物信息学研究的相关数据库绝大部分在欧、美国家，由我国独立开发的农业生物信息学数据相对较少，并且在开放共享、数据分析等功能上仍存在缺陷。③人才培养方面，目前我国既娴熟掌握生物信息学主要技术，又懂农业生物育种、饲养、栽培等环节的复合型人才十分缺乏。

四、发展趋势及展望

当今世界，以生命科学、信息科学等为代表的农业前沿应用基础研究进入快速发展期，并广泛渗透到农业农村各研究领域。基因编辑、生物合成、多重组学、大数据等革命性技术加快向农业领域渗透，掀起了新一轮农业技术创新浪潮，带动农业高新技术产业快速跃升。农业基础学科未来将积极应对中国粮食安全、农产品品质安全、资源与生态环境安全的重大挑战，为“乡村振兴、绿色发展”的国家重大需求作出重要贡献，必将迎来又一次重大发展机遇。

（一）种质资源研究朝着深入评价与加速创新利用方向发展

在农业生物技术发展和作物遗传育种需求的双重带动下，作物种质资源研究出现如下发展趋势。①种质资源保护力度越来越大，呈现出从一般保护到依法保护、从单一方式保护到多种方式配套保护、从种质资源主权保护到基因资源产权保护的发展态势。②鉴定评价越来越深入，对种质资源进行表型和基因型的精准鉴定评价，发掘能够满足现代育种需求和具有重要应用前景的优异种质和关键基因。③特色种质资源的发掘利用更加受到重视，针对绿色环保以及人们对未来优质健康食品的需求，发掘目标性状表现优异、富含保健功能成分的特色种质资源及其基因，创制有育种和开发价值的特色种质。④种质资源研究体系越来越完善，世界大多数国家均建立了依据生态区布局，涵盖收集、检疫、保存、鉴定、种质创新等分工明确的作物种质资源国家公共保护和研究体系。⑤更加重视农业生物优异种质资源的形成规律研究，鉴定从野生种到地方品种的驯化和从地方品种到现代育成品种的改良涉及的基因组区段、基因和单倍型，分析优异种质资源的变异组特征，明确种质资源的多样性分布和等位变异遗传效应，阐明地方品种和骨干亲本形成的遗传基础，已成为种质资源基础研究的热点，为创制突破性新种质和新一代骨干亲本提供了理论支撑。

（二）现代分子育种理论与技术体系持续创新，驱动作物遗传育种不断突破

随着分子测序技术的完善和多重组学的飞速发展，新基因发掘速度大幅度提升，基因功能解析步伐加快，控制农业生物重要经济性状的遗传与分子调控网络不断清晰，为未来育种提供了越来越多的基因资源。主要发达国家深入开展农作物复杂基因组遗传解析和重要性状形成基础研究，国际作物基因发掘正朝高效化、规模化及实用化方向发展，拥有“基因专利”已成为发达国家及跨国公司垄断生物技术产业的集中表现。生命科学与信息科学交叉催生的组学研究日益深入，在分子和细胞基础研究、育种材料与育种技术、育种理论诸方面全面促进农业科学取得突破，使全基因组选择、基因编辑等前沿育种技术的突破和应用成为现实。在基因组学的促进下，建立了各种作物的重组率图谱与单倍型图谱，发现了重组率在基因组中的分布规律，在全基因组水平明确作物驯化与品种改良的位点，为基因组设计育种奠定基础。表型组学技术与高通量测序技术融合，实现了种质资源和育种材料基因型的快速精准鉴定与优异资源和基因的高效精准筛选，推动实现了育种精准化、高效化和规模化。现代信息与智能化技术广泛应用于生物育种基础研究领域，极大地提高了育种试验规模和研发效率。

（三）作物品种研发呈多元化发展态势

全球农业动植物品种研发呈现以产量为核心向优质专用、绿色环保、抗病抗逆、资源高效、适宜轻简化、机械化的多元化方向发展。随着人民生活水平的提高，培育具有优良食味、营养、加工、商品和功能型品质性状的动植物新品种备受重视。各种新型病虫害不断出现，干旱等自然灾害频发，培育抗病、抗虫、抗逆新品种成为必然选择。过量施用氮肥和磷肥带来严重生态问题，培育资源高效利用的新品种是重要育种目标。为满足农业生产方式变革需求，培育适应机械化和轻简化、适于特定种养与加工方式的新品种成为重要方向。抗除草剂、耐贮藏、观赏性强等动植物品种选育需求日益增长。农业微生物菌种选育向优质、定制化方向发展。

（四）作物生理学重大理论与技术研究持续深入

作物光合作用生理研究将在提高作物光合碳同化关键酶 Rubisco 活性及调控、大规模光合作用测定和群体精准的光合测量技术研发、高效光合种质资源发掘、高效光合的关键基因和代谢通路解析等方面科学布局。作物栽培生理将着眼于提高作物生产能力和改善品质，重点发展作物高产或超高产群体生理机制研究、新品种和农艺栽培技术结合机理研究、作物机械化轻简化栽培的生理机制研究、提高作物品质的栽培生理机制与新技术研究等。作物水分生理研究的主要方向包括揭示作物耐旱生理机制，研发以肥调水、创新水资源高效利用新途径，研发节水灌溉智能技术等。作物营养生理研究将聚焦于利用水稻等模

式作物，通过经典遗传学以及反向遗传学阐明作物吸收利用矿质元素的分子机理，挖掘相关优异等位基因，通过 CRISPR-CAS9 等基因组编辑技术以及合成生物学的手段工程化改进作物的营养利用效率。作物采后生理学发展将聚焦提质增效的源头理论创新和实践技术应用，围绕采后衰老、性状、品质调控机制，促进基础理论成果与实际应用相对接。

（五）农业生态学为促进农业可持续发展与应对气候变化提供解决方案

①发展种养一体化生产体系，建立全产业链资源和废弃物循环高效利用模式，降低环境污染和温室气体排放。从种植业和养殖业物质和养分流的匹配和高效利用设计一体化的农业生产体系。②利用生物多样性原理发展资源高效利用多样化的种植体系，包括轮作、间作套种、农林复合系统、填闲作物等，解决农田生物多样性下降、病虫害严重、连作障碍、过量施用化肥和农药的问题。针对集约化农业发展中出现的各种问题，欧盟最近资助了 6 个与作物多样性相关的大项目，称之为作物多样化集群项目（Crop Diversification Cluster Projects），每个项目资助经费数百万到上千万欧元不等，都是欧盟多个国家参与。如 DiverIMPACT 项目，总经费约 1000 万欧元，主要是研究轮作，多熟种植，农林复合系统等如何在现代农业中应用。又如 ReMIX 项目，重点集中在间套混作方面，总经费 500 万欧元，目标是应用间套混种重新设计欧洲的种植体系。欧盟在“框架计划——地平线 2020”框架下同时资助这么多与农业生物多样性相关的项目，可见欧盟对农业生物多样性的重视程度。另外，近年来，美国也加大了农田作物多样性的研究与应用资助强度和范围，大幅度促进了美国在覆盖作物和填闲作物的生产应用。据统计，2012—2017 年，全美覆盖作物面积增加了 49.7%，预计在 2020 年达到 2000 万英亩，促进了农田的生物多样性，为可持续农业发展提供了重要抓手。③利用生态农业技术应对全球变化。农业生产活动对全球气候变化产生了深刻的影响，同时，如何利用生态学的原理，设计适应气候变化的农业，也是农业生态学的新挑战。因此，有两方面的趋势：一是发展气候友好型的生态农业，降低温室气体排放，减少污染物的排放等。二是利用生态学原理发展生态农业措施，强化农田生态系统对极端气候条件的适应，如对干旱、高温等的抵御力和适应性等。

（六）农业微生物组学研究与产业技术创新蓬勃发展

①国际微生物与宿主的相互作用组学研究成为热点，从系统生物学的角度全面解析微生物 - 宿主 - 环境之间的互作关系，特别是微生物 - 宿主的分子对话机制研究发展迅速。②微生物中新型调控因子非编码 RNA 的功能研究及应用成为重要研究方向，非编码 RNA 可在转录后水平调控靶标基因的表达，最近该研究领域活跃性有望在未来几年继续增加，最终可能与传统的蛋白质调控因子相匹敌，极大地加深我们对细胞调控的多层次及其相互作用的理解。③宏基因组及代谢组学技术成为挖掘重要功能基因和鉴定新型天然产物的重要手段，使人们能够获得以前无法获得的天然产物资源并鉴定其合成途径。④以美国、欧

盟为首的技术发达国家在农业微生物产业方面具有明显的竞争优势，重点是在微生物农药、微生物肥料、微生物饲料、酶制剂等相关领域。美国“赢在未来”国家科技创新战略及欧盟“框架计划——地平线 2020”“欧洲战略投资基金”等都把农作物病虫害绿色防控产品作为重要内容，微生物制剂是其中的重点研发方向。美国、巴西、澳大利亚、法国、德国等国家确定了根瘤菌优先发展战略，根瘤菌生物肥料得到了大面积推广应用，产生了良好的经济效益和社会效应。

（七）农业合成生物学成为各国布局重点

合成生物学是 21 世纪初兴起并被誉为可能改变世界的十大高技术之一。农业是合成生物学应用的重要领域，拓展了农业生物的设计改造，推进细胞工厂代谢和合成能力不断发展。特别是光合作用、生物固氮和生物抗逆等重大农业科学难题的最终解决，必须依靠合成生物学技术，相关研究已成为国际高科技发展的前沿与热点，有望推动新一轮的农业科技革命。美国、欧盟等发达经济体通过启动相关研究计划、加大资金投入等方式，在合成生物学基础能力、核心技术以及重大战略方向进行了系统布局，发展迅猛，占据了合成生物学研究优势地位。美国已经形成了以波士顿为中心的东部地区和加州为主的西部区域优势学术群体，建立了数个合成与系统生物学研究中心；英国通过国家战略支持，已经建立了从北方的爱丁堡大学、曼彻斯特大学，到南方的剑桥大学、帝国理工学院和伦敦大学学院等合成生物学研究中心。

（八）生物信息学正在成为农学基础研究必不可少的技术手段

一是国外非常重视生物信息学的发展，各种专业研究机构和公司如雨后春笋般涌现，生物科技公司或制药企业的生物信息学部门的数量也与日俱增。美国早在 1988 年在国会的支持下就成立了国家生物技术信息中心（NCBI），其目的是进行计算分子生物学的基础研究，构建和散布分子生物学数据库；欧洲于 1993 年 3 月就着手建立欧洲生物信息学研究所（EBI），日本也于 1995 年 4 月组建了信息生物学中心（CIB）。以西欧各国为主的欧洲分子生物学网络组织（EMB Net）是目前国际最大的分子生物信息研究、开发和服务机构，通过计算机网络使英、德、法、瑞士等国生物信息资源实现共享。目前，上述数据库里收录了大量的用以开展农业生物信息学研究的数据和工具。在共享网络资源的同时，研究者针对农业生物的基因组结构和应用特点，分别构建二级或更高级的具有各自特色的专业数据库以及自己的分析技术，服务于特定农业生物研究和开发利用，有些服务也开放于全世界。二是表型组学研究受到广泛关注，并逐渐发展成农业生物学中的一个重要分支。表型组学是突破未来作物学研究和应用的关键研究领域，通过表型分析来描述关键性状可以为育种、栽培和农业实践提供基于大数据的决策支持。表型组学的巨大潜力还体现在其与其他组学研究知识的综合分析，量化分析特定表型的遗传规律，对作物细胞、器官、群体不同层次的监控，作物在不同发育阶段的动态性状的获取，并与其他组学分析结果融合，可对重要生命过程进行多方位的解释，揭示农业植物生物学规律，切实支撑各类作物的生理学、发育学、遗传学、育种、栽培以及农业大田生产等研究，提升农作物遗传育种、栽培管理和农业生产服务能力。

参考文献

[1] Ruan J，Li H．Fast and accurate long-read assembly with wtdbg2．Nature Methods，2020（17）：155-158.

[2] Wang WS，Ramil M，Hu ZQ，et al．Genomic variation in 3,010 diverse accessions of Asian cultivated rice．Nature，2018（557）：43-49.

[3] Zhou ZK，Li M，Cheng H，et al.，An intercross population study reveals genes associated with body size and plumage color in ducks．Nature Communications，2018，9（1）：2648.

[4] Zhu GT，Wang SC，Huang ZJ，et al.，Rewiring of the Fruit Metabolome in Tomato Breeding．Cell，2018，172（1-2）：249-261.

[5] 中国农业科学院科技管理局，中国农业科学院农业信息研究所，科睿唯安．2017 全球农业研究前沿分析解读．北京：中国农业科技出版社，2018.

[6] 全国农业可持续发展规划（2015-2030）．农业农村部，2015 年发布．

[7] 农业农村部科技教育司．农业农村科技发展报告（2012-2017）．北京：中国农业科技出版社，2018.

[8] 董玉琛．作物种质资源学科的发展与展望．中国工程科学，2001，3（1）：1-5.

[9] 沈允钢，程建峰．五十载硕果满枝，展未来任重道远——庆祝中国植物生理与植物分子生物学成立五十周年有感．植物生理学报，2013，49（6）：501-503.

[10] 李文华，成升魁，梅旭荣，等．中国农业资源与环境可持续发展战略研究．中国工程科学，2016，18（1）：56-64.

[11] 陈晓亚，何祖华，樊培，等．植物生理学回顾与展望．农学学报，2018，8（1）：16-20.

[12] 晏瑾，肖浪涛．农业生物信息数据库发展现状及应用．生物技术通报，2006（2）：33-36.

[13] 农业部办公厅，2015 年 7 月印发．第三次全国农作物种质资源普查与收集行动实施方案．http：//www.moa.gov.cn/nybgb/2015/ba/201712/t20171219_6103757.htm.

[14] 国办发〔2015〕59 号．国务院办公厅关于加快转变．农业发展方式的意见．

[15] 袁惠民，许世卫．2011—2015 年国家奖励农业科技成果汇编．北京：知识产权出版社．2016.

[16] 农业部科技教育司．中国农业科学院农业信息研究所编．2000-2010 年国家奖励农业科技成果汇编．北京：中国农业出版社，2013.

[17] 农业农村部．农业农村部关于 2018—2019 年度神农中华农业科技奖的表彰决定 2019 年 12 月 6 日．http：//www.moa.gov.cn/gk/tzgg_1/tz/201912/t20191220_6333692.htm.

[18] Li B，L YY，Wu HM，et al．Root exudates drive interspecific facilitation by enhancing nodulation and N_2 fixation．Proceedings of the National Academy of Sciences of USA，2016，113（23）：6496-6501.

[19] Zhan YH，Yan YL，Deng ZP，et al．The novel regulatory ncRNA，NfiS，optimizes nitrogen fixation via base pairing with the nitrogenase gene nifK mRNA in Pseudomonas stutzeri A1501．Proceedings of the National Academy of Sciences of the United States of Amercia．2016，113（30）：4348-4356.

[20] Chen NB, Cai YD, Chen QM, et al. Whole-genome resequencing reveals world-wide ancestry and multiple adaptive introgression events of domesticated cattle in East Asia. Nature Communications, 2018, 9(1), 2337.

撰稿人：梅旭荣　李立会　李新海　何祖华　骆世明　林　敏　高会江　黎　裕
刘蓉蓉　徐玉泉　张江丽　刘荣志　郑　军　周　丽　李　隆　燕永亮
王志鹏　张　帆　魏　政　马　晶　杜　勇

专题报告

作物种质资源学发展研究

一、引言

作物种质资源研究历史已达百年。苏联科学家瓦维洛夫通过对具有广泛地理来源的全球种质资源进行系统研究，提出了新的作物起源理论，之后作物种质资源工作才得到较迅速的发展。鉴于作物种质资源的重要性，各国政府和大型种子公司以及国际组织对种质资源给予了高度重视，在种质资源收集保存、鉴定评价和创新利用等方面不断取得重大突破，种质资源学在研究和利用中得到不断完善和发展。

（一）学科概述

1. 种质资源概念与内涵

种质资源，又称遗传资源，曾称品种资源，是指携带生物遗传信息的载体，且具有实际或潜在利用价值。作物种质资源表现形态包括种子、组织、器官、细胞、染色体、DNA片段和基因等；作物种质资源类型包括野生近缘植物、地方品种、育成品种、品系、遗传材料等。作物种质资源是支撑农业科技原始创新和作物育种的物质基础，是保障粮食安全、生态安全、健康安全和种业安全的战略性资源，与提升农业国际竞争力和乡村振兴密切相关，具有战略性、基础性、公益性、长期性等显著特点。

2. 种质资源工作边界

种质资源工作概括起来就是“广泛调查、妥善保存、全面评价、深入研究、积极创新、持续利用”。主要分为基础性工作、应用基础研究、基础研究三部分。

（1）基础性工作

主要包括：作物种质资源的基础调查；国内外作物种质资源的考察收集、育成品种（系）的征集、国外引种交换；作物种质资源的各类基本性状鉴定评价、整理分类、编目入库；种质资源库（圃）的安全运行与监测、繁殖更新与供种分发；国家作物种质资源信息网络和监测系统的构建与完善、运行维护和信息分布等。

（2）基础研究

主要包括作物起源研究、种质资源科学分类、作物种质资源多样性富集中心形成机制和时空动态变化规律研究、作物种质资源核心种质构建和遗传多样性评估、骨干亲本和地方品种形成的遗传基础研究、优异种质资源形成与演化规律研究、优异种质资源挖掘和利用的基础研究、作物种质资源安全保存的保护生物学和作物种质资源的民族植物学研究等。

（3）应用基础研究

主要包括作物种质资源的原位保护和异位保存技术研究及其应用、作物种质资源异位保存和原位保护状态下的种质资源动态变化监测技术研究及其应用、优异种质资源重要性状规模化精准鉴定和基因型高通量鉴定技术研究及其应用、基于种质资源的新基因发掘技术研究及其应用、种质创新技术研究及其应用等。

（二）发展历史回顾

1. 学科形成

20 世纪初，美国、苏联等国开始在全球广泛收集作物种质资源。苏联著名科学家瓦维洛夫在 20 世纪 20 年代先后到达亚、欧、美、非四大洲 60 多个国家，收集各类作物种质资源 15 万多份，通过对其表型多样性和地理分布进行系统研究，提出了“作物起源中心学说”和“性状平行变异规律”等理论。他倡导的作物品种按生态型分类、重视野生近缘植物中的基因等观点对今天的作物种质资源工作仍影响很大。作物种质资源学就是建立在“起源与进化”理论基础上，植物分类学、生态学、植物生理生化、遗传学、分子生物学、基因组学、信息学、作物育种学等众多学科理论与技术交叉融合而形成的一门新学科。

2. 我国作物种质资源学科的发展

20 世纪前半叶，只有少数科学家开展了一些零散的主要作物地方品种的比较、分类及整理工作，如金善宝教授曾进行小麦地方品种、丁颖教授曾进行稻种资源和甘薯品种的整理工作，绝大部分作物种质资源或散存在育种家手中，或散落在田间及农户家中，没有人进行系统的种质资源研究。我国的作物种质资源学科是新中国成立后才逐步发展起来的。

（1）学科初建期

在 20 世纪 50 年代农业合作化高潮中，农业部组织全国力量进行了全国性地方品种大规模收集，共收集各类作物品种（类型）21 万余份，当时称为原始材料。1959 年中国作物种质资源学的开拓奠基者之一董玉琛院士（1926—2011）从苏联留学回国，分析了我国作物种质资源现状，并正式于 1960 年提出“品种资源”这一概念，标志着中国作物种质资源学科的形成。

（2）学科发展期

1978 年 4 月 18 日经农林部批准成立中国农业科学院作物品种资源研究所，从此中国作物种质资源学科走上了全面发展时期。在董玉琛院士担任中国农业科学院作物品种资源研究所副所长和所长期间，提出了“广泛收集、妥善保存、深入研究、积极创新、充分利用”的种质资源工作方针，组织建设了国家作物种质资源长期保存库，制订了全国种质资源发展规划，明确了全国各级单位的分工与职责，率领全国同行将30余万份作物种质资源编目、繁殖、入国家长期库保存，为中国作物种质资源学科的健康发展奠定了基础。

在此期间，我国作物种质资源收集保存评价与利用取得了重大进展与突破，2003年获国家科技进步一等奖。主要创新点包括：创建世界上唯一的长期库、复份库、中期库相配套的作物种质保存完整技术体系，并首创了利用超低温处理野生大豆等6种难发芽种子生活力的快速检测技术；建立了确保入库种质遗传完整性的综合技术体系，并长期安全保存作物种质资源计180种35万余份，长期库保存数量位居世界首位；基本查明中国作物种质资源分布规律和富集程度，并新收集和引进新作物、新类型以及名贵珍稀等种质10万余份；至2003年，新建和规范种质资源的品质、抗病虫和抗逆性鉴定方法29项，并鉴定作物种质2100万项次，从中评选出优异种质1475份，其中168份直接用于生产。

（3）学科深化与完善期

进入21世纪以来，在国家作物种质资源保护专项、科技支撑、“973”和“863”计划以及重点研发计划等的资助下，以查清中国作物种质资源本底多样性、建立规范的指标体系为基础，以创建完整的种质资源收集、监测、更新技术体系为依托，作物种质资源工作者制订了收集、繁殖更新、入库（圃）保存、精准鉴定等技术规范，提出了“在利用中保存与在保存中利用”的新观点，加强有效保护的同时强化高效利用，系统开展种质资源精准鉴定、新基因发掘和种质创新工作，明确了种质资源学科如何针对作物育种（综合性状协调）和基础研究（特异资源）的需求进行有针对性研究等新理念，形成了多种理论和技术交叉融合并实现创新集成的作物种质资源学科理论体系，使作物种质资源学科得到进一步深化与完善，使我国跨入作物种质资源研究国际前列。

二、现状与进展

（一）学科发展现状及动态

1. 作物种质资源收集

美国和俄罗斯等国自20世纪30年代开始，就大规模地在全球范围内考察收集作物种质资源，并建立异位低温保存设施（如 −18℃种质库），实现了作物种质资源的长期安全保存。

在我国，20世纪50年代进行了第一次大规模作物种质资源征集，第二次全国作物种质资源考察收集始于80年代初，开展了西藏、云南、海南、神农架、三峡库区、大巴山区等特殊地区的特殊作物如野生稻、野生大豆、小麦野生近缘植物等系统考察收集。

近十年来，在科技部基础性工作专项、农业部种质资源保护和利用专项等支持下，主要开展了以下种质资源收集工作：

沿海地区抗旱耐盐碱优异性状作物种质资源调查：对我国沿海 11 个省（直辖市、自治区）125 个临海县（市）作物种质资源的地理分布、生态环境、生物特性、利用价值、濒危状况等进行系统的调查，采集基础样本，并从中筛选耐盐、抗旱、优质种质资源，明确我国沿海地区作物种质资源的现状及变化趋势，为沿海地区作物资源有效保护和高效利用提供物质与技术支撑。

西北干旱区抗逆作物种质资源调查：围绕西北干旱地区，开展抗逆作物种质资源的种类、地理分布、生态环境、生物学特性、利用价值、濒危状况等基础数据调查；采集基础样本，并从中筛选抗旱、耐盐碱、耐瘠薄等优异作物种质资源；明确我国西北干旱区抗逆作物种质资源的现状及变化趋势，制定西北干旱区抗逆作物种质资源有效保护和高效利用发展战略。

云南及周边地区生物资源调查：对云南省 31 个县、四川省 8 个县和西藏自治区 2 个县的农业生物资源进行了系统调查。通过调查获得了大量基础数据和信息，收集到 5339 份农业生物种质资源，其中粮食作物 2600 份，蔬菜作物 876 份，果树作物 351 份，经济作物 370 份（包括牧草等资源 17 份），对农业生物的起源进化和系统分类研究，以及新品种选育都具有重要利用价值。

贵州农业生物资源调查：完成对贵州省 42 个县（市）的普查和 21 个（市）的系统调查，基本查清了贵州现有的农业生物资源，共采集了 4800 多份种质资源样本。经过鉴定筛选，从抗病、抗逆、优质、早熟、丰产等不同方面筛选出 150 多份优异种质资源。

第三次全国作物种质资源普查与收集：依据《全国作物种质资源保护与利用中长期发展规划》，农业部和财政部于 2015 年启动了“第三次全国农作物种质资源普查与收集”专项。截至目前，已开展了湖北、湖南、广西、重庆、江苏、广东、浙江、福建、江西、海南、四川、陕西（陕南）等 12 省（区、市）共 830 个县的普查和 175 个县的系统调查，抢救性收集各类作物种质资源 29763 份，其中 85% 是新发现的古老地方品种。基本查清这些地区粮食、经济、蔬菜、果树、牧草等栽培作物古老地方品种的分布范围、主要特性以及农民认知等基本情况；对收集资源的初步鉴定评价，筛选出一批特优特异种质资源，如优质、抗病、抗逆、特殊营养价值等，实施效果显著。

2. 作物种质资源保护

（1）作物种质资源异地保存

种质库保存理论和技术取得突破。通过对不同保存条件下水稻、小麦、大豆等多种作物种质的生活力定期监测，首次掌握了种质在低温库保存条件下的活力丧失规律，明确了发芽率 70%—85% 为活力丧失关键节点，并揭示了 PC 36∶6 等关键脂质和 MnSOD 和

ATPase 等关键蛋白质的氧化损伤、线粒体膜系统结构和功能改变是导致种质生活力骤降的关键原因。一些与种子活力、老化、寿命有关的数量性状位点（QTL）和基因被逐步发掘，种质活力丧失的分子机制正在被逐步解析。

库存种质活力监测预警技术取得突破。传统的发芽方法和单一的发芽率指标，不具备预测预警能力，无法提前预判种质是否需要更新。针对这一世界性难题，在分析大量生理生化和分子生物学指标的基础上，筛选可预示生活力骤降的监测预警指标 32 项，创建了电子鼻和光纤氧电极种子生活力快速无损监测预警技术，解决了无预警能力的问题，而且实现了快速无损监测；创新了以“批”为单元的风险判断预警技术，确立了种质可以继续保存、缩短监测周期和需更新的判断阈值，从而攻克了庞大数量库存种质的全覆盖、快速监测预警和风险判断的难题。

超低温保存技术研发与应用取得突破。从生理生化、细胞学、蛋白组学等多个角度解析超低温保存存活模式，揭示了 ROS 氧化应激及响应通路是维持细胞存活和再生能力的关键。针对许多珍稀、特异、古老地方品种等资源遭受病虫害、洪涝等灾害威胁，但因技术限制无法入库集中保存，以及种质圃保存资源缺乏长期集中备份保存等问题，研发优化了以休眠芽、茎尖、花粉等保存载体的超低温保存技术，明确了脱水、恢复培养等关键环节的技术指标，首次研制了百合茎尖小滴玻璃化法、山葵包埋脱水干燥法、柑橘花粉超低温保存等技术，保存了贵州古桑王等珍贵资源，填补了我国无性繁殖作物种质资源集中离体长期保存的空白。

构建了库存种质繁殖更新技术体系。研制了 124 种主要作物种质的繁殖更新技术规程，规范了更新地点选择、隔离和授粉、收获等技术环节，以维持种质遗传完整性。

截至 2018 年年底，我国作物种质长期库保存资源总量达 43.5 万份，种质圃保存 6.5 万份，试管苗库和超低温库保存 1008 份，资源保存总量突破 50 万份，居世界第二位。

（2）作物种质资源原位保护

2001 年农业部设立专项启动了利用物理隔离方式开展的作物野生近缘植物原生境保护工作。截至 2017 年年底，共利用物理隔离方式建设原生境保护点 199 个，保护物种 39 个，分布于 27 个省（自治区、直辖市）。我国开展作物野生近缘植物的主流化保护较少，目前仅通过执行一个全球环境基金（GEF）项目进行的尝试。项目示范的主要做法是因地制宜地建立了适合不同物种、不同地点的原生境保护激励机制，这些激励机制可概括为以政策法规为先导、以生计替代为核心、以资金激励为后盾、以提高意识为纽带，通过总结 8 个示范点的经验，并将其推广至另外 64 个推广点，目前，我国利用主流化保护方式建立的作物野生近缘植物原生境保护点共有 72 个，保护物种 31 个，分布于 15 个省（自治区、直辖市）。

3. 作物种质资源鉴定与评价

（1）种质资源重要性状鉴定评价

随着气候环境变化及绿色环保和人民生活水平的提高，生产上对品种的要求愈发严格。为此，在对种质库、圃、试管苗库保存的所有种质资源进行基本农艺性状鉴定的基础上，对 30% 以上的库存资源进行了抗病虫、抗逆和品质特性评价。“十三五”期间，对初步筛选出和从育种家新征集重要育种材料约 17000 份水稻、小麦、玉米、大豆、棉花、油菜、蔬菜等种质资源的重要农艺性状进行了多年多点的表型鉴定评价，发掘出一批作物育种急需的优异种质，为新时代种业发展奠定了材料基础。另外，近年来，表型组学研究成为国际前沿领域，南京农业大学、华中农业大学、中国农科院等国内研究单位在搭建表型组学设施的基础上，开展了控制环境下的种质资源重要性状初步研究，并取得了一定进展。

（2）种质资源基因型鉴定与遗传多样性评估

近年来，中国科学家牵头对水稻、小麦、谷子、棉花、油菜、黄瓜等多种农作物完成了全基因组草图和精细图的绘制，给全基因组水平的基因型鉴定带来了机遇。迄今为止，利用测序、重测序、SNP 技术对水稻、小麦、玉米、大豆、棉花、油菜、谷子、黄瓜、西瓜等农作物 20000 余份种质资源进行了高通量基因型鉴定。

高通量基因型分析技术的广泛运用，促使针对作物种质资源海量样本的遗传多样性研究领域产生重大突破。最近取得的一个重大进展是，对来自 89 个国家和地区，代表了全球 78 万份水稻种质资源约 95% 的遗传多样性的 3010 份世界水稻核心种质开展重测序研究，获得全面的水稻遗传变异信息，对亚洲栽培稻群体的结构和分化进行了更为细致和准确的描述和划分，首次揭示了亚洲栽培稻品种间存在的大量微细结构变异，构建了亚洲栽培稻的泛基因组，发现新基因比核心基因在重要农艺性状形成中作用更大。该文 2018 年发表在 *Science* 上。又如，通过对国内外 7 份有代表性的野生大豆进行从头测序和独立组装，构建出首个野生大豆泛基因组，在全基因组水平上阐明了大豆种内 / 种间结构变异（如 CNV、PAV）的特点；野生大豆基因组存在广泛的变异，其中最小的基因组仅 889Mb，而最大基因组可达 1.12Gb，表明野生大豆群体内部存在广泛的遗传变异。该文 2014 年发表在 *Nature Biotechnology* 上。

4. 作物种质资源创新利用

（1）基于作物野生近缘种的创新利用

近 10 年里，我国基于作物野生近缘种的创新利用取得很大进展。例如，在小麦中阐明 *ph1b* 突变体诱导外源染色体与小麦染色体之间的同源重组机制，阐明簇毛麦 *Pm21* 基因的广谱抗白粉病分子机制，利用冰草属优异基因改良小麦的抗病性、产量和株型等均取得突破。野生大豆在育种中成效显著，获国家发明一等奖的“铁丰 18”的亲本之一“铁 5621”，就是栽培大豆与半野生大豆杂交的后代，以“铁丰 18”为亲本先后育成了铁丰号系列品种约有 30 个。利用异常棉、辣根棉、旱地棉、雷蒙德氏棉、黄褐棉等野生棉通过与陆地棉的远缘杂交，育成陆地棉背景的远缘种质系，获得 5 份抗黄萎病的棉花新种质。通过远缘杂交创造的油菜新种质资源成为拓宽遗传变异的重要途径，利用芸薹属种间（甘白、甘芥）杂交，培育出了优异品种与骨干亲本中油 821 骨干亲本，以及黄籽、抗菌核病与根肿病新材料。

（2）基于地方品种的创新利用

地方品种在库存种质资源中占大部分，其中蕴含有大量的有利等位基因。近十年中，在地方品种的创新利用上已取得了一些技术突破，如利用加倍单倍体（DH）技术、分子标记辅助选择（MAS）技术开展地方品种的创新利用取得了重要进展。在诸多获国家级奖项的成果如“寒地早粳稻优质高产多抗龙粳新品种选育及应用”“抗条纹叶枯病高产优质粳稻新品种选育及应用”“人工合成小麦优异基因发掘与川麦 42 系列品种选育推广”“CIMMYT 小麦引进、研究与创新利用”“热带、亚热带优质、高产玉米种质创新及利用”“辽单系列玉米种质与育种技术创新及应用”“大豆优异种质挖掘、创新与利用”等，均用到了地方品种作为基础材料，创制新种质，培育出突破性新品种。

5. 基于作物种质资源的新基因发掘

（1）基于多亲本群体的新基因发掘

双亲本作图群体是新基因发掘应用最多的基础遗传材料，我国已利用其发掘了大量基因或数量性状位点（QTL）。多亲本群体是指利用来源地不同、遗传背景不同或者表型性状不同的种质资源，通过多次杂交、自交构建而成的遗传群体，包括巢式关联群体（NAM）、多亲本高世代互交群体（MAGIC）和随机亲本关联群体（ROAM）等。多亲本群体比常规连锁群体具有更高的群体内重组频率和更加丰富的遗传多样性；与自然群体相比，没有明显的群体结构，群体内稀有变异的频率也被人为提高到可检出的水平，规避了群体结构常常引起的假阳性或假阴性结果。自 2008 年玉米中首个 NAM 群体报道以来，多亲本群体技术已经应用于玉米、水稻、小麦、大麦、高粱等粮食作物，大豆、油菜等油料作物，棉花、番茄、草莓、蚕豆、豇豆等经济作物，鉴定出了一批与农艺、产量、品质、抗病、抗逆等性状相关联的基因位点，比如与植物开花密切相关的 *FT*、*PPD*、*VRN1*、*VRN3* 等基因，其中也包括一些先前未知的新基因位点。

（2）基于关联分析群体的新基因发掘

关联分析利用历史积累的自然变异材料来阐明基因型与表型的相互关系。关联分析以连锁不平衡（LD）为基础，具有直接针对变异进行分析、无须构建专门的作图群体、可以同时对多个性状进行分析、精度高等优势。近 10 年，全基因组关联分析在不同作物中均得到广泛应用，发掘出了大量新基因或候选基因，如负调控水稻粒长和粒重的主效基因 *OsGS3*、能够促进玉米胚乳中 27–kDa γ – 蛋白的积累 QTL *qγ27*、对稻瘟病具有广谱持久的抗病性基因 *Bsr-d1*、水稻氮肥利用效率基因 *GRF4ngr2* 等。中国农科院蔬菜花卉研究所利用全基因组关联分析发现 9 个控制黄瓜苦味合成的基因及其中的两个“主开关”基因，相关成果“黄瓜基因组和重要农艺性状基因研究”获得 2018 年国家自然科学奖二奖等奖。

（3）优异等位基因发掘

作物育种的成功在很大程度上依赖于种质资源中的优异等位基因的发掘和利用。近 10 年来，水稻、小麦、玉米、大豆、食用豆等作物中涉及株型、产量、抗病性、养分高效利用、品质等性状的等位基因的鉴定及其应用取得了初步进展。例如，对小麦 *PPD*、*BT1*、*NAM-B1*、*Rht-D1*、*CKX* 等，以及对水稻粒长基因 *GS3* 等位基因进行研究，使得对重要性状基因的进化历程有更深入的了解。对 *J* 基因在大豆种质资源中的等位变异分析表明，在适应低纬度的大豆品种中至少存在 8 种功能缺失型的单倍型，在大豆生态适应性的形成中起到至关重要的作用。鉴定出小麦绿色革命基因 *Rht-B1* 多个等位基因（*Rht-B1a*、*Rht-B1b*、*Rht-B1c*、*Rht-B1e*），发现株高的降低程度表现出明显差异，并依据变异位点开发了特异鉴定等位基因的标记，已被广泛应用于小麦株高育种。新型广谱抗稻瘟病基因 *Bsr-d1* 在感病水稻中的等位基因 *Bsr-d1* 受稻瘟病菌侵染诱导表达，表现为易感，而来源于具有广谱抗稻瘟病的地方品种“地谷”中的等位基因由于启动子区域携带 1 个变异位点，产生广谱抗病性；通过对分布于不同国家的 3000 份水稻材料进行了序列分析，发现其中的 313 份存在 *Bsr-d1* 优异等位基因。控制水稻产量的多效性基因 *Ghd7* 的不同等位基因与水稻品种区域适应性的密切相关，在自然界中具有严格的地理分布特征，功能弱化或无功能的等位基因可使水稻在高纬度地区和生长期较短的条件下种植。控制水稻分蘖的主效基因 *IPA1* 在田间表现平淡，但其优异等位基因导入水稻主栽品种中，可以重塑理想株型性状，使产量甚至抗病性显著提高。

6. 作物种质资源形成与演化研究

基因组学技术被广泛应用于作物驯化机制研究，基于高密度 SNP 标记的数量遗传参数如 diversity（π）和 Tajima's D，似然比值（CLR），扩展单倍型纯合度（EHH）等被普遍用于选择分析，多样性显著减低参数（$\pi_{wild}/\pi_{cultivar}$），群体分化系数 Fst，以及跨群体的完全似然比值（XP-CLR）算法得以发展，并应用于群体间选择清除区域的检测。基于测序技术的转录组、表观组技术在作物驯化研究中也得到应用；基因组编辑技术被用来加速作物的人工驯化，展示出了巨大的发展潜力和在作物从头驯化方面的广阔前景。

近 10 年中，平行选择理论得到了更多的遗传证据，主要集中在分支分蘖性、种子落粒性及种子休眠性等性状上；但与此同时，也发现了更多的作物具有独特的驯化机制，如大麦落粒性、谷子分支分蘖性等，可以说，平行驯化与个性驯化理论都得到了深入的发展，说明作物驯化的整体是一个平行选择和个性选择交织互动的过程。

研究发现了更多的作物驯化相关遗传位点。有证据表明，作物驯化过程影响的基因组区段或可达到作物基因组的十分之一以上，作物驯化的过程可以理解为对作物的基因组、转录组甚至代谢组的剧烈改变的过程，选择的过程既可以发生在基因内，也可以发生在顺式调控区域，甚至可以通过表观修饰的选择实现作物的驯化。MicroRNA 和转座元件在作物驯化过程中的作用也被发现，对作物驯化遗传机制的认识得到极大丰富。同时，对作物半驯化状态有了更新的认识，明确了半驯化状态与地域扩散几乎同步存在。在基因渗透理论方面，认识到驯化后的栽培种与野生种间的基因渗透是栽培种适应特定生态环境的主要捷径，而且对于栽培种遗传多样性的产生和维持发挥了重要作用。

（二）学科重大进展及标志性成果

1. 主要农作物骨干亲本形成的遗传基础研究

庄巧生院士创造性地提出了“骨干亲本”概念，但以前一直是经验性的总结。在最近 10 年中应用基因组学等手段对骨干亲本遗传组成和利用效应进行了系统研究，取得了重大进展。例如，对不同时期、不同生态区的 37 个小麦骨干亲本及其衍生品种进行了表型和基因芯片分析，发现骨干亲本在产量、抗病、抗逆等育种关键目标性状上显著优于主栽品种；具有与产量、抗病、抗逆等性状密切相关的众多优异基因 /QTL 簇的基因组区段，而且区段内的等位位点能够表现出更强的育种效应，进而从理论上揭示了骨干亲本形成与利用效应的内在规律，以及骨干亲本衍生近似品种与培育突破性新品种的遗传机制。

利用高密度分子标记实现可骨干亲本形成的历史追溯，如利用重测序技术，对玉米骨干亲本“掖 478”的遗传基础进行分析，证实其确为自交系“8112”和“5003”的杂交后代。借助不同类型的标记手段，实现了小麦、水稻、玉米等多个作物骨干亲本重要传递遗传区段的鉴定发掘，并初步发掘出传递区段中的一些控制重要性状的基因或 QTL。如在玉米上，为深入研究骨干亲本“黄早四”的遗传基础，构建了一个以“黄早四”为共同亲本、11 个来自不同杂种优势群的代表性自交系为其他亲本，包含近 2000 个 RILs 的巢式关联分析群体，利用其先后开展了玉米雄穗、株型、产量、花期等产量及重要农艺性状的遗传结构分析，鉴定出一批“黄早四”正向贡献的基因组区段。

大量物种参考基因组的组装完成是近 10 年来生物研究领域重大进展，在作物上基本上利用的都是骨干亲本来做参考基因组材料。如 2002 年公布的籼稻参考基因组材料是骨干亲本“9311”，2016 年又释放了水稻骨干亲本“珍汕 97”和“明恢 63”的参考基因组，2017 年又释放了水稻骨干亲本“蜀恢 498”的参考基因组。在玉米上，目前已经释放了骨干亲本 Mo17、黄早四的高质量参考基因组。2018 年完成了大豆骨干亲本“中黄 13”的参考基因组组装。

2. 标志性成果

（1）中国作物种质资源本底多样性和技术指标体系及应用

针对我国植物种质资源本底不清、工作不规范等突出问题，阐明了作物栽培历史和利用现状，创建了农作物种质资源分类、编目和描述技术规范体系，使农作物种质资源工作基本实现了标准化、规范化和全程质量控制。2009 年获国家科技进步奖二等奖。①提出了粮食和农业植物种质资源概念范畴和层次结构理论，首次明确中国有 9631 个粮食和农业植物物种，其中栽培及野生近缘植物物种 3269 个（隶属 528 种作物），阐明了 528 种作物栽培历史、利用现状和发展前景，查清了中国作物种质资源本底的物种多样性。②建立了主要作物变种、变型、生态型和基因型相结合的遗传多样性研究方法，研究了 110 种作物的 987 个变种、978 个变型、1223 个农艺性状特异类型，阐明了 110 种作物地方品种本底的遗传多样性，提出了中国是禾谷类作物裸粒、糯性、矮秆和育性基因等特异基因的起源中心或重要起源地之一的新结论。③在国际上首次明确了我国 110 种作物种质资源的分布规律和富集程度，绘制了 512 幅地理分布图，系统、全面、定量地反映了我国主要作物种质资源的地理分布，分析了我国主要作物种质资源地理分布的特点和形成原因。④针对中国作物种质资源收集、整理、保存、鉴定、评价和利用不规范、缺乏质量控制手段和操作技术手册、缺少科研和生产急需的技术指标等突出问题，系统研制了 366 个针对 120 类作物的种质资源描述规范、数据规范和数据质量控制规范。⑤创新了以规范化和数字化带动作物种质资源共享和利用的思路、方法和途径，完成了 110 种作物 20 万份种质资源的标准化整理、数字化表达和远程共享服务，从中筛选出一批优异种质，极大地提高了资源利用效率和效益。

（2）中国野生稻种质资源保护与创新利用

自 20 世纪 80 年代起，我国野生稻自然居群急剧减少，面临野外灭绝危险。同时，利用野生稻进行水稻育种周期长、成功率低。围绕这些问题，通过协同攻关，取得了突破性进展。2017 年获国家科学技术进步二等奖。①创建了以 GPS 精细定位为基础、以居群的地形、气候、土壤、小生境、伴生植物以及当地民族、文化、习俗、农民认知等为技术指标的野生稻调查技术体系。发现我国仍然只有普通野生稻、药用野生稻和疣粒野生稻三种野生稻且未发现新的分布省，原记载的三种野生稻已经丧失了 76.41%，濒危状况十分严重。在以往调查未曾到达的偏远地区新发现 58 个野生稻居群。②利用分子标记检测研发了居群采集技术，设定居群遗传多样性阈值，结合遗传多样性分析，制定了取样间距以及取样数量的标准。利用分子标记剔除重复后获得野生稻资源 19153 份，是我国 1996 年保存总数（5599 份）的 3.42 倍。③进行了中国野生稻遗传结构和生态环境特点研究，发现广东广西南部和海南北部为我国普通野生稻和药用野生稻的遗传多样性中心、海南和云南西南部为疣粒野生稻遗传多样性中心。确定了以广东广西南部和海南北部为重点区域、其他区域按山体和流域确定重点居群、优先保护边缘居群的原生境保护策略。④研制了威胁因素评估技术，阐明了导致野生稻不同居群的致濒因素。制定了《农业野生植物原生境保护点建设技术规范》行业标准，并指导实践。⑤研发了《作物种质资源鉴定技术规程——野生稻》和《作物种质资源评价技术规程——野生稻》标准。共鉴定三种野生稻资源 42239 份（次），评价出抗病虫、抗逆、优质等优异资源 658 份。其中，鉴定出在栽培稻中未发现的高抗南方黑条矮缩病、抗冻和强耐淹资源。⑥针对野生稻遗传异质度高、育种利用难以稳定等问题，整合远缘杂交、胚拯救、花粉管导入与分子标记辅助选择、基因聚合等技术，创制了 503 份目标性状突出的优异新种质。

（3）小麦与冰草属间远缘杂交技术及其新种质创制

冰草属物种被认为是小麦改良的最佳外源供体之一，但一直未能成功。通过系统研究，创建以克服授精与幼胚发育障碍、高效诱导易位、特异分子标记追踪、育种新材料创制为一体的远缘杂交技术体系，突破了小麦与冰草属间的远缘杂交障碍，攻克了利用冰草属 P 基因组改良小麦的国际难题。2018 年获国家技术发明奖二等奖。①创建在授精蛋白识别免疫系统建成初期的幼龄授粉、75ppm 赤霉素与小麦母本花粉混合液预处理、授精 12 天盾片退化前的幼胚拯救杂交技术，首次获得小麦与冰草属 3 个物种间自交可育杂种。②通过染色体微切割技术、转录组 *De novo* 测序等途径，开发出 P 基因组着丝粒特异、均匀分布于各条染色体、分布于染色体臂端等多种类型的特异重复序列 20 个，以及来源于 P 基因组序列的 6243 对 EST-STS 和 169365 个 SNP 特异标记，标记覆盖冰草基因组 98% 以上的区域，解决了小麦背景下外源染色体片段或基因的高效检测与追踪问题。③创制小麦—冰草异源附加系、代换系和缺失系等遗传工具材料 90 份，创制异源易位系等育种中间材料 211 份，创制高产、抗病、抗逆等小麦—冰草新种质 392 份，向 36 个主要育种单位发放创新种质 3157 份次。

（4）小麦 - 簇毛麦远缘新种质创新及应用

提出双倍体花粉辐射高通量诱导易位和整臂易位系雌配子辐射定向诱导小片段易位系的技术思路，并创建了相应技术，创造性地解决了小片段中间插入易位系可遇而不可求的难题；创建了将细胞遗传学和分子生物学方法巧妙结合克隆外源基因的新方法，成功克隆出高抗白粉病的 *Pm21* 基因。将远缘杂交、染色体工程和分子生物学技术相结合，将簇毛麦高抗白粉病、抗条锈病等优异基因导入栽培小麦，创造了一批携有簇毛麦优异性状的新种质。利用高抗白粉病和条锈病的新种质，多家单位育成了“内麦 8 号—内麦 11 号”“石麦 14”“远中 175”“扬麦 18”等 18 个小麦抗病新品种。2012 年获国家技术发明奖二等奖。

（5）小麦种质资源重要育种性状评价与创新利用

针对小麦种质资源研究与育种需求相对脱节的主要问题，在小麦种质资源深入研究与有效利用等方面取得了实质性突破。针对多基因控制的复杂性状鉴定结果重复性差的难题，研发了赤霉病、纹枯病、穗发芽、盐害以及高、低分子量麦谷蛋白等复杂性状鉴定新技术 6 项；为解决黑麦 R 基因组和长穗偃麦草 E 基因组在小麦改良中依赖细胞学检测，技术难度大且费工费时的难题，开发出基于分子标记的快速、准确检测技术 6 项。利用这些新技术，系统评价了 12859 份种质资源，鉴定出具有 2 个以上重要育种性状的优异种质 687 份。针对育种需求，通过品种间杂交，创制新种质 84 份；通过远缘杂交，将来自小麦族 6 个属、10 个种中的优异基因转入普通小麦，创制新种质 28 份；发掘高产、优质、抗病虫、抗逆、资源高效等新基因 67 个，并建立了紧密连锁分子标记；从圆锥小麦中发掘出抗麦长管蚜新基因 *RA-1*，填补了我国缺乏抗性基因的空白。2014 年获国家科技进步二等奖。

（6）大豆优异种质挖掘、创新与利用

针对大豆主产区疫霉根腐病、灰斑病和干旱 / 盐碱等危害严重，大豆品种油分含量低，优异种质资源缺乏等问题，开展大豆优异种质挖掘、创新与利用研究，取得系列突破。研制大豆抗疫霉根腐病等重要性状鉴定方法 7 项、高效分子标记鉴定方法 3 套，创建了表型与分子标记相结合的种质资源鉴定技术体系；明确了大豆种质资源遗传多样性分布特征，首次提出大豆核心种质构建的最佳取样策略，率先从收集保存的 25743 份国内外种质资源中创建代表性强、遗传多样性丰富的核心种质和应用核心种质；通过精准鉴定，挖掘抗疫霉根腐病、抗灰斑病、耐旱 / 盐碱、高油等优异种质 149 份。构建国际上首个从头组装植物泛基因组，全面揭示大豆基因组遗传变异特征，开发 SNP 芯片 2 套，为基因发掘和分子育种提供了信息和工具。挖掘抗疫霉根腐病、抗灰斑病、耐旱 / 盐碱、高油等重要性状主效 QTL/ 基因 72 个，新发现抗疫霉根腐病基因 *Rps10* 和 2 个耐疫霉根腐病主效 QTL，克隆结荚习性基因 *GmTfl1* 和图位克隆耐盐基因 *GmSALT3*。创制出聚合 3 个以上 QTL 的抗病、优质新种质 8 份。2018 年获国家科技进步奖二等奖。

（7）抗除草剂谷子新种质的创制与利用

综合采用远缘杂交、快速回交等技术，成功地将存在于谷子近缘野生种细胞核中的抗除草剂“拿捕净”和“氟乐灵”的基因转移到栽培谷子中，特别是将存在于野生种细胞质中的抗除草剂“莠去津”基因，创造性地利用花粉作载体，转移到栽培谷子细胞质中，开辟了雄配子携带细胞质基因导入的技术途径，在世界上第一次创制出抗性基因表达完全、遗传稳定、达到实用水平、单抗或复抗除草剂“拿捕净”“氯乐灵”和“阿特拉津”的谷子新种质，为谷子杂种优势利用和轻简化生产奠定了基础。2012 年获国家科技进步奖二等奖。

（8）棉花种质创新及强优势杂交棉新品种选育与应用

首个从雷蒙地棉、克劳茨基棉等野生棉细胞获得再生植株，首次从克劳茨基棉等野生棉原生质体再生植株，实现陆地棉与克劳茨基棉、比克棉、戴维逊棉等多个野生棉种的对称、部分不对称、完全不对称融合并再生植株。通过集合远缘杂交、细胞工程和常规育种评价等技术，创制了 784 份分别以海岛棉、达尔文棉和毛棉等为供体的陆地棉远缘杂交高世代材料，借助分子标记和主要农艺性状系统鉴定，筛选出一批早熟、高产、优质及多抗的棉花新品系。获得了具有高效再生和高频转化效率的陆地棉种质“YZ–1”，这是目前报道的再生最快和转基因效率最高的陆地棉种质。2013 年获国家科技进步奖二等奖。

（9）桃优异种质发掘、优质广适新品种培育与利用

针对中国桃产业中存在的种质资源本底不清、优良品种匮乏等突出问题，开展了优

异种质发掘、优质广适新品种培育及配套栽培技术研究与推广应用，取得重要进展。建成了世界上资源最丰富的桃种质圃，厘清了中国桃遗传多样性本底，发掘出优异种质 33 份，用于生产与育种。1990 年以来，新收集桃种质 769 份，保存份数达 1130 份，成为世界上桃种质资源类型最丰富的圃地；研制了桃种质资源与优异种质评价技术规程等农业行业标准，首次阐明了桃野生近缘种群体结构与形态的遗传多样性，创建了 195 个性状的 1106 张遗传多样性图谱和 110 张数量性状数值分布图，建立了 647 个品种的特征图谱和 237 份核心种质的分子身份证，开发出 15 个性状相关的分子标记 53 个，发掘出优质种质 33 份。2013 年获国家科技进步二等奖。

（10）梨自花结实性种质创新与应用

针对梨自花结实性种质资源奇缺、自花结实性种质创制与鉴定技术体系尚未建立等突出问题，联合开展了梨自花结实性种质挖掘与创制、品种选育与应用攻关研究，取得了重要进展。创立了离体授粉鉴定自花结实性程度的方法，评价国内外梨种质资源 500 多份，找到自花结实性种质 4 个。建立鉴定梨自交不亲和性基因型的技术体系，鉴定出 144 个梨品种的 S 基因型，占国际已鉴定总数的 54%，从而改变了以往靠经验或田间授粉坐果率确定授粉品种的局面。挖掘与克隆梨新 S 等位基因 21 个，占国内外已报道数量的 46%。发明梨自花结实性种质创新方法，建立分子标记辅助育种技术体系，创制新种质 11 个。建立完善的梨遗传连锁图，定位重要果实性状 QTL 位点 72 个，其中主效 QTL 11 个；开发可应用的梨自花结实、果实性状及抗黑星病分子标记 9 个；利用杂交育种和分子标记技术，建立梨分子标记早期辅助育种技术体系，创制综合性状优良的自花结实性新品系“99-6-39”“98-19-1”等 11 份。2011 年获国家科技进步奖二等奖。

（11）特色热带作物种质资源收集评价与创新利用

针对我国杧果、菠萝、剑麻、咖啡等 12 种特色热带作物开展了种质资源收集评价和创新利用，取得了重大突破与创新。在种质收集方面，构建了资源安全保存技术体系，收集保存资源 5302 份，占我国特色热带作物资源总量的 92%。在种质评价方面，在全国首次创建了特色热带作物种质资源鉴定评价技术体系，鉴定准确率达 99%；对资源进行系统鉴定评价，并提供资源信息共享 22.6 万人次、实物共享 6.3 万份次，筛选优异种质 107 份，为产业培育发挥了关键性作用。在种质创新利用方面，创制新种质 89 份，培育桂热芒 120 号、红铃番木瓜等系列新品种 34 个，首创番木瓜、剑麻等组培快繁技术，并在海南、广东、广西等 5 省区广泛应用，累计推广 1850 万亩，特色热带作物良种覆盖率达 90%。2012 年获国家科技进步奖二等奖。

在多种作物的资源基因发掘与种质创新方面均取得了重要突破，包括“菊花优异种质创制与新品种培育”获 2018 年国家技术发明奖二等奖；“芝麻优异种质创制与新品种选育技术及应用”获 2016 年国家技术发明奖二等奖；“热带、亚热带优质、高产玉米种质创新及利用”获 2012 年国家科技进步奖二等奖；“南方砂梨种质创新及优质高效栽培关键技术”“花生野生种优异种质发掘研究与新品种培育”获2011年国家科技进步奖二等奖；“水稻重要种质创新及其应用”获2010年国家科技进步奖二等奖；“中国北方冬小麦抗旱节水种质创新与新品种选育利用”获2009年国家科技进步奖二等奖；“黑色食品作物种质资源研究与新品种选育及产业化利用”获2008年国家科技进步奖二等奖；“甜、辣椒优异种质创新与新品种选育”“柑橘优异种质资源发掘创新与新品种选育和推广”“野生与特色棉花遗传资源的创新与利用研究”获2006年国家科技进步奖二等奖。

（三）本学科与国外同类学科比较

1. 作物种质资源学科的发展趋势与特点

由于种质资源事关国家核心利益，其保护和利用受到世界各国的高度重视。在新的国内国际环境下，出现如下发展趋势。

一是种质资源保护力度越来越大。呈现出从一般保护到依法保护、从单一方式保护到多种方式配套保护、从种质资源主权保护到基因资源产权保护的发展态势，并对农民、环境与作物种质资源协同进化规律和有效保护机制开展系统研究。在种质资源异位保护中，开发应用快速无损监测预警、超低温保存技术等新技术成为国际研究前沿，并由人工存取向智能化、自动化存取发展。

二是鉴定评价越来越深入。对种质资源进行表型和基因型的系统的精准鉴定评价，发掘能够满足现代育种需求和具有重要应用前景的优异种质和关键基因，特别注重重要目标性状遗传多样性及其环境适应性研究，以及重要目标性状与综合性状协调表达及其遗传基础研究。

三是特色种质资源的发掘利用。针对绿色环保以及人们对未来优质健康食品的需求，发掘目标性状表现优异、富含保健功能成分的特色种质资源及其基因，创制有育种和开发价值的特色种质，并对创新目标性状与综合性状协调表达及其育种效应进行研究，为形成新型产业奠定基础。

四是种质资源研究体系越来越完善。世界大多数国家均建立了依据生态区布局，涵盖收集、检疫、保存、鉴定、种质创新等分工明确的作物种质资源国家公共保护和研究体系。

2. 作物种质资源学科在国际上的总体水平界定

（1）优势

①我国建立了较为完善的作物种质资源保存体系。种质库（圃）保存资源总量已经突破50万份，位居世界第二位；库存种质生活力快速无损检测预警技术已经取得一定突破，居世界领先水平。利用物理隔离方式建设原生境保护点199个，保护物种39个，利用主流化保护方式建立的作物野生近缘植物原生境保护点共有72个，保护物种31个，在世界上居领先地位。②我国作物种质资源精准鉴定评价水平和规模居国际第一方阵。“十三五”期间，对初步筛选出和从育种家新征集重要育种材料约17000份水稻、小麦、玉米、大

豆、棉花、油菜、蔬菜等种质资源的重要农艺性状进行了表型和基因型精准鉴定评价，与美国规模和水平相近。③我国基于作物野生近缘种的创新利用的应用研究相对走在世界前列。比如小麦族23个野生近缘种属几乎在我国都有报道完成与小麦的远缘杂交，并且获得以小偃6号为代表的骨干亲本，曾经培育出来的品种月2/3携带小偃6号的血缘，已经对我国的小麦育种产生巨大影响。④我国在作物种质资源新基因发掘领域处于国际先进水平。在利用双亲本群体、多亲本群体和关联分析群体开展基因发掘方面，我国在技术的有效利用上与国外先进水平相当，将引领连锁分析、关联分析与等位变异分析相结合快速鉴定控制重要性状关键基因及其优异等位基因方向。⑤我国在本土起源作物的驯化相关研究中处于整体领先地位，特别是在水稻、大豆等作物中的研究工作具有突出的材料、方法及技术优势。

（2）差距

我国作物种质资源保护、研究与利用还不能满足现代作物种业发展，面临着新的一系列挑战。

一是特有种质资源消失风险加剧。随着城镇化、现代化、工业化进程加速，气候变化、环境污染、外来物种入侵等因素影响，地方品种和野生种等特有种质资源丧失严重，如广西壮族自治区1981年有野生稻分布点1342个，目前仅剩325个。此外，尽管我国保存资源总量已经突破50万份，但国外资源的占有率较低、物种多样性较低，迫切需要加强国外资源引进，实现种质资源量与质的同步提升。

二是优异资源和基因资源发掘利用严重滞后。现有50万余份种质资源，但是已开展深度鉴定的仅占2%左右，种质资源表型精准鉴定、全基因组水平基因型鉴定以及新基因发掘需进一步加强，特别是野生近缘种和地方品种的发掘不够，作为种质资源研究重中之重的规模化等位基因发掘还未起步，难以满足品种选育对优异新种质和新基因的需求，资源优势尚未转化为经济优势，把种质资源大国转变为基因资源强国任重道远。利用野生近缘种和地方品种的种质创新力度需进一步加强，基因编辑、DH、全基因组选择等高新技术应用不多，满足新形势下的作物育种需求的突破性新种质较为缺乏。

三是种质资源保护与鉴定设施不完善。现有库（圃）保存容量不足、覆盖面不广，分区域、分作物表型精准鉴定基地和规模化基因发掘平台缺乏，野生资源原生境保护与监测设施亟待加强。

三、展望与对策

（一）未来几年发展的战略需求、重点领域及优先发展方向

1. 国家战略需求

农业产业升级急需优异种质资源支撑。据预测，到2030年我国人口数量将超过14亿，

粮食总需求量将增至7.2亿吨，确保我国粮食基本自给率95%以上，现有种质资源难以满足不断增长的需求。同时，目前我国优质米、强筋弱筋小麦、高蛋白大豆等农产品存在巨大产需缺口；当前玉米、棉花、油菜等作物适宜机械化新品种十分缺乏，不利于规模化生产，而现有种质资源也难以支撑农业产业升级和农业高质量发展。

农业绿色发展急需优异种质资源支撑。我国人均耕地面积和淡水资源分别仅为世界平均水平的1/3和1/4；我国旱灾发生频繁，7亿多亩农田常年受旱灾威胁。以追求产量为主要目标的农业生产导致农药和化肥施用过量，2015年我国农药用量92.64万吨（商品量），单位面积使用量比世界平均高2.5倍；化肥年用量6022万吨，占世界化肥消费总量的33%，是世界平均水平3倍。要培育抗病虫、养分高效利用新品种，急需新的优异种质资源。

乡村振兴战略急需优异种质资源支撑。乡村振兴战略是习近平同志2017年10月18日在党的十九大报告中提出的战略，提出农业农村农民问题是关系国计民生的根本性问题，必须始终把解决好“三农”问题作为全党工作重中之重，实施乡村振兴战略。乡村振兴的重中之重是产业振兴，而特色农产品是产业振兴的重要抓手，但目前我国库存特色种质资源还亟待深度发掘。

2. 重点领域与优先方向

（1）加强作物种质资源收集

强化国内种质资源系统收集。加快第三次全国作物种质资源普查与收集行动步伐，全面普查我国2000多个农牧业县不同历史阶段、不同作物种质资源的分布、演化与利用情况，系统调查我国多样性富集中心和边远地区的各类种质资源，进一步查清我国作物种质资源家底，明确不同作物种质资源的多样性和演化特征；重点收集地方品种和培育品种以及遗传材料，抢救性收集濒危、珍稀野生近缘种。

广泛引进国外优异种质资源。重点加强与东南亚、西亚、拉丁美洲等玉米、小麦、马铃薯等作物起源地及多样性富集国家和美国、俄罗斯、澳大利亚等种质资源保护大国的合作，开展种质资源的联合考察、技术交流，建立联合实验室，共享研究成果和利益，加大优异资源引进和交换力度。

（2）加强作物种质资源保护

加强种质资源的库圃安全保存。重点研究高存活率和遗传稳定的茎尖、休眠芽、花粉等外植体超低温和DNA保存关键技术；进一步深化库存种子活力快速无损风险预警技术，研发种质圃和试管苗库保存植株的活力等监测预警技术，研制基于人工智能的库圃种质活力监测预警系统和动态监测体系；研发安全繁殖更新技术；对新收集的资源进行基本农艺性状鉴定、信息收集、编目入库（圃）长期保存，对特异资源和重要无性繁殖作物种质资源通过试管苗、超低温、DNA等方面进行复份保存；依据作物种质类型、保存年限和批次，监测种质保存库（圃）种质资源的活力与遗传完整性，并及时更新与复壮，实现安全保护。

加强种质资源的原生境保护。有效监测原生境保护群体等位基因频率的变化，评估遗传漂变、选择和基因流对原生境保护群体的影响。

（3）强化作物种质资源鉴定评价

系统开展种质资源重要性状精准鉴定。针对作物育种和生产中的关键性状，在广泛开展初步鉴定的基础上，以初选优异种质资源为研究对象，在多个适宜生态区进行多年的表型精准鉴定和综合评价，筛选具有高产、优质、抗病虫、抗逆、资源高效利用、适应机械化等特性的优异种质资源。

系统开展种质资源基因型鉴定。对我国特有的和性状优异的种质资源开展全基因组水平的基因型鉴定，在全面评估我国保存的作物种质资源遗传多样性的基础上，构建优异种质资源的分子身份证。

（4）强化作物种质资源新基因发掘

充分利用多亲本作图群体、关联分析群体，发掘在高产、优质、抗逆、抗病虫、养分高效、功能型、专用型、适合机械化作业等方面具有重要应用前景的基因及其分子标记，阐明其遗传效应和调控机制，并实现基因资源的知识产权保护；综合利用各种分子生物学技术，明确重要性状关键基因的等位变异大小、地理分布、遗传效应及其利用价值。

（5）强化种质创新及其利用

构建多学科交叉、多技术融合的新型作物种质创新技术体系；以野生种为供体，突破远缘杂交中遇到的杂交不实、杂种不孕和疯狂分离的三大障碍，综合运用染色体工程、细胞工程和加倍单倍体（DH）等技术，研究建立优异基因快速检测、转移、聚合和追踪的技术体系，阐明优异基因的遗传与育种效应，规模化创制遗传稳定、目标性状突出、综合性状优良的新种质；以地方品种为供体，通过导入系构建、DH、全基因组选择等技术手段，向主栽品种导入新的优异基因，规模化创制遗传稳定、目标性状突出、综合性状优良的新种质；以优异种质为基础，构建轮回选择群体，在多环境下开展针对不同育种目标的轮回选择，拓宽种质基础，创制育种家可利用的新种质；以优异种质为材料，应用理化突变或基因定点突变等技术，构建突变体库，规模化创制遗传材料或基因组材料，提供基础研究利用；以重要育种亲本为材料，应用基因编辑等技术，改变其关键弱项性状，创制新种质或改良骨干亲本，并向育种家提供材料、技术、信息服务，促进创新种质的高效利用。

（6）深化作物种质资源基础研究

开展作物种质资源安全保护的基础研究，为有效保护种质资源奠定理论基础。开展库存种质资源老化和退化的生理生化机制和分子机理研究，以及特异资源和无性繁殖作物种质资源的超低温保存生物学机制研究；开展原生境保护下的保护生物学基础研究，阐明群体适应环境变化的遗传因素，揭示物种灭绝与濒危机制，分析现有原生境保护群体结构特征、阐明生物群落遭受破坏的机理和恢复基础；开展不同民族、特定环境与各类植物及其类群相互作用的演变趋势研究，阐明种质资源与社会、环境协同进化规律，为保护中利用种质资源提供理论支撑。

开展作物种质资源发掘利用的基础研究，为高效利用种质资源奠定理论基础。开展作物起源研究，阐明野生种到地方品种再到育成品种的演化规律；开展地方品种和骨干亲本形成的遗传基础研究，阐明其重要性状的遗传规律与调控机理，提出其利用途径与方案，为创制新的骨干亲本和加强地方品种的利用提供理论和技术支撑；开展特异种质资源形成的遗传和分子基础研究，为种质资源高效发掘和利用奠定理论基础。

（7）完善作物种质资源平台建设

建立作物基因资源国家实验室，重点解决作物基因资源发掘的理论与方法、作物重要性状形成的分子基础、作物分子设计的理论与技术等三大科学问题，构建高效的分子设计育种技术体系，为培育突破性新品种提供理论、方法和技术。完善以长期库为核心，以中期库、种质保存圃和原生境保护点为依托的国家农作物种质资源保护体系，拓展苹果、柑橘、牧草等现有 60 个种质圃保存能力，新建一批综合性种质圃，完善并建设一批野生近缘植物原生境保护点。建立农作物种质资源鉴定评价综合中心，择优建立一批农作物种质资源鉴定与评价区域（分）中心，开展农作物及其野生近缘植物种质资源大规模表型精准鉴定、基因型高通量鉴定、功能基因深度发掘。完善以中国农作物种质资源信息系统为核心，种质保存库、种质保存圃、原生境保护点、鉴定评价中心为网点的国家农作物种质资源共享利用体系，实现数据互联互通。

（二）未来几年发展的战略思路与对策措施

围绕农业科技原始创新和现代种业发展的重大需求，以“广泛收集、妥善保存、深入评价、积极创新、共享利用”为指导方针，以有效保护和高效利用为核心，集中力量攻克种质资源保护和利用中的重大科学问题和关键技术难题。通过全面收集国内和广泛引进国外种质资源，进一步增加我国种质资源保存数量、丰富多样性；通过种质资源的精准鉴定评价，发掘创制优异种质和基因资源，将种质资源优势转变为基因资源优势；通过强化种质创新理论和方法研究，创制出一大批突破性新种质，实现创新引领，为高效作物育种、发展现代种业、保障粮食安全提供物质和技术支撑。

由于种质资源工作必须走在育种之前发挥重要的引领作用，必须瞄准国际科学前沿，围绕农业生产中的重大问题和重大需求，力求理论、技术、材料和方法上的突破。因此，在学科的进一步发展过程中，要突出系统性、前瞻性和创新性，统筹规划、分步实施，有限目标、突出重点，近中期目标与长远目标相结合，基础性工作、应用基础研究和基础研究相结合，构建共性的种质资源研究的条件设施与技术平台，强化学科的交叉融合与集成创新，使学科得到全面发展。

参考文献

[1] 陈晓玲，张金梅，辛霞，等．植物种质资源超低温保存现状及其研究进展．植物遗传资源学报，2013，14（3）：414–427.

[2] 陈彦清，曹永生，方沩，等．综合农业分区尺度下作物种质资源的空间分布特征．作物学报，2017，43（3）：378–388.

[3] 黎裕，李英慧，杨庆文，等．基于基因组学的作物种质资源研究：现状与展望．中国农业科学，2015，48（17）：3333–3353.

[4] 刘浩，周闲容，于晓娜，等．作物种质资源品质性状鉴定评价现状与展望．植物遗传资源学报，2014，15（1）：215–221.

[5] 刘旭，黎裕，曹永生，等．中国禾谷类作物种质资源地理分布及其富集中心研究．植物遗传资源学报，2009，10（1）：1–8.

[6] 刘旭，李立会，黎裕，等．作物种质资源研究回顾与发展趋势．农学学报，2018，8（1）：1–6.

[7] 刘旭，郑殿升，董玉琛，等．中国作物及其野生近缘植物多样性研究进展．植物遗传资源学报，2008，9（4）：411–416.

[8] 卢新雄，辛霞，尹广鹍，等．中国作物种质资源安全保存理论与实践．植物遗传资源学报，2018，20（1）：1–10.

[9] 潘恺，方沩，陈丽娜，等．基于云计算的作物种质资源数据挖掘平台研究．植物遗传资源学报，2015，16（3）：649–652.

[10] 王述民，李立会，黎裕，等．中国粮食和农业植物遗传资源状况报告（I）．植物遗传资源学报，2011，12（1）：1–12.

[11] 王述民，李立会，黎裕，等．中国粮食和农业植物遗传资源状况报告（II）．植物遗传资源学报，2011，12（2）：167–177.

[12] 杨庆文，秦文斌，张万霞，等．中国农业野生植物原生境保护实践与未来研究方向．植物遗传资源学报，2013，14（1）：1–7.

[13] 张爱民，阳文龙，方红曼，等．作物种质资源研究态势分析．植物遗传资源学报，2017，19（3）：377–382.

[14] 郑殿升．中国引进的栽培植物．植物遗传资源学报，2011，12（6）：910–915.

[15] 郑殿升，刘旭，黎裕．起源于中国的栽培植物．植物遗传资源学报，2012，13（1）：1–10.

[16] 郑殿升，杨庆文．中国作物野生近缘植物资源．植物遗传资源学报，2014，15（1）：1–11.

[17] 郑殿升，杨庆文，刘旭．中国作物种质资源多样性．植物遗传资源学报，2011，12（4）：497–506.

撰稿人：刘　旭　李立会　黎　裕　辛　霞　郑晓明　郭刚刚　张锦鹏
李春辉　杨　平　周美亮　武　晶　贾冠清　李永祥

作物遗传育种学发展研究

一、引言

（一）学科概述

作物遗传育种学科在农业科学中占有重要地位，其根本任务是从基因型和环境两个层面研究并形成作物持续高产、优质、高效的理论、方法和技术，是关于大田作物生产与品种遗传改良的学科。该学科的创新发展，对保障国家粮食安全具有重大意义，粮食产量的持续稳定增加离不开作物遗传育种学科的创新和进步。近年来，随着生物技术、信息技术的快速发展，作物遗传育种学科迎来了新的机遇，已经发展成为遗传学、生物组学、育种学和生物信息学等多领域深度融合的现代学科体系，在遗传基础研究、育种新技术研发、种质资源创新、新品种培育等方面取得快速发展，支撑了现代种业发展。

（二）发展历史回顾

中华人民共和国成立 70 年以来，我国作物遗传育种取得了举世瞩目的成就。农作物育种先后经历了优良农家品种筛选、矮化育种、杂种优势利用、分子育种等发展阶段，实现了矮秆化、杂交化、优质化的三次跨越。20 世纪 50 年代，“矮脚南特”等水稻矮秆品种的成功选育，实现了水稻从高秆到矮秆的革命性重大突破，促进了我国水稻单产的第一次飞跃。70 年代，杂种优势理论的应用有力地提高了水稻、玉米、油菜等作物的单产水平。野生稻雄性不育胞质的发现和应用使我国在世界上率先培育出三系杂交稻，成为第一个大面积推广杂交稻的国家；以中单 2 号为代表的玉米杂交种成功培育标志着玉米育种进入以单交种为主的新阶段；国际上首次发现油菜波里马细胞质雄性不育材料，迄今仍为全球油菜杂种优势利用的关键资源。80 年代，利用远缘杂交与染色体工程育种技术选育出抗病、高产、优质的小麦新品种“小偃 6 号”，开创了小麦远缘杂交品种在生产上大面积推广的先例。90 年代，光温敏核不育水稻资源的发现和应用催生了两系法杂交稻，促使水稻杂种优势利用向更高水平发展；同期，利用转基因技术开展棉花品种选育取得重大突破。进入21世纪以来，随着功能基因组学及生物技术的快速发展，依赖表型选择的传统育种逐渐与分子标记辅助选择、转基因、单倍体育种、全基因组选择和基因编辑等现代育种技术相融合并开始应用于农作物新品种培育，引领新品种更新换代速度不断加快，大大提升了品种创制的技术水平和效率。

总体上，我国杂交水稻、转基因抗虫棉、杂交油菜、杂交小麦、杂交大豆等研究处于国际领先水平，杂交玉米、优质小麦等处于国际先进水平。70年来，先后培育并推广应用了高产、优质粮棉油等农作物新品种2万余个（杂交稻：汕优63、两优培九、扬两优6号、Y两优1号等；高产优质小麦：碧蚂1号、小偃6号、扬麦158、郑麦9023、济麦22、矮抗58等；杂交玉米：中单2号、丹玉13、掖单13、农大108、郑单958等；高产广适大豆：中黄13等；转基因抗虫棉：中棉29、中棉所41、鲁棉研15等；双低油菜：中双11号等），实现了5—6次大规模品种更新换代，良种覆盖率达到96%以上，品种对提高单产贡献率达43%，有力支撑和保障了国家粮食安全。

二、现状与进展

（一）学科发展现状及动态

1. 作物重要性状形成的分子基础解析

近些年，我国主要农作物基因组学研究进展显著，克隆了产量、品质、抗病虫、抗逆及不育等相关性状基因，解析了基因功能以及重要性状形成的分子机制，推动了农业科技创新。

（1）核心种质资源基因组解析

解析了3010份亚洲栽培稻核心种质资源的遗传多样性，揭示了亚洲栽培稻的起源、分类和驯化规律，剖析了水稻核心种质资源的基因组遗传多样性。首次提出了籼、粳亚种的独立多起源假说，并恢复“籼”（*Oryza sativa subsp. xian*）、“粳”（*Oryza sativa subsp. geng*）亚种的正确命名。

完成了小麦A基因组和D基因组供体祖先种的测序和精细图谱绘制，尤其是对D基因组进行重新测序与组装，将组装质量提高210倍，完成了染色体级别的D基因组精细图谱的绘制，深入系统地解析了小麦多倍体形成机制，极大促进小麦基因克隆和分子育种工作。

完成了玉米自交系Mo17高质量参考基因组的组装；公布了自交系黄早四全基因组序列，揭示了玉米基因组变异和黄改系形成的遗传改良历史，这是首次对来自中国的玉米骨干自交系完成的De Novo测序和基因组解析。

棉花二倍体和四倍体的三维基因组图谱绘制，揭示了三维基因组的进化与转录调控之间的关系。利用第三代测序、光学图谱和染色质高级结构捕获技术对陆地棉和海岛棉进行了联合组装，同时利用超高深度测序对陆地棉和海岛棉进行了重新组装，使棉花基因组的连续性和完整性有极大提高。

（2）产量相关性状分子基础解析

克隆水稻种间杂种不育基因 *qHMS7*，阐明了该基因在维持基因组稳定性和促进新物种形成中的分子机制，为种间和亚种间杂种优势利用奠定了基础。

采用转录组和基因组对比分析，解析了强优势杂交组合汕优 63 杂种优势形成的分子基础，发掘了等位基因特异表达（ASE）基因，为杂种优势遗传和分子机理解析提供基础。

通过对水稻"绿色革命"中关键品种 IR8 的亲本和后代等主要品种进行全基因组测序，鉴定出在杂交、选育过程中受到人工选择的水稻高产相关基因。从水稻中鉴定到与产量性状相关的 lncRNA 基因，为农作物遗传改良带来新的思路和途径。克隆了控制茎秆基部节间长度的基因 *SBI*，该基因编码一个尚未报道的 GA2 氧化酶，为塑造水稻理想株型和培育高产稳产的抗倒伏水稻新品种提供了新策略。

在株型和产量相关功能基因克隆方面，分析了大豆叶柄夹角增大的 *gmilpa1* 突变体，鉴定出控制叶柄夹角 GmILPA1 基因，发现该基因编码 APC8-like 蛋白，通过与 GmAPC13a 互作形成复合体，并通过促进细胞增殖及分化控制叶枕形态。

发现一个来源于野生大豆控制百粒重的优势基因 *Glyma17g33690*（PP2C）。该基因与油菜素内酯 BR 信号通路的转录因子（GmBZR1 等）相互作用，通过去磷酸化激活转录因子促进下游控制种子大小的基因表达以提高粒重。将 *PP2C-1* 基因型导入大豆品种中有望提高现有大豆品种产量。

过表达 *GmmiR156b* 可以显著增加大豆的分枝数目、主茎节数、主茎的粗度和三出复叶数目，同时单株荚果的数量显著增加、种子变大，单株产量可提高 46%—63%，为培育高产理想株型大豆新品种提供了重要理论依据。

GmPT7 基因的过表达能够促进大豆根瘤生长，增加植物生物量以及茎秆中的氮和磷含量，从而致使大豆产量提高了 36%，为大豆氮磷营养高效利用提供了新思路。

克隆油菜种子性状调控基因 *BnaA9.CYP78A9*，克隆干旱胁迫下增加油脂积累基因 *LEA3* 和 *VOC*，为油菜产量性状改良提供了新的理论和途径。

（3）抗病、耐逆相关性状分子基础解析

发现理想株型基因 *IPA1* 是平衡产量与抗性的关键调节枢纽。*IPA1* 在正常条件下促进生长发育，在稻瘟病菌侵染时则受诱导磷酸化增强免疫反应，这一机制为水稻高产和抗病育种奠定了理论基础。此外，发现 *miR156-IPA1* 是生长与抗病交叉对话的重要调控因子，进一步阐明 *IPA1* 抗病的分子机制。

克隆了广谱抗稻瘟病基因 Ptr，其编码蛋白 Ptr 含有 ARM（Armadillo）重复结构域。

发现 *Ptr* 抗性基因仅存在少量水稻种质中，暗示 *Ptr* 在水稻抗病育种方面具有较大的应用前景。

克隆了抗稻瘟病基因 *Pit*，研究表明 *Pit* 直接调控其下游鸟苷酸交换因子（GEF）OsSPK1 从而激活下游小 G 蛋白 OsRac1 介导的免疫系统。发现植物中一类新的转录因子 RRM 可以与 PigmR 等互作，激活下游的防卫基因，使水稻产生广谱抗病性。

首次发现了编码 C2H2 类转录因子基因 *Bsr-d1* 的启动子区域因一个关键碱基变异，导致上游 MYB 转录因子对 *Bsr-d1* 的启动子结合增强，从而抑制 *Bsr-d1* 响应稻瘟病菌诱导的表达，并导致 BSR-D1 直接调控的 H_2O_2 降解酶基因表达下调，使 H_2O_2 降解减弱，细胞内 H_2O_2 富集，提高了水稻的免疫反应和抗病性。这一新型广谱抗病机制的发现极大地丰富了水稻免疫反应和抗病分子理论基础。

克隆了抗褐飞虱基因 *Bph6*，该基因通过调控 SA、JA 和 CK 等多种激素通路参与抗褐飞虱反应。揭示了一个由 OsmiR396-OsGRF8-OsF3H- 类黄酮通路介导的褐飞虱抗性调控机制。发现细胞色素 P450 基因 *CYP71A1* 缺失，可减少 5- 羟色胺的产生，增强水稻褐飞虱抗性。

克隆水稻耐寒基因 *HAN1*。该基因编码一种氧化酶，可催化具有活性的 JA-Il 转化为非活性的 12OH-JA-Ile，进而调控 JA 介导的耐低温反应。

克隆了来自苏麦 3 号的抗赤霉病基因和来自簇毛麦的抗白粉病基因，解析了抗病分子机制以及病原菌致病机制。发现 TaBZR2 转录因子通过调控 *TaGST1* 的表达，清除体内超氧阴离子，提高小麦的抗旱性。

克隆两个玉米矮花叶病抗性基因 *ZmTrxh* 和 *ZmABP1*，并初步解析了其抗病机理。克隆了玉米耐盐基因 *ZmNC1*、非生物胁迫响应因子 *ZmbZIP4*。

明确了黄萎病菌感染过程中，棉花通过分泌富半胱氨酸重复蛋白（CRR1），进而保护几丁质酶 28（Chi28）免受大丽轮枝菌分泌的丝氨酸蛋白酶 1（VdSSEP1）的切割这一作用机制。

（4）营养、品质相关性状分子基础解析

围绕水稻营养高效及轻简栽培等性状分子基础解析，克隆了氮肥高效利用关键基因 *GRF4*，提出了 GRF4-DELLA 互作模型，解析了作物生长、氮素吸收利用和碳素同化之间的协同调节机制。上述研究为开展耐直播分子设计育种提供基础。

围绕稻米品质性状分子基础解析，克隆了 *qGL3*、*GS9*、*OsLG3b*、*OsLG3* 和 *TGW3* 等控制水稻籽粒大小及粒型关键基因。*qGL3* 调控 BR 信号通路影响水稻粒长。*GS9* 可在不影响生长发育和产量的基础上，改良高产品种的粒形和外观品质。*OsLG3b* 和 *OsLG3* 分别编码 OsMADS1 和 AP2 转录因子，*OsLG3b* 和 *OsLG3* 显著增加籽粒长度和产量。*TGW3* 编码一种蛋白激酶 OsGSK5/OsSK41，TGW3 与 GS3 之间相互作用，使水稻籽粒显著增大。上述基因的克隆不仅解析了粒型调控的分子机制，也为高产育种及稻米外观品质的改良奠定了基础。

明确了 *PRE1* 对棉花纤维伸长具有正向调节作用；*XLIM6* 影响棉纤维伸长同时调控棉纤维细胞次生壁的形成；*GhFSN1* 正调控棉纤维细胞次生壁的生物合成及修饰机制；*GhMML4_D12* 导致表皮细胞突出和显著减少棉绒纤维。

在油菜中首次成功克隆了农作物种子性状的第一个细胞质调控基因 *orf188*，并揭示了该基因调控油菜种子高含油量的作用机制，揭示了油菜种子重量的母体调控新机制。

解析了番茄风味的物质和遗传基础，发现了风味调控机制。揭示了番茄代谢组的驯化历史，发现了重要的代谢途径和调控基因，为风味和品质改良绘制了育种路线图。

（5）发育进化相关分子基础解析

揭示了水稻种子休眠调控的新分子通路 ETR1-ERF12/ TPL-DOG1，深化了乙烯信号调控种子休眠的分子机理。

克隆了小麦隐性细胞核雄性不育基因 *Ms1*，发现其是编码脂转运蛋白的功能基因；利用我国特有的太谷核不育小麦材料，图位克隆显性细胞核雄性不育基因 *Ms2*，发现该基因原来是一个不表达的“孤儿”基因，受启动子区内转座子序列插入激活，在花药中特异表达导致雄蕊败育。

发现 *TaJAZ1* 基因通过协同调控 JA 和 ABA 信号途径，影响小麦种子萌发；小分子 RNA（miRNA9678）通过影响赤霉素合成基因的表达控制籽粒的萌发率和穗发芽。

阐明玉米花期适应性基因的驯化及进化机制，克隆了玉米开花抑制因子 *ZmCOL3*、花序形态建成基因 *GIF1*、籽粒发育相关基因（*UBL1*、*Smk2*、*Emp10*、*Emp11*、*O11*、*OCD1*、*Emp8*、*ZmUrb2*、*Floury3* 等），抗倒伏性调控因子 *miR528*、棉子糖合成酶基因 *ZmRS* 等。

在大豆适应性进化分子机制研究方面，围绕大豆长童期控制基因 *J* 的功能研究，揭示了大豆特异的光周期调控开花的 PHYA（E3E4）-J-E1-FT 遗传网络，发现了 *J* 基因多种变异的产生是大豆适应低纬度地区和产量增加的重要进化机制。

2. 作物育种理论与技术创新

随着功能基因组学及生物技术研究的快速发展，作物育种理论与技术不断升级，尤其是基因组编辑、单倍体、智能不育、分子设计、转基因、表型组学等技术的发展，正孕育着一场新的育种技术革命。

（1）基因组编辑技术

基因组编辑是生命科学新兴的颠覆性技术，特别是基于 CRISPR-Cas9 系统的基因组编辑工具近几年迅猛发展。主要进展包括：①通过基因枪将 CRISPR/Cas9 IVT 和 RNP 导入小麦未成熟幼胚，建立基因组定点修饰的 DNA-free 基因组编辑体系；②利用 Cas9 变体（nCas9-D10A）融合大肠杆菌野生型腺嘌呤脱氨酶（ecTadA）和人工定向进化的腺嘌呤脱氨酶（ecTadA*）二聚体，建立并优化出高效、精确的植物 ABE（Adenine Base

Editor）单碱基编辑系统，在植物中实现高效的 A・T > G・C 碱基的替换，建立了作物基因组单碱基编辑方法；③建立了基于 dmc1 启动子驱动的玉米高效 CRISPR/Cas9 基因编辑系统；④通过优化 sgRNA 的结构以及使用水稻内源性强启动子来驱动 VQR 变体的表达，成功将 CRISPR-Cas9-VQR 系统的编辑效率提高到原有系统的 3—7 倍；⑤在杂交水稻中同时编辑 *REC8*、*PAIR1*、*OSD1* 和 *MATRILINEAL*（*MTL*）这四种内源基因，实现了水稻种子无性繁殖和杂合基因型的固定，将使"一系法"杂交水稻成为可能；⑥在水稻中对 BE3，HF1-BE3 与 ABE 单碱基编辑系统的特异性进行全基因组水平评估，发现单碱基编辑系统存在严重脱靶效应；⑦利用基因组编辑技术解析了野生番茄人工驯化机制，发现重要农艺性状的精准导入并没有影响野生番茄的天然抗性，为精准设计和创造全新作物提供了新的策略。

（2）单倍体育种技术

单倍体育种技术体系促进了作物杂交育种技术的转型升级。①利用玉米花粉单核 DNA 分离和测序技术，发现了诱导系成熟花粉的精核中存在高频的染色体片段化，证明了花粉有丝分裂时期的精子染色体片段化是造成受精后染色体消除及单倍体诱导的直接原因；②利用图位克隆方法获得一个在精细胞中特异表达的磷脂酶基因 *ZmPLA1*，该基因第四外显子发生了 4 bp 的插入（CGAG），导致了 20 个氨基酸移码突变，是造成诱导系能够诱导单倍体的原因；③利用基因编辑技术创制了高效孤雌生殖单倍体诱导系，并开发了一套基于组织特异表达的双荧光蛋白标记的玉米单倍体鉴定技术，实现稳定、高效筛选单倍体籽粒；④通过同源基因克隆、基因编辑等方法，成功获得小麦磷脂酶基因 *TaPLA* 的突变体，能够产生约 2%—3% 的单倍体籽粒，建立了基于加倍单倍体的小麦快速育种方法。

（3）IMGE 育种策略

开发了一种称为单倍体诱导子介导的基因组编辑（haploid inducer-mediated genome editing，IMGE）的育种策略，将单倍体诱导与 CRISPR/Cas9 基因编辑技术结合，成功地在两代内创造出了经基因编辑改良的不含转基因组分的双单倍体（DH）纯系。该方法打破了之前基因编辑育种对受体材料遗传转化能力的依赖，将推动新一代育种技术的发展，加快育种进程和效率。

（4）小麦分子设计育种技术

通过研发 Wheat660K、Wheat50K 等小麦 SNP 芯片和基因特异性标记的 KASP 高通量检测技术，初步建立了小麦分子模块设计育种体系。同时，建立了染色体分拣与高通量测序技术相结合的高通量外源染色体特异分子标记开发技术体系，为小麦分子育种提供了强有力的技术支撑，推动我国小麦由传统育种及分子设计辅助育种向人工智能育种的转变，提高小麦新品种培育的效率。

（5）智能不育技术

图位克隆玉米隐性核不育基因 *ms7* 及其恢复基因 *ZmMs7*，并利用 *ZmMs7* 基因及其突变体（*ms7ms7*）成功创建了玉米多控智能不育技术体系。此外，发现一个新的 GDSL（Gly-Asp-Ser-Leu）脂酶 ZmMs30 在玉米花药 / 花粉发育过程中参与调控植物雄性发育，为玉米杂交制种体系提供了新的资源。

3. 作物优异种质创制

2018—2019 年，采用传统育种、分子育种等技术手段，创制了一系列优质、高产、高效、多抗及功能性优异新种质。

创制水稻优异新种质 60 份。主要包括利用基因编辑技术创制的无融合生殖水稻新种质，利用 *IPA1* 创制的高产高抗水稻新种质；基于分子标记辅助选择技术创制的携带抗褐飞虱基因 *Bph3*、*Bph27*、*Bph6*、*Bph14*、*Bph15*，抗黑条矮缩病基因 *qRBSDV6* 和 *qRBSDV11*，以及抗稻瘟病基因 *Pi-ta*、*Pi-b* 和 *Pi-gm* 等一系列抗病新种质；糊粉层显著增厚的营养品质相关新种质；肾脏病人专用低谷蛋白水稻品系 W0868。此外，还包括利用转基因技术创制的一批抗螟虫、抗除草剂、富含 γ- 氨基丁酸转基因水稻新种质。

创制小麦优异新种质 58 份。主要包括多粒、叶锈病免疫、节水性突出、品质改良、株型优化等性状，已提供河南、河北、山东等育种单位利用。

创制玉米优异新种质 73 份。以国内骨干系为核心，导入耐密、抗倒、籽粒脱水快等欧美优良种质优异基因，采取循环育种等方式，创制高配合力、熟期适宜、高抗丝黑穗、耐密抗倒、籽粒脱水快育种新材料。

创制大豆优异新种质 51 份。主要包括抗 8 个疫霉根腐病生理小种的广谱抗源鲁豆 4 号、抗灰斑病和疫霉根腐病的 Ohio、抗疫霉根腐病和胞囊线虫的灰皮支黑豆、抗疫霉根腐病且高油的铁丰 23、抗灰斑病且高蛋白的绿皮豆 -2；通过分子标记聚合育种技术体系创制出聚合 5 个耐疫霉根腐病 QTL 新种质 CH19，聚合多个抗病基因新种质中品 03-5373，以及高蛋白种质 5 份。

创制棉花优异新种质 55 份。主要包括抗除草剂（*EPSPS+GR79*）、优质纤维（*iaaM*，*KCS*，*ACO* 等）、高产（*RRM2* 等）和株型改良（*PAG* 等）以及抗黄萎病等多种类型的新材料，并已经开始在育种中获得应用。

创制油菜优异新种质 50 份。包括利用聚合育种技术创制出含油量达 60% 以上的特高油新材料 5 个，其中“Q924”含油量高达 65.2%，是目前世界上已报道的油菜含油量最高值；筛选出抗裂角材料湘油 422 和品系“87”；创制出高配合力细胞质雄性不育系 R18、R19、R20 和 N 产恢等恢复系，利用萩油胞质不育系统实现三系配套。

4. 作物新品种培育

育种原始创新能力的大幅提升，加快了作物优良品种的选育速度。以国审品种为例，2018—2019 年，主要农作物新品种 1262 个通过国家审定，其中水稻 269 个、小麦 136 个、玉米 633 个、大豆 35 个、棉花 6 个、油菜 183 个。

水稻品种选育正在向优质化迈进。审定的 269 个品种中达到优质米标准占比达到

50%；选育出三系杂交国审新品种荃优华占，强优势杂交种湘两优 900、中科发 5 号、天隆优 619 等，其中湘两优 900 在云南省个旧市百亩片平均亩产 1152.3 千克，成功突破 17 吨 / 公顷，再次刷新水稻百亩片单产世界纪录。隆两优华占、晶两优丝苗、荃优丝苗等水稻品种正成为我国南方稻区优质主栽品种。

小麦品种济麦 22、百农 207 和鲁原 502 的年推广面积超 1500 万亩。新审定的优质品种如西农 529、中麦 578 和济麦 44、京麦 179、航麦 2566 综合性状表现突出，将在优质麦生产中发挥重要作用；高产优质小麦新品种郑麦 7698 解决了优质强筋品种产量水平普遍低于高产品种的难题，引领我国优质小麦品种产量水平迈上亩产 700 千克新台阶，荣获 2018 年国家科技进步二等奖。

郑单 958、京科 968、登海 605 等品种在生产上种植面积达到 1000 万亩以上，京科 968、登海 605 正在引领新一轮品种更新换代；以早熟、矮秆、耐密、高抗、籽粒灌浆和脱水速度快等性状为特点的宜机收品种已成为育种的主导方向，培育的京农科 728、泽玉 8911、MC670、中科玉 505 等机收籽粒品种填补了国内空白；黑龙江省第一批审定的适宜机械化收获的品种龙单 90 种植密度可达到 6000 株 / 亩，引领了新时代玉米产业发展。

高产优质大豆新品种取得突破。北方春大豆品种铁豆 43 在 2017 年区试产量突破 250 千克 / 亩，蛋白和油分总量接近 60%；铁豆 67 在 2018 年区试产量超过 230 千克 / 亩，蛋白和油分总量超过 60%，实现了产量和质量的平衡；高产高油品种合农 75 累计推广面积 245.5 万亩，应用前景广阔；合农 91 在新疆石河子达到了亩产 423.77 千克，刷新了全国大豆品种高产新纪录。

新审定的中早熟三系杂交棉花品种鲁杂 2138，皮棉平均亩产为 122.0 千克，比对照鲁棉研 28 号增产 12.1%。育成高产优质机采陆地棉新品种新陆中 82 号。

育成了我国油菜区试历史上含油量最高、第一个超过 51% 的品种中油杂 39，比对照增产 10.1%，产油量比对照增产 23.1%；选育了高油杂交油菜中油杂 30 和中油杂 31；国审早熟杂交油菜沣油 320 以及抗根肿病油菜华油杂 62R。

5. 作物遗传育种创新能力建设

近些年，我国加强了作物遗传育种创新能力建设。作物遗传育种学科现有中国科学院院士 9 人，中国工程院院士 14 人；“安全高效作物基因组编辑创新团队”入选科技部重点领域创新团队；在农业农村部组织实施的“杰出青年农业科学家”资助项目中，2018 年入选 5 人，加强了农业科研后备人才队伍建设。

作物遗传育种学科逐渐形成了以国家重大科学工程、国家重点实验室、国家工程技术研究中心、国家工程实验室、农业部重点实验室为依托的平台体系，在基础科学和前沿技术方面，建成了农作物基因资源与基因改良国家重大科学工程 1 个，拥有 11 个国家重点实验室，31 个国家工程技术研究中心，11 个国家工程实验室，103 个农业部重点实验室，为科技创新提供了坚实的物质基础。

（二）学科重大进展及标志性成果

1. 作物遗传基础研究

2018—2019 年，我国在作物遗传基础研究上取得了一系列重大标志性成果，“水稻高产优质性状形成的分子机理及品种设计”和“杂交稻育性控制的分子遗传基础”获国家自然科学奖，在 *Nature* 和 *Science* 期刊上发表论文 6 篇，解析了控制水稻亚种间遗传隔离的遗传基础，揭示了水稻产量与抗病平衡机制、赤霉素信号传导途径调控植物氮肥高效利用的分子机制、3010 份亚洲栽培稻的起源和群体基因组变异结构，首次破译小麦 A 基因组和精细图谱，在植物中发现单碱基编辑系统存在严重脱靶效应，在水稻和小麦功能基因组研究上达到世界领先水平。

（1）水稻高产优质性状形成的分子机理及品种设计

围绕“水稻理想株型与品质形成的分子机理”这一重大科学问题，鉴定、创制和利用水稻资源，创建了直接利用自然材料与生产品种进行复杂性状遗传解析的新方法；揭示了影响水稻产量的理想株型形成的关键基因和分子基础；阐明了稻米食用品质精细调控网络；示范了以高产优质为基础的分子设计育种，为解决水稻产量品质协同改良的难题提供了有效策略。研究成果引领了水稻遗传学发展，是“绿色革命”的新突破和新起点。荣获 2017 年度国家自然科学奖一等奖。

（2）杂交稻育性控制的分子遗传基础

雄性不育及其育性恢复是杂交水稻育种关键的理论和技术问题，围绕杂交稻育性调控机理的科学问题，发掘了控制种间杂种不育的关键位点 *qHMS7*，解析自私基因介导的毒性—解毒分子机制在维持植物基因组的稳定性和促进新物种的形成中的分子机制，阐明了应用于三系杂交水稻育种的孢子体型（野败型为代表）和配子体型（包台型为代表）细胞质雄性不育及其育性恢复的分子机理，阐明了水稻籼粳杂交不育与亲和性的分子遗传机理，提出了“双基因三因子互作”和“双基因分步分化”的分子遗传模型，发现了具有育种价值的新种质，是我国杂交水稻分子遗传基础研究上的重大突破。荣获 2018 年度国家自然科学奖二等奖。

（3）解析了控制水稻亚种间遗传隔离的遗传基础

以亚洲栽培稻滇粳优 1 号和南方野生稻为研究材料，系统解析了水稻自私基因位点 *qHMS7* 的遗传构成，阐明了自私基因在维持植物基因组的稳定性和促进新物种的形成中的分子机制，即生物为了保护自身种群的完整性，往往形成有毒的蛋白和解毒蛋白，只有两种蛋白共存时，育性保持正常，其他种群常缺乏解毒蛋白，因此群间杂种常出现严重不育，从而保证了种群的相对独立性。该研究结果为解决籼粳杂种不育、野生稻种资源的利用提供了科学基础，打破了不同种群之间的生殖隔离，实现基因的流动和互用，该研究有望解决水稻杂种不育难题。研究成果 2018 年发表在国际期刊 *Science*。

（4）揭示了水稻产量与抗病平衡机制

首次发现理想株型基因 *IPA1* 是平衡产量与抗性的关键调节枢纽。IPA1 结合 *DEP1* 等穗发育相关基因的启动子，促进其表达，从而调控水稻的产量；而受稻瘟病菌诱导磷酸化后，IPA1 结合抗病相关基因 *WRKY45* 的启动子，促进其表达，以增强免疫反应，进而提高抗病性，这一机制使得水稻在增产的同时又增强了对稻瘟病的抗性，打破了单个基因不可能同时实现增产和抗病的传统观点，为水稻高产和高抗育种奠定了重要的理论基础。研究成果于 2018 年发表在国际期刊 *Science*。

（5）揭示了赤霉素信号传导途径调控植物氮肥高效利用的分子机制

证实了 GRF4 是一个植物碳—氮代谢的正调控因子，可以促进氮素吸收、同化和转运途径，以及光合作用、糖类物质代谢和转运等，进而促进植物生长发育。同时也是赤霉素信号传递途径的一个关键元件，它能与 DELLA 蛋白互作。赤霉素通过促进 DELLA 蛋白降解，进而增强 GRF4 转录激活活性，实现植物叶片光合碳固定能力和根系氮吸收能力的协同调控，从而维持植物碳 - 氮代谢平衡。对深入和系统地研究麦类植物的基因组结构与功能以及进一步推动栽培小麦的遗传改良具有重要理论意义和实用价值。研究成果 2018 年发表在国际期刊 *Nature*。

（6）亚洲栽培稻基因组研究

针对水稻起源、分类和驯化规律，完成 3010 份亚洲栽培稻基因组研究，揭示了亚洲栽培稻的起源和群体基因组变异结构，剖析了水稻核心种质资源的基因组遗传多样性，推动了水稻规模化基因发掘和水稻复杂性状分子改良，提升了全球水稻基因组研究和分子育种水平，加快了优质、广适、绿色、高产水稻新品种培育。研究成果 2018 年发表在国际期刊 *Nature*。

（7）破译小麦 A 基因组和精细图谱

普通小麦含有 A、B 和 D 三个基因组，其中乌拉尔图小麦是形成多倍体栽培小麦的核心基因组。完成了乌拉尔图小麦材料 G1812 的基因组测序和精细组装，绘制出了小麦 A 基因组 7 条染色体的序列图谱，全面揭示了小麦 A 基因组的结构和表达特征。乌拉尔图小麦基因组为研究小麦和相关草的遗传变异提供了宝贵资源，对深入和系统地研究麦类植物的基因组结构与功能以及进一步推动栽培小麦的遗传改良具有重要理论意义和实用价值。研究成果 2018 年发表在国际期刊 *Nature*。

（8）发现单碱基编辑系统存在严重脱靶效应

新一代基因编辑工具 CRISPR/Cas9 因具有高效性和高特异性备受关注，CRISPR/Cas9 衍生工具单碱基编辑器的开发为定向编辑提供了重要工具，然而其脱靶风险一直备受关注。对水稻中 BE3、HF1-BE3 和 ABE 的全基因组脱靶突变进行了全面调查，发现 BE3 和 HF1-BE3 而非 ABE 诱导大量全基因组脱靶突变，主要是 C → T 型单核苷酸变体（SNV），并且在富含基因区域。因此，需要进一步优化提高特异性。研究成果于 2019 年发表在国

际期刊 *Science*。

2. 作物关键育种技术创新

遗传基础狭窄和多样性亲本资源的缺乏一直以来就是限制作物育种取得突破的瓶颈，远缘杂交技术在拓宽种质遗传基础方面发挥了核心作用。2018 年，小麦与冰草属间远缘杂交技术取得突破。冰草属植物是小麦的近缘野生种，是小麦改良的最佳外源供体之一。创建了以克服授精与幼胚发育障碍、高效诱导易位、特异分子标记追踪、育种新材料创制为一体的远缘杂交技术体系，创建在授精蛋白识别免疫系统建成初期的幼龄授粉、激素处理和幼胚拯救杂交技术，破解了小麦与冰草属间杂交及其改良小麦的国际难题，实现了从技术研发、材料创新到新品种培育的全面突破，为引领育种发展新方向奠定了坚实的物质和技术基础，为我国小麦绿色生产和粮食安全作出了突出的贡献。荣获 2018 年度国家技术发明奖二等奖。

3. 作物重要品种选育与应用

近两年来，我国在小麦和水稻品种选育上取得显著突破，培育出高产强筋优质小麦新品种郑麦 7698、多抗广适高产稳产新品种山农 20 及寒地早粳稻优质高产多抗水稻新品种龙粳 31 等，保障了国家的粮食安全和有效供给。

（1）高产优质小麦新品种郑麦 7698 的选育与应用

以“高产蘖叶构型”和“增强花后源功能”为主要育种途径，结合融入中国大宗面制品特性选择的强筋优质小麦品质育种技术体系，育成的高产优质品种郑麦 7698，实现了高产与优质的协调提升，引领我国优质强筋小麦品种产量水平迈上亩产 700 千克的台阶，2015—2017 年推广 3678.5 万亩，成为我国小麦生产主导新品种，是当前我国三大优质小麦品种之一，对促进优质小麦产业提质增效、企业增收和推进农业供给侧结构性改革发挥了重要作用。荣获 2018 年度国家科技进步奖二等奖。

（2）多抗广适高产稳产小麦新品种山农 20

针对我国黄淮麦区发展高产稳产、绿色、多抗小麦新品种的重大需求，通过常规育种和多位点分子标记辅助选择技术，育成了免疫或高抗多种病害的高产优质中筋小麦新品种山农 20，经农业农村部对 37 个万亩高产创建方抽样验收，平均亩产 709.7 千克，曾在 5 个省创当年当地高产纪录。已累计推广超过 8000 万亩，连续四年年推广面积超 1000 万亩，是全国种植面积最大的三大品种之一。荣获 2017 年度国家科技进步奖二等奖。

（3）寒地早粳稻优质高产多抗龙粳新品种选育及应用

针对寒地早粳稻区生育期短、难创高产、稻瘟病和低温冷害频发难以稳产等问题，选育出具有自主知识产权的优质高产多抗寒地早粳稻龙粳 31、龙粳 25、龙粳 21 和龙粳 39，解决了寒地早粳稻品种难创高产和稳产的问题。龙粳 31 连续 5 年（2012—2016）为我国第一大水稻品种，创我国粳稻年种植面积的历史纪录，极大地推动了寒地早粳稻产业的发展，为提升粳稻育种水平、保障国家粮食安全作出了重大贡献。荣获 2017 年度国家科技进步奖二等奖。

（4）大豆优质种质挖掘、创新与利用

项目组通过联合攻关和协同创新，育成优质抗病新品种17个。其中国审品种6个，区域试验对照品种7个，农业农村部推介生产主导品种6个。17个品种平均含油量21.55%，超过国家高油品种标准21.50%，其中12个高油品种平均含油量为22.35%，最高达23.57%，比普通品种高3—4个百分点，抗一种或几种病害，解决了优质和抗逆协调改良的难题，2006—2017年累计推广1.25亿亩，新增社会经济效益97.82亿元，在提高生产水平和实现农民增收中发挥了重要作用。获国家发明专利授权9项、植物新品种权10项，出版专著4部，发表论文166篇，完全他引1694次。荣获2018年度国家科技进步奖二等奖。

（5）广适高产优质大豆新品种中黄13的选育与应用

截至2018年大豆品种中黄13累计推广面积超过1亿亩，是我国大豆育种工作的标志性重大成果，对调整优化种植结构、构建合理耕作制度发挥了积极作用，对满足国内食用大豆消费需求作出了重要贡献。这是近20年来全国仅有的年推广面积超千万亩的大豆品种，是近30年来唯一累计推广面积超亿亩的大豆品种，也是唯一获国家科技进步奖一等奖的大豆品种。

（三）本学科与国外同类学科比较

1. 作物新基因发掘比较分析

作物新基因发掘是实现作物种质资源向基因资源转变和作物分子育种的基础。农作物基因组学研究的空前发展正推动着农业的第二次“绿色革命”，随着测序技术的发展，实现了对控制重要农艺性状关联基因的大规模克隆和鉴定，以及对调控复杂性状的分子网络解析，国际作物基因发掘正朝高效化、规模化及实用化方向发展。自20世纪90年代以来，拥有“基因专利”已成为发达国家及其跨国公司垄断生物技术产业的集中表现。美国、日本和澳大利亚等发达国家拥有全球70%以上的水稻基因专利，90%以上的玉米基因专利，80%以上的小麦基因专利和75%以上的棉花基因专利。孟山都、杜邦等五大跨国公司利用其基因专利和品种，控制了国际种业市场70%的份额。我国在农业生物功能基因组学等基础研究领域取得了长足发展，相继完成了水稻、小麦、玉米、大豆、油菜、棉花等多种重要农作物基因组测序或重测序，在主要作物重要性状形成的遗传解析与分子机理研究方面取得了重要进展，克隆了一批具有重大育种价值的新基因，已逐步应用于品种改良，特别是在水稻基因克隆研究领域取得了系列原创性成果。以水稻基因发掘为代表的作物基因规模化、高效化发掘取得了显著进展，在Web of Science以“rice”“gene”“cloning”为检索词进行检索，2018.1—2019.4累计发文量267篇，其中我国占77.1%；在*Nature*、*Cell*和*Science*发表水稻遗传育种相关论文9篇，其中我国发表5篇，表明我国水稻遗传育种基础研究已处于国际领先水平。

然而，由于我国相关研究起步较晚，资金投入不足，与发达国家总体研究水平相比还存在一定差距，尤其在跨国公司为抢占市场而争夺基因知识产权的情况下，我国作物基因发掘面临严峻的考验。主要体现在：一是预测的基因数目多，但定位和克隆的基因还很少；二是与水稻发掘的基因相比，其他作物发掘的基因还很少，不同作物间基因发掘研究不平衡；三是与已发掘基因数量相比，具有重要利用价值的基因还不多，基因发掘研究与实际利用相脱节。因此，我国作物基因发掘今后应重点提高基因发掘效率，开展重要基因克隆及基因的价值评估，加强以生物产业发展需求为导向的基因发掘策略。

2. 作物育种技术比较分析

我国部分重要农作物的杂种优势利用技术国际领先，倍性育种、远缘杂交及细胞与染色体工程育种技术得到广泛应用；通过基因编辑技术，实现了水稻种子无性繁殖和杂合基因型的固定，使“一系法”杂交水稻成为可能；作物基因编辑技术水平从受体物种类型、目标突变类型、定向突变技术效率与精确性等技术要素的系统性与先进性均处于世界领先水平；双单倍体技术在玉米等作物育种中已得到广泛应用，在诱导技术研究上居于国际领先水平。建立的规模化棉花转基因技术体系仍然保持着国际领先优势。

但是，我国原创性技术仍然较少。如原创性的基因编辑技术缺乏，商业化全基因组分子标记开发和实用化分子育种技术应用较少，育种大数据分析、信息化以及相关系统开发与应用不够。规模化高通量植物复杂性状表型自动检测设备、育种芯片设计与制备系统等缺乏，全基因组选择等分子设计技术体系尚未形成。品种网络化测试与国际水平还存在较大差距。育种未形成工程化技术体系，效率低，系统集成明显不足。

3. 作物性状遗传改良比较分析

遗传改良是提升作物产量和品质的最重要推动力，但其潜力的发挥日益受常规育种技术的严重制约。近年来，基于功能基因组学的分子育种技术、基因组编辑技术、转基因技术等对作物的遗传改良取得显著进展，正由专注于产量向品质、抗性等性状上拓展。我国水稻单产一直以来处于世界领先水平，但我国稻米的价格及品质缺乏国际竞争力，国内大米普遍口感不佳、品质不高，与日本渔昭越光米和泰国茉莉香米等有明显差距。今后，我国水稻品种要由产量导向转入品质产量并重的方向发展。小麦方面，国内长期以产量性状为主，在产量及赤霉病遗传改良上国际领先，但品质及其他抗病性与欧美相比还有较大差距。玉米、大豆方面，2018 年美国玉米和大豆的平均单产分别为 790.3 千克 / 亩和 231.2 千克 / 亩，比我国 2018 年的单产分别高 94.1%（407.2 千克 / 亩）和 84.3%（105.7 千克 / 亩）；并且抗虫、抗除草剂等转基因产品在美国应用率已达到 93% 以上，且多数为抗虫兼抗除草剂或多个抗虫基因聚合的第二代品种，而我国的转基因产品尚处于研发阶段，且目前批准进行安全试验的转基因作物均为第一代单基因产品。棉花方面，美国等发达国家已经研发多价转基因抗虫或抗多种逆境的转基因棉花，而我国仍然停留在单一性状改良研究上。油菜方面，与欧盟、加拿大等国家相比，在优质、高产、抗除草剂等性状的遗传改良上仍存在较大差距。

4. 作物遗传育种平台建设比较分析

与美国等发达国家比较，我国作物遗传育种创新不足、尚未形成完善的技术链和产业化链条，企业自主创新能力尚待进一步提高。缺乏引领行业发展的国家实验室和技术创新中心；高标准的产业化基地较少，基础条件设施不够完善，制约了作物遗传育种的快速发展。亟须建立社会主义市场经济条件下新型举国体制，实现创新链、产业链与价值链的耦合与良性循环，使我国作物遗传育种在原始创新、技术应用、产业发展等方面实现总体跨越并保持优势地位。

三、展望与对策

实现农业农村现代化和实施乡村振兴战略，关键在于农业科技进步和创新。要以创新为引领发展的第一动力，明确发展的重大战略需求，明确作物遗传改良科技攻关的重点领域和优先发展方向，为建设现代化农业提供战略支撑。

（一）未来 5 年战略需求、重点领域及优先发展方向

1. 战略需求

（1）作物遗传改良是保障我国粮食安全的根本基础

粮食安全始终是我国农业生产与现代化建设的首要任务。因此，确保国家粮食安全，把中国人的饭碗牢牢端在自己手中，践行“中国粮食，中国饭碗”的战略思想，仍是当前我国农业发展的首要任务。据《国家人口发展规划 2016—2030 年》预测，2030 年我国人口数量将达到 14.5 亿，居民消费结构及水平的改变对粮食及肉蛋奶的需求量将逐步增加，进一步推升了对饲料谷物的需求。以大豆为例，国内大豆种植面积有限且品质产量均不及国外优质品种，导致进口大豆数量剧增，2017 年我国进口 9554 万吨，创历史新高。此外，环境资源硬约束日益趋紧，也在增加保障国家粮食安全难度，我国人均耕地面积仅为世界平均水平的 1/3，且逐年递减，肥料、农药、劳动力等农作物增产要素的提升空间越来越小。因此，加快培育重大新品种，大幅度增产增质，成为保障国家粮食安全与农产品有效供给的重大战略选择。

（2）作物遗传改良是实现农业农村现代化和乡村振兴的重要技术支撑

党的十九大报告提出“实施乡村振兴战略”“实现农业农村现代化”，这是中国特色社会主义进入新时代做好“三农”工作的重要任务，迫切需要通过农作物遗传改良的手段来实现乡村振兴和农业农村现代化。当前，现代农业发展要求我们必须依靠科技进步把生产模式向数量、质量和效益并重的方式转变，在由“拼资源、拼投入、拼要素、拼环境”的增长方式向“资源有序利用和可持续发展”增长方式转变过程中，要在保障粮食供给更

加充足的基础上，形成质量更加契合消费需求、结构更加合理、保障更加安全的有效供给。强化“绿水青山就是金山银山”的发展理念，构建绿色技术创新体系，通过加快培育和推广高产、优质、节本、多抗、广适、资源高效利用的作物新品种，实现农产品“量质双升”，突破资源环境约束，破解农业供给侧结构性矛盾，形成适应国内消费需求对品种品质和质量安全要求的新农业供给结构，对提升国民营养健康水平，促进我国农业生产方式变革和农业可持续发展具有重大意义。

（3）作物遗传改良是增强我国农业科技竞争力的源动力

进入新时代，国际国内农业科技正在发生深刻变化。从国际看，全球农作物育种正在发生新一轮变革，以“生物技术 + 信息化”为特征的第四次种业技术革命正在孕育，不断向纵深向全球扩张，推动种业研发、生产、经营和管理发生着深刻变革。在基础研究领域，以生物组学、合成生物学为代表的前沿学科快速发展，种业理论突破正在形成。在技术研究领域，基因编辑、全基因选择等技术加快运用，育种效率呈几何级增长。在产业应用领域，生物技术、信息技术、智能技术不断向种业聚集，育种由随机向定向、可设计转变，新品种“按需定制”正在逐步实现。从国内看，我国农业正在经历从传统农业向现代农业迈进的新时代，农业基础研究、应用研究、育种研发必将迎来深刻变革，对我国农业发展既是难得机遇，也是巨大挑战。

2. 重点领域

（1）作物重要性状形成基础

针对种质资源研究薄弱和重要性状机理不清等关键问题，开展种质资源的表型组学和基因组学研究，对高产、优质、抗病虫、抗逆、资源高效利用、适应性等重要性状进行精准鉴定和深度评价，利用重测序和 SNP 芯片等技术对种质资源进行全基因组水平的基因型高通量鉴定，阐明种质资源和育种材料的结构多样性，揭示主要农作物优异种质资源形成与演化规律；创制性状突出的优异新种质；研究主要农作物基因组变异，发掘优异关键新基因，阐明基因互作、基因环境互作机制，构建重要性状遗传和分子调控网络，揭示重要性状形成的分子机理和杂种优势形成的遗传基础。

（2）重大育种技术与材料创新

针对育种新技术应用不足和突破性材料缺乏的问题，研究和创新细胞与染色体工程、全基因组选择、基因组编辑、基因工程、表型组学、合成生物学、人工智能等技术，整合建立作物智能设计育种的跨学科、多交叉技术体系，实现智能、高效、定向培育新品种；聚合优异基因，创制高产、优质、抗病虫、抗逆、资源高效利用、适合机械化作业等突破性育种新材料，解决多种优良性状聚合问题。

（3）新一代作物新品种选育

依据不同作物生态区域特点及育种目标，强化优质、高产、多抗、资源高效利用等性状的协同改良，培育一批具有重大突破的，满足市场多样化需求的抗病虫、抗逆境、节水节肥、耐盐碱、适应机械化、轻简化生产、品质优良的新品种，实现品种更新换代，保障农业生产用种安全。

（4）新一代作物育种科技创新平台建设

加强新一代作物育种科技创新平台建设，新增和完善作物科研重大基础设施和基地建设。建设作物基因资源国家重点实验室、作物表型与基因型研究平台、国家农作物分子设计研究中心等重大基础设施，增强我国作物基础理论研究的原始创新能力。建设国家作物种质资源精准鉴定与种质创新平台、国家作物种质资源野外观测研究网等，提升新一代育种创新能力。

3. 优先发展方向

（1）农作物优异种质资源挖掘与利用

完善作物精准鉴定与评价的技术体系，系统评价我国作物种质资源多样性、资源分布规律、生态适应性等；研究分析种质资源中优异基因资源的形成基础，发掘一批具有重大利用价值的优异种质资源，创制遗传基础广泛、目标性状突出、适应性广、具有重要应用价值的自主知识产权的新种质和新材料，促进我国种质资源优势转变为基因资源优势和产业竞争优势。

（2）农作物重要性状遗传机制解析

研究主要农作物优异种质资源形成与演化规律，解析骨干亲本形成的遗传基础；克隆高产、优质、抗逆、抗病虫、资源高效利用等重要性状的关键基因，解析基因功能，阐明产量、品质和抗性等重要性状遗传机理与调控网络；研究作物雄性不育、育性恢复、配合力和异交生物学等生物学机制，杂种优势形成的遗传机理；利用表型组、基因组、表观组、转录组、蛋白组、代谢组等组学技术，阐明重要性状的DNA-代谢产物网络、蛋白互作网络、转录调控网络和基因调控网络。

（3）功能基因挖掘与分子设计育种

建立多组学的综合信息分析平台，开发针对作物表型多样性的数据分析方法，加速重要功能基因的挖掘鉴定进度，为功能基因的修饰利用及全基因组分子设计育种提供支撑。研究复杂性状主效基因选择、全基因组选择等技术，完善多基因分子聚合技术，与传统育种技术相结合，建立基于品种分子设计的高效作物育种技术体系。

（4）基因编辑育种技术

突破基因编辑核心技术瓶颈，构建具有自主知识产权的新型基因编辑技术体系，形成高效、精准作物育种技术体系，抢占种业科技竞争和发展制高点。围绕农业发展重大需求，利用基因编辑技术创制抗病虫、抗除草剂、耐逆、养分高效、优质作物新品种，深度挖掘种质遗传潜力。

（5）作物智能雄性不育技术

通过分子设计技术和转基因技术，将花粉育性恢复基因、花粉失活基因和标记基因等共同导入作物隐性核雄性不育系中，创制智能隐性核不育系，提高作物的杂种优势利用效率，为选育强优势突破性杂交组合提供强有力的技术支撑。

（6）基因工程生物产品产业化

瞄准国际前沿和产业重大需求，突破基因克隆与功能验证、转基因操作技术、安全评价技术瓶颈，克隆具有自主知识产权和重大育种价值的新基因，研发精确或定量化的新型基因操作技术、生物安全评价与检测监测技术，以棉花、玉米和大豆重大新品种培育为目标，培育目标性状突出、综合性状优良的品种，实现抗虫玉米和抗除草剂大豆等重大产品的产业化。

（7）绿色优质新品种培育

以高产高效、优质多抗、绿色安全为目标，聚合产量、品质、抗逆、适宜机械化等性状，培育优质食味、功能性水稻品种，适宜机械化玉米品种，高产优质专用大豆品种，优质专用、抗旱节水小麦品种、多功能新型油菜品种。

（二）未来 5 年发展的战略思路与对策措施

1. 加强基础研究和基础性工作

加强基础研究，夯实理论基础是提高我国作物遗传育种原始性创新能力的源泉。针对作物遗传育种重大科学问题，部署基础和应用基础研究重点方向，系统开展重要农作物优良种质资源形成和演化规律研究，为作物遗传改良提供重要资源及理论依据；深入研究农业生物基因组学，发掘和克隆调控高产、优质、抗逆、抗病虫、养分高效利用等重要性状的关键基因，解析基因功能，阐明重要性状形成的分子机制，创新育种理论和方法；利用表型组、基因组、表观组、转录组、蛋白组、代谢组等组学技术，开展作物生长与发育、产量、生物逆境与非生物逆境应答以及品质等相关重要代谢产物合成与分解途径的调控机理与调控网络研究，阐明重要性状的 DNA- 代谢产物网络、蛋白互作网络、转录调控网络和基因调控网络，建立生物技术产品创制的理论基础，实现重大科学突破，抢占现代农业科技发展制高点。开展作物基础性长期性科技工作，加强对科学研究和宏观决策的基础支撑。围绕国家粮食安全，在全国建立农作物种质资源基础性长期性监测网络，对作物种质资源及其野生近缘植物、主要农作物栽培品种开展长期性科学定位观测，积累长序列监测实验数据；大力开展作物种质资源收集、保护与创新，特别是对我国特有野生作物种质资源开展系统的基因组、表型组分析，构建育种核心资源数据库，推动自主性整合公共数据库构建，健全数据库共享机制和有效利用。

2. 加强生物技术育种

当前，生物技术在引领未来经济社会发展中的战略地位日益凸显。现代生物技术的一系列重大突破正在加速向应用领域渗透，抢占生物技术及其产业的战略制高点，打造国家科技核心竞争力和产业优势，事关重大、事关全局、事关长远。以分子标记、转基因、分子设计为代表的育种技术逐渐成为全世界作物育种的重要组成部分，从而实现从传统的“经验育种”到定向、高效的“精确育种”的转变。我国在主效基因标记育种技术、多基因聚合育种技术和全基因组选择技术方面均有重要进展，但与传统育种结合仍显不足，急需加强生物技术育种与传统育种技术相结合，主要体现在：通过功能基因组学技术交叉融合、重要功能基因发现、调控网络解析、规模化克隆以及新一代基因组测序技术，促进种质资源多组学联合精准鉴定与优异基因资源的高效挖掘；常规育种与分子标记辅助选择相结合，开展基于全基因组选择的分子设计育种，提高作物育种效率；加强基因编辑技术等在作物育种中的应用，实现对作物目标性状的定向、精准改造；推进无融合生殖技术在杂种优势利用中的应用，简化制种成本，进一步推动杂种优势理论技术创新；推进作物育种进入 4.0 时代，建立“作物基因组智能设计育种”，实现作物新品种的智能、高效、定向培育，推动作物遗传育种向“智能”的革命性转变。

3. 加强新一代优质绿色适宜机械化新品种选育

当前，我国农业农村发展进入了新的历史阶段，对品种提出了新要求，以推进农业供给侧结构性改革为主线，以保障粮食有效供给、促进农民增产增收和农业可持续发展为目标，树立绿色、高效、优质、高产、生态的核心，强化多性状的协调改良，创制目标性状突出、综合性状优良的育种新材料，面向主产区，在兼顾高产性状同时，重点攻关选育抗病虫、抗逆境、节水节肥、耐盐碱、适应机械化、轻简化生产、品质优良的新一代作物新品种，加快新一轮农作物品种更新换代，推进稳产与生态、资源与环境的同步发展，从而提高农业发展质量效益和竞争力，走产出高效、产品安全、资源节约、环境友好的中国特色农业现代化道路，为绿色农业、国家生态修复和现代农业提供有力的技术支撑。

参考文献

[1] Chen LY，Lu Q，Zhou LL，et al．A nodule-localized phosphate transporter GmPT7 plays an important role in enhancing symbiotic N2 fixation and yield in soybean．New Phytologist，2019，221：2013-2025.

[2] Liu CX，Zhong Y，Qi XL，et al．Extension of the in vivo haploid induction system from maize to wheat．bioRxiv．doi：https：//doi.org/10.1101/609305.

[3] Du XM，Huang G，He SP，et al．Resequencing of 243 diploid cotton accessions based on an updated a genome identifies the genetic basis of key agronomic traits．Nature Genetics，2018，50：796-802.

[4] Feng F，Qi WW，Lv YD，et al．Opaque11 Is a central hub of the regulatory network for Maize endosperm development and nutrient metabolism．The Plant Cell，2018，30（2）：375-396.

[5] Yang GH，Liu ZS，Gao LL，et al．Genomic imprinting was evolutionarily conserved during Wheat polyploidization，Plant Cell，2018，30：37-47.

[6] Guo GH，Liu XY，Sun FL，et al．Wheat miR9678 affects seed germination by generating phased siRNAs and modulating abscisic acid/gibberellin signaling，Plant Cell，2018，30：796-814.

[7] Guo JF, Qi JF, He KL, et al. The Asian corn borer Ostrinia furnacalis feeding increases the direct and indirect defense of mid-whorl stage commercial maize in the field. Plant Biotechnology Journal, 2018, 17 (1): 88-102.

[8] Guo JP, Xu CX, Wu D, et al. Bph6 encodes an exocyst-localized protein and confers broad resistance to planthoppers in rice. Nature Genetics, 2018, 50: 297-306.

[9] Xing LP, Hu P, Liu JQ, et al. Pm21 from Haynaldia villosa Encodes a CC-NBS-LRR Protein Conferring Powdery Mildew Resistance in Wheat. Molecular Plant, 2018, 11: 874-878.

[10] Ling HQ, Ma B, Shi XL, et al. Genome sequence of the progenitor of wheat A subgenome Triticum Urartu, Nature, 2018, 557: 424-428.

[11] Han LB, Li YB, Wang FX, et al. The Cotton Apoplastic Protein CRR1 Stabilizes Chitinase 28 to Facilitate Defense against the Fungal Pathogen Verticillium dahliae. Plant Cell, 2019, 31 (2): 520-536.

[12] Hu Y, Chen J, Fang L, et al. Gossypium barbadense and Gossypium hirsutum genomes provide insights intod the origin and evolution of allotetraploid cotton. Nature Genetics, 2019, 51: 739-748.

[13] Hu B, Jiang ZM, Wang W, et al. Nitrate-NRT1.1B-SPX4 cascade integrates nitrogen and phosphorus signalling networks in plants. Nature plants, 2019, 4: 401-413.

[14] Jin ML, Liu XG, Jia W, et al. ZmCOL3, a CCT gene represses flowering in maize by interfering circadian clock and activating expression of ZmCCT. Journal of Integrative Plant Biology, 2018, 60 (6): 465-480.

[15] Jin, S, Zong Y, Gao Q, et al. Cytosine, but not adenine, base editors induce genome-wide off-target mutations in rice. Science, 2019, 364: 292-295.

[16] Jia LJ, Tang HY, Wang WQ, et al. A linear nonribosomal octapeptide from Fusarium graminearum facilitates cell-to-cell invasion of wheat, Nature Communications, 2019, 10: 922.

[17] Ju L, Jing Y, Shi P, et al. JAZ proteins modulate seed germination through interaction with ABI5 in bread wheat and Arabidopsis, New Phytologist. doi: 10.1111/nph.15757.

[18] Lang, ZB, Gong ZZ. A role of OsROS1 in aleurone development and nutrient improvement in rice. Proceedings of the National Academy of Sciences of the United States of America, 2019, 115: 11659-11660.

[19] Li CH, Song W, Luo YF, et al. The HuangZaoSi Maize Genome Provides Insights into Genomic Variation and Improvement History of Maize. Molecular Plant, 2019, 12 (3): 402-409.

[20] Li N, Song DJ, Peng W, et al. Maternal control of seed weight in rapeseed (Brassica napus L.): the causal link between the size of pod (mother, source) and seed (offspring, sink). Plant Biotechnology Journal, 2018, https://doi.org/10.1111/pbi.13011.

[21] Li Y, Wang NN, Wang Y, et al. The cotton XLIM protein (GhXLIM 6) is required for fiber development via maintaining dynamic F-actin cytoskeleton and modulating cellulose biosynthesis. The Plant Journal, 2018, 96 (6): 1269-1282.

[22] Li, S, Tian YH, Wu K, et al. Modulating plant growth-metabolism coordination for sustainable agriculture. Nature, 2018, 560: 595-600.

[23] Li SY, Li JY, He YB, et al. Precise gene replacement in rice by RNA transcript-templated homologous recombination. Nature Biotechnology, 2019, 37: 445-450.

[24] Li WT, Zhu ZW, Chern MS, et al. A Natural Allele of a Transcription Factor in Rice Confers Broad-Spectrum Blast Resistance. Cell, 2017, 170 (1): 114-126.

[25] Yu L, Kai K, Lu G, et al. Drought-responsive genes, late embryogenesis abundant group3 (LEA3) and vicinal oxygen chelate (VOC), function in lipid accumulation in Brassica napus and Arabidopsis mainly via enhancing photosynthetic efficiency and reducing ROS. Plant Biotechnology Journal, 2019, https://onlinelibrary.wiley.com/doi/10.1111/pbi.13127.

[26] Liu J, Hao WJ, Liu J, et al. A Novel Chimeric Mitochondrial Gene Confers Cytoplasmic Effects on Seed

Oil Content in Polyploid Rapeseed (Brassica napus). Molecular Plant, 2019, https: //doi.org/10.1016/j.molp.2019.01.012.

[27] Liu C, Ou S, Mao B, et al. Early selection of bZIP73 facilitated adaptation of japonica rice to cold climates. Nature Communications, 2018, 9: 3302.

[28] Liu MM, Shi ZY, Zhang XH, et al. Inducible overexpression of Ideal Plant Architecture1 improves both yield and disease resistance in rice. Nature Plants, 2019, 5: 389–400.

[29] Liu Q, Han RX, Wu K, et al. G-protein beta gamma subunits determine grain size through interaction with MADS-domain transcription factors in rice. Nature Communications, 2018, 9: 852.

[30] Li HZ, Dou LL, Li W, et al. Genome-wide identification and expression analysis of the Dof transcription factor gene family in Gossypium hirsutum L [J]. Agronomy, 2018, 8 (9): 186.

[31] Luo JS, Huang J, Zeng DL, et al. A defensin-like protein drives cadmium efflux and allocation in rice. Nature Communications, 2018, 9: 645.

[32] Ma HZ, Liu C, Li ZX, et al. ZmbZIP4 contributes to stress resistance in Maize by regulating ABA synthesis and root development. Plant physiology, 2018, 178 (2): 753–770.

[33] Ma ZY, He SP, Wang XF, et al. Resequencing a core collection of upland cotton identifies genomic variation and loci influencing fiber quality and yield. Nature Genetics, 2018, 50: 803–813.

[34] Mao Dh, Xin YY, Tan YJ, et al. Natural variation in the HAN1 gene confers chilling tolerance in rice and allowed adaptation to a temperate climate. Proceedings of the National Academy of Sciences of the United States of America, 2019, 116: 3494–3501.

[35] Miroslava R, M ü ller Mariele, Takeshi MF, et al. Daily heliotropic movements assist gas exchange and productive responses in DREB1A soybean plants under drought-stress in greenhouse. Plant Journal, 2018, 96 (4): 801–814.

[36] Geng SF, Kong XC, Song GY, et al. DNA methylation dynamics during the interaction of wheat progenitor *Aegilops tauschii* with the obligate biotrophic fungus *Blumeria graminis* f. sp. *tritici*. New Phytologist. 2019, 221: 1023–1035.

[37] Shao L, Xing F, Xu CH. et al. Patterns of genome-wide allele-specific expression in hybrid rice and the implications on the genetic basis of heterosis. Proceedings of the National Academy of Sciences of the United States of America, 2019, 116: 5653–5658.

[38] Shi LL, Song JR, Guo CC, et al. A CACTA-like transposable element in the upstream region of BnaA9. CYP78A9 acts as an enhancer to increase silique length and seed weight in rapeseed. The Plant Journal, 2019, doi: 10.1111/tpj.14236.

[39] Sun F, Zhang XY, Shen Y, et al. The pentatricopeptide repeat protein EMPTY PERICARP8 is required for the splicing of three mitochondrial introns and seed development in maize.The Plant Journal, 2018, 95: 919–932.

[40] Sun Q, Liu XG, Yang J, et al. microRNA528 affects lodging resistance of Maize by regulating lignin biosynthesis under Nitrogen-Luxury conditions. Molecular Plant, 2018, 11 (6): 806–814.

[41] Sun SL, Zhou YS, Chen J, et al. Extensive intraspecific gene order and gene structural variations between Mo17 and other maize genomes . Nature Genetics, 2018, 50 (9): 1289–1295.

[42] Sun SY, Wang T, Wang LL. et al. Natural selection of a GSK3 determines rice mesocotyl domestication by coordinating strigolactone and brassinosteroid signaling. Nature Communications, 2018, 9: 2523.

[43] Sun ZX, Su C, Yun JX, et al. Genetic improvement of the shoot architecture and yield in soybean plants via the manipulation of\r, GmmiR156b. Plant Biotechnology Journal, 2019. 17 (1): 50–62.

[44] Sun SY, Wang L, Mao HL. et al. A G-protein pathway determines grain size in rice. Nature Communications, 2018, 9: 851.

[45] Wang HQ, Wang K, Du QG, et al. Maize Urb2 protein is required for kernel development and vegetative growth by affecting pre-ribosomal RNA processing. New Phytologist, 2018, 218 (3): 1233-1246.

[46] Wang MJ, Tu LL, Yuan DJ, et al. Reference genome sequences of two cultivated allotetraploid cottons, Gossypium hirsutum and Gossypium barbadense. Nature Genetics, 2019, 51: 224-229.

[47] Wang MJ, Wang PC, Lin M, et al. Evolutionary dynamics of 3D genome architecture following polyploidization in cotton. Nature Plants, 2018, 4: 90-97.

[48] Wang PC, Zhang J, Sun L, et al. High efficient multisites genome editing in allotetraploid cotton (Gossypium hirsutum) using CRISPR/Cas9 system. Plant biotechnology journal, 2018, 16 (1): 137-150.

[49] Wang C, Liu Q, Shen Y, et al. Clonal seeds from hybrid rice by simultaneous genome engineering of meiosis and fertilization genes. Nature Biotechnology, 2019, 37: 283-286.

[50] Wang J, Zhou L, Shi H, et al. A single transcription factor promotes both yield and immunity in rice. Science, 2018, 361: 1026-1028.

[51] Wang WS, Ramil M, Hu ZQ, et al. Genomic variation in 3010 diverse accessions of Asian cultivated rice. Nature, 2018, 557: 43-49.

[52] Wang Y, Luo XJ, Sun F, et al. Overexpressing lncRNA LAIR increases grain yield and regulates neighbouring gene cluster expression in rice. Nature Communications, 2018, 9: 3516.

[53] Wu HT, Tian Y, Wan Q, et al. Genetics and evolution of MIXTA genes regulating cotton lint fiber development. New Phytologist, 2018, 217 (2): 883-895.

[54] Cui XY, Gao Y, Guo J, et al. BES/BZR transcription factor TaBZR2 positively regulates drought responses by activation of TaGST1, Plant Physiology. 2019, pii: pp.00100.2019.

[55] Xue ZY, Xu X, Zhou Y, et al. Deficiency of a triterpene pathway results in humidity-sensitive genic male sterility in rice. Nature Communications, 2018, 9: 604.

[56] Yang J, Fu MM, Ji C, et al. Maize Oxalyl-CoA Decarboxylase1 Degrades Oxalate and Affects the Seed Metabolome and Nutritional Quality. The Plant Cell, 2018: tpc.00266.2018.

[57] Yu XW, Zhao ZG, Zheng XM, et al. A selfish genetic element confers non-Mendelian inheritance in rice. Science, 2018, 360: 1130-1132.

[58] Zhai KR, Deng YW, Liang D, et al. RRM Transcription Factors Interact with NLRs and Regulate Broad-Spectrum Blast Resistance in Rice. Molecular Cell, 2019, 74: 1-14.

[59] Zhang D, Sun W, Singh R, et al. GRF-interacting factor1 (gif1) regulates shoot architecture and meristem determinacy in Maize. The Plant Cell, 2018, 30 (2): 360-374.

[60] Zhang J, Huang GQ, Zou D, et al. The cotton (Gossypium hirsutum) NAC transcription factor (FSN1) as a positive regulator participates in controlling secondary cell wall biosynthesis and modification of fibers. New Phytologist, 2018, 217 (2): 625-640.

[61] Zhang W, Liao XL. Cui YM, et al. A cation diffusion facilitator, GmCDF1, negatively regulates salt tolerance in soybean. PLoS Genetics, 2019, 15 (1): e1007798.

[62] Zhang ZM, Ge XY, Luo XL, et al. Simultaneous editing of two copies of Gh14-3-3d confers enhanced transgene-clean plant defense against Verticillium dahliae in allotetraploid Upland cotton. Frontiers in Plant Science, 2018, 9: 842.

[63] Zhao B, Cao JF, Hu GJ, et al. Core cis-element variation confers subgenome - biased expression of a transcription factor that functions in cotton fiber elongation. New Phytologist, 2018, 218 (3): 1061-1075.

[64] Zhao L, Li MM, Xu CJ, et al. Natural variation in GmGBP1 promoter affects photoperiod control of flowering time and maturity in soybean. Plant Journal, 2018, 96 (1): 147-162.

[65] Zhao DS, Li QF, Zhang CQ, et al. GS9 acts as a transcriptional activator to regulate rice grain shape and

appearance quality. Nature Communications, 2018, 9: 1240.

[66] Zhao HJ, Wang XY, Jia YL, et al. The rice blast resistance gene Ptr encodes an atypical protein required for broad-spectrum disease resistance. Nature Communications, 2018, 9: 2029.

[67] Zhao Q, Feng Q, Lu HY, et al. Pan-genome analysis highlights the extent of genomic variation in cultivated and wild rice. Nature Genetics, 2018, 50: 278-284.

[68] Zhou XG, Liao HC, Chern M, et al. Loss of function of a rice TPR-domain RNA-binding protein confers broad-spectrum disease resistance. Proceedings of the National Academy of Sciences of the United States of America, 2019, 115: 3174-3179.

[69] 梁翰文，吕慧颖，葛毅强，等. 作物育种关键技术发展态势. 植物遗传资源学报，2018，19（3）：390-398.

[70] 田志喜，刘宝辉，杨艳萍，等. 我国大豆分子设计育种成果与展望. 中国科学院院刊，2018，33（9）：31-38.

撰稿人：万建民　李新海　刘裕强　马有志　赵久然　邱丽娟　李付广　张学昆
赖锦盛　储成才　谷晓峰　薛吉全　张学勇　刘蓉蓉　路　明　郑　军

作物生理学发展研究

一、引言

（一）学科概述

作物生理学是农学的主要学科之一，以作物为研究对象，以揭示作物产品（产量和品质）形成规律为目的，以农田栽培环境为背景，在群体、个体、细胞和分子不同层次水平上研究作物生长发育特性、代谢与能量转换、产量与品质形成以及产后质量维持的关系，为作物高产、优质、高效、抗逆育种和栽培、采后生理与保鲜等提供理论依据与指导的一门学科。本专题报告重点围绕作物的光合生理、栽培生理、水分生理、营养生理和采后生理五个方面，归纳与分析学科发展历史、现状与进展，并展望今后的发展方向、需要采取的基础研究与技术发展对策，为作物的高产优质与绿色栽培奠定理论与技术基础。

（二）发展历史回顾

植物生理学早期萌芽于 1627 年英国学者培根（F. Bacon）出版的《木林集》和 1629 年荷兰生物学家海尔蒙特（J. B. van Helmont）的量化实验。随后，在 1699 年英国地质学家伍德沃德（J. Woodward）发现植物在含有泥土的水中比在蒸馏水中生长得好。1753 年俄国化学家罗蒙诺索夫（M. Lomonosov）发现植物可以从空气中获取养分，英国化学家普里斯特利（J. Priestley）在 1771 年进一步发现植物可以净化空气，这个现象后来称为光合作用。到 1782 年，瑞士的森尼别（J. Senebier）证明光合作用需要二氧化碳，并产生氧气。从 19 世纪中叶开始，科学家先后发现植物光合作用、水分吸收与蒸腾、氮素与矿质营养、植物感应等现象。1882 年，德国学者萨克斯（J. von Sachs）编写了第一本《植物生理学讲义》，后来他的学生费弗尔（W. Pfeffer）于 1904 年出版了《植物生理学》专著。至此，植物生理学成为一门完整的学科。

到了 20 世纪，植物生理学进入了快速发展阶段，在光合作用与电子传递链、植物光周期、细胞结构与全能性、植物激素、植物营养生理、植物逆境生理、植物抗性生理等方面的研究都取得了诸多重大突破。进入21世纪，由于植物基因组学、转录组学、蛋白质组学、代谢组、结构生物学等的发展，使植物生理能够从亚细胞结构、蛋白分子、基因调控网络、代谢途径上进行更深入系统研究，并与农作物的生长、发育、生理等结合起来，对农业生产服务的广度与深度进一步得到加强。

Gardner等（1985）主编的《作物生理学》（*Physiology of Crop Plants*）比较系统地包含了作物生理的不同领域，包括作物的光合作用、植株冠层的碳素固定、同化物的运输和分配、水分利用、矿质营养、生物固氮、植物生长调节、生长和发育、种子萌发、根的生长、营养生长、开花与结实。我国学者郑丕尧等（1992）主编的《作物生理学导论》（作物专业用）主要包含发芽生理、生育生理、水分生理、营养生理、光合生理、有机物的运输和分配、成熟生理、种子生理、根系生理、逆境生理等。中国科学技术协会主编的《农业科学学科发展报告（基础农学）2008—2009》综述了作物生理学的发展历史、我国作物生理学的发展简况、作物生理学科发展现状与进展，包括作物产量分析与高产途径、作物生育生理、作物光合生理、作物同化物分配与源库生理、作物营养生理、作物水分生理、作物品质生理、作物逆境生理、作物群体生理等。

光合生理是作物生理学的重要研究领域，包括光合器官的形成、光能吸收、传递和转化、光合磷酸化和二氧化碳同化、光呼吸及其外界环境等对光合作用的影响光合作用与作物生产等方面。我国作物光合生理是在新中国成立后逐步发展起来的，其中殷宏章、汤佩松、施教耐、沈允钢、匡廷云等在光合作用上的研究奠定了我国植物生理学的基础。殷宏章、沈允钢等开辟了作物光合生理在农业上应用的新领域。我国科学家先后在作物群体光合作用，光合磷酸化和光呼吸生理生化、捕光色素蛋白复合体与作用中心的结构和能量传递等方面取得过国际领先的研究成果。

近年来随着分子生物学理论和技术的不断突破，作物生理学的研究也从微观的生理生化深入到分子调控，包括利用基因组学、转录组学、蛋白组学和代谢组学进一步揭示作物光合作用调控与适应。从宏观上利用叶绿素荧光、无人机技术和高通量表型组技术，通过大型计算平台从田间群体到区域尺度光合模拟等方面均有突破。特别是合成生物学的兴起，为人工设计新的光合途径，提高作物光合效率开辟了新的方向。

作物水分生理主要研究和阐明作物对水分的吸收、水在作物体内的运输和散失（蒸腾作用）过程以及作物对水分胁迫的响应与适应。从19世纪中叶植物生理学科建立以来，研究者们一直关注作物节水生理机制的理论基础研究，先后从作物自身水分利用效率差异比较、环境因素调控、气孔运动和脱落酸（ABA）理化调控机制、水通道蛋白响应机制、关键基因深度挖掘及其分子机理阐明等方面开展了多方面、多层次的基础理论研究。在农业抗旱节水中，重视合理利用作物根系活动层的水分，减少农田无效蒸发，改善作物生理生态条件。农田高效节水灌溉技术是解决水资源紧缺问题的重要方法，也是现代农业发展的重要趋势。我国灌溉模式的发展先后经历了地面漫灌，逐步发展到喷灌、微灌、渗灌、膜灌等现代节水灌溉技术。尤其在吸收和借鉴国外先进经验的同时，研制出一系列适合我国使用的滴灌、微喷灌设备，并开始在许多作物上大面积推广应用。同时在土壤墒情监测、水分管理决策、水分精确调控技术的硬件与软件系统的开发均取得了许多成果。此外，研究者也开始重视化学制剂的作用，目前的化学制剂多属于高分子有机物质，能增强作物的抗旱能力，减少土壤蒸发，抑制叶面蒸腾，提高水分利用效率。

水肥供应是作物栽培管理的关键，只有两者合理配合，才能提高水肥利用效率。近年来加强了作物生长发育和产量、品质的形成与水、肥多因子交互作用的研究，在麦类作物水肥关系研究与应用已比较成熟。目前，人们正致力于在不增加肥料用量的前提下，提高肥料和水分利用效率的水肥耦合技术研究。

矿质营养是植物生长发育以及其他重要生命活动的物质基础，也是植物演化的根本驱动力之一。在农业上，矿质营养不仅决定着作物的产量和质量，同时影响着农业的能耗、投入产出比以及可持续发展。因此，植物矿质营养不仅是基础生物学研究的一个重要传统领域，同时对于现代农业发展提供重要理论基础和应用价值。植物矿质营养学科建立以来，在农业领域发挥了巨大作用，其中更是引发了与矮秆作物育种相结合的“绿色革命”，极大地促进了农业的发展和社会进步。然而，近年来，因化肥的滥施不仅未能进一步促进农业发展，反而带来了一系列严重的农业生态问题。第一，随着化肥适用量的提高，造成了作物肥料利用效率降低，增加了农业成本；第二，导致了地表水系的富营养化，导致生态问题；第三，化肥的滥施导致了一系列土壤质量的恶化，如板结、酸化等等，反过来又影响作物的产量和质量；第四，土壤酸化以及化肥中包含的重金属杂质还会造成粮食重金属超标等问题，影响食品安全。因此，深入研究和理解植物吸收、运输、储藏以及利用矿质元素的分子机制及基因调控网络以及不同矿质元素之间互作的遗传基础对于解决上述问题具有重要的理论和现实意义。随着遗传学、分子生物学以及分析化学的发展，国内外在该领域也取得不少突破性进展。

作物采后生理学属于植物生理学的一个分支，主要围绕食品供给和安全质量目标，研究作物在采后贮运过程中生理特性的变化规律与机制，与食品贮运保鲜密切相关的一门应用基础性学科，涉及作物采后自身特有的成熟衰老生理、贮藏生理以及物流生理等内容。其中品质形成、成熟衰老、采收期选择、采后贮藏、物流环境条件等都是采后生理学的研究范畴。作物采后生理学是保持鲜活农作物品质、延长贮藏期、减损增值的基础。作物采后生理学研究推动了作物贮藏学科的发展。国际上“作物采后生理”研究开始于 20 世纪初，主要针对鲜活农作物供应，围绕保存和运输。随着 30 年代乙烯的发现，乙烯生理作用贯穿于整个植物生命周期，可以调控植物生长发育，促进其成熟、衰老和叶片脱落，其中相当一段时间内乙烯对作物成熟衰老和品质的生理作用作为研究核心内容，重点是乙烯生物合成途径与调控。由于环境因素（温度、湿度、气体成分、光等）影响到鲜活农作物品质和货架寿命。因此，这方面研究也一直是采后生理学研究的重点，并作为气调技术发展的重要理论依据。随着 20 世纪 80 年代的分子生物学和生物技术发展，相关研究开始转向品质相关基因的克隆及功能解析。从 21 世纪起的基因组、转录组、代谢组、蛋白组等研究技术手段的快速发展与应用，作物采后研究全面进入了成熟衰老、品质调控的功能基因发掘、注释和代谢调控网络解析与采后新技术研发并存、微观与宏观研究高度融合的一个发展新时期。

二、现状与进展

（一）学科发展现状及动态

1. 作物光合作用生理研究现状与动态

光合作用中能量的吸收传递和转化，一直是国际上研究的热点领域。近年来，提高作物光合效率的研究取得了重大突破。美国康奈尔大学的研究组在烟草中引入来自蓝藻的反应更快的 Rubisco 酶，提高了烟草的碳同化速度；伊利诺伊大学的研究组对烟草中参与“非光化学淬灭”过程的 3 个基因进行改造，使基因改造烟草的生物学产量提高 14%—20%，该校的另一个研究组通过抑制光呼吸，使田间转基因烟草的光合作用效率提高了 17%，产量最高提高了 40%。我国科学家在作物光合复合体研究中处于国际领先地位，继解析了豌豆光系统 I- 捕光色素蛋白超级复合体（PSI-LHCI）的晶体结构，提出了由捕光色素蛋白复合体 I 向光系统 I 核心能量传递的 4 条途径后，运用冷冻电镜技术解析了玉米 PSI-LHCI 和 LHCII 的结构，揭示了天线和 PSI 作用中心之间的能量传递路径及自然条件下光强变化中能量传递的平衡。这些研究为提高作物光能吸收、传递和转化提供坚实结构基础，也为作物的高效光合提供可靠的理论依据。最近我国学者也设计了一种新的光呼吸旁路：乙醇酸氧化酶—草酸氧化酶—过氧化氢酶（GOC）旁路，在叶绿体内建立起一种类似 C4 植物 CO_2 浓缩系统，提高了 Rubisco 反应位点的 CO_2 浓度，提高光合速率，使光合作用效率、生物量产量和籽粒产量显著增加。

2. 作物栽培生理研究现状与动态

我国科学家近年来在作物高产栽培生理的研究方面取得了较大的进展。扬州大学完成的项目“促进稻麦同化物向籽粒转运和籽粒灌浆的调控途径与生理机制”荣获 2017 年度国家自然科学奖二等奖。针对水稻小麦生产中存在的光合同化物向籽粒转运率低、籽粒充实不良等突出问题，对促进稻麦同化物转运和籽粒灌浆的调控途径和生理生化机制进行了系统深入的研究，解析了目前生产上部分稻麦品种或在高氮水平下茎、鞘中同化物向籽粒转运率低、籽粒灌浆慢和充实不良等问题。除了在籽粒灌浆和栽培生理方面取得突破以外，我国科学家在作物超高产的生长发育规律、根系形态建成及水分养分吸收生理机制、环境适应性机理与抗逆机理等方面做了大量的研究工作，取得了显著的研究进展，为水稻等作物的高产栽培提供了技术支撑。近年来，围绕作物主要器官建成规律、生育特性及其调控机理方面已开展了大量卓有成效的工作，尤其是在水稻理想株型的研究方面取得了突破性的进展。中国科学院遗传与发育生物学研究所领衔完成的研究成果“水稻高产优质性状形成的分子机理及品种设计”荣获 2017 年国家自然科学奖一等奖。该项目揭示了影响水稻产量的理想株型的分子基础，发现了理想株型形成的关键基因，阐明了稻米食用品质精细调控网络，用于指导优质稻米品种培育，攻克了水稻高产优质协同改良的科学难题。

3. 作物水分生理研究现状与动态

我国水资源短缺，随着粮食生产中心北移，水资源对农业的影响问题将愈加突出。因此，通过开展作物水分生理基础理论研究，明确作物水分高效利用的生理机制，对提高农作物水分利用效率有重要指导意义。近年来在水分生理与水分高效利用育种方面，扬州大学等团队探明了适度提高体内 ABA 及其与乙烯、赤霉素比值可以促进籽粒灌浆，同时可以节约水资源，提高水分利用效率。经过多年和多地的验证和示范应用，小麦可增产 6%—10%，灌溉水利用率增加 20%—30%，该成果荣获 2017 国家自然科学奖二等奖。福建农林大学团队发现水稻调控根系生长响应与适应土壤水分胁迫的分子机制；中国水稻研究所团队揭示了水稻营养生长和干旱胁迫适应之间的调控机制；上海市农科院农业基因中心选育推广了节水抗旱水稻系列品种，并制定了国际节水抗旱水稻的国家标准；中国农业科学院作物科学研究所历时 20 年，以增加穗数和提高综合抗性为核心，综合应用生理性状选择等新技术，建立了株型紧凑、小叶、多穗型高产广适育种技术体系，实现了我国冬小麦节水高效育种的新突破。

针对水分高效品种鉴选标准不统一等问题，中国科学院遗传与发育生物学研究所和河北农林科学院共同研制了以节水指数为指标的高水效品种鉴选技术和精细灌溉技术集成等。甘肃省 2017 年全面推进旱作玉米密植增产农艺技术集成，可使玉米的水分利用效率达 2.0—2.2 千克 / 毫米 · 亩，产量提高 10%—15%，生产成本降低 20%。中国科学院新疆生态与地理研究所团队优化调亏滴灌下的棉花水分利用，可节约 20% 棉田用水。广西大学团队研究了不同灌水施肥方式对作物生产、养分利用、土壤碳氮组分等的影响及机制，为提高南方地区水土肥资源高效利用奠定了理论基础。在作物节水灌溉自动化技术创新上，中国农业科学院团队研发了土壤水分传感器、植株蒸腾速率测定仪、灌溉预警装置等作物需水信息采集技术与设备和灰色预测模糊 PID 控制器、灌溉智能决策支持系统、智能灌溉远程控制系统等智能灌溉控制技术，推广应用取得了显著的经济与生态效益。

4. 作物营养生理研究现状与动态

随着分子遗传、生理生化、基因组以及化学分析等技术的发展，近年来国内外在植物矿质元素领域等多个方面都取得重要进展，主要体现在以下四个方面。

（1）主要矿质营养的信号传递及转录调控的分子机制得到进一步明确

继硝酸根感受器 NRT1.1 的鉴定以及结构解析以来，下游信号传递机制方面也取得突破性进展。如发现了硝酸根通过激活钙离子蛋白激酶家族成员 CPK10、CPK30 及 CPK32 等激活氮响应调控蛋白 NLP 类转录因子；鉴定了由地上部向根部传导硝酸盐信号的信号分子多肽 CEPD；解析了氮调控根系发育的转录调控网络等。我国科学家在这方面走在了世界前沿，分别在拟南芥碳氮平衡的信号调控以及水稻的硝酸盐受体等方面取得了突破。此外，在磷、铁和硫的信号传导也取得了很大进展，分别发现了植物低磷反应的调控网络通过抑止了植物免疫系统，来促进助磷吸收微生物更易与植物共生；铁长距离信号分子 IMA 以及硫营养信号调控植物生长的分子机制等。

（2）在营养互作方面取得了一系列重大突破

阐明了根尖铁积累是低磷根构型形成的关键调控检查点；发现了磷和氮信号交互（cross-talk）的关键调控因子 *PHO2* 以及水稻中磷和氮通过 *NRT1.1B-SPX4* 互作进行信号交互的分子机制；鉴定了调控氮和钾平衡的 MYB59。

（3）植物矿质营养与植物生长及器官发育相互协调的分子基础得以阐明

明确了氮利用效率与碳代谢和生长发育共调节的分子机制；发现了硝酸根通过调控细胞分裂素信号调控植物干细胞生长的机制；鉴定了调控氮缺乏引起叶片衰老的关键因子 ORE1 及 PHO2；发现了调控磷缺乏下水稻叶夹角的 *SPX-RLI1* 分子模块；克隆了控制矿质营养运输的结构凯氏带形成的相关调控分子 *EXO70A1* 和 *SGN1*；阐明了内皮层结构与矿质营养的关系及其调控机制。

（4）一系列重要功能基因及其作用机制得到鉴定和阐明

这其中不仅包含众多的营养元素吸收、运输、分配相关的基因，如控制水稻籽粒磷含量的 *SPDT*、铜含量的 *OsHMA4*，液泡磷酸盐运输蛋白编码基因 *OsVPE1* 和 *OsVPE2*、硝酸盐运输蛋白编码基因 *OsNRT1.1A/OsNPF6.3*、控制氨根离子运输的运输蛋白编码基因 *AMTs*。同时控制多个控制元素的 *SIC1/CTL1* 以及编码重金属积累调控蛋白的 *CAL1* 等。

5. 作物采后生理研究现状与动态

随着现代分子生物学技术发展与应用，从分子生物学、基因组学、蛋白质组学和细胞生物学等方面深入揭示了作物采后成熟衰老和品质保持的调控机理，探讨了贮藏环境对品质调控的生理应答机制和采后抗病性诱导分子机理，推动了学科发展和促进了技术进步。

在果实成熟衰老方面，重新评价了番茄果实 *rin* 突变体完全不能成熟的观点，最新研究认为 *rin* 并不是果实开始所必需的，更新了乙烯对成熟衰老的调控作用的认识；确定长的非编码 RNA lncRNA1459 在番茄果实成熟中作用；阐明植物特异性和质膜相关蛋白（SlREM1）能与乙烯生物合成蛋白 SAM1、ACO1 和 ACS2 相互作用；发现 Met 亚砜还原酶在果实采后衰老中作用；揭示了肉质果实成熟的生理基础，提出了三种调节果实成熟的正反馈环，即 MADS 类型、NAC 类型和双回路（dual-loop）类型，作为呼吸跃变型果实进化的关键模式。在品质调控方面，确定了番茄 Fgr 基因作为 SWEET 转运蛋白的功能；确认苹果醇酰基转移酶 1 参与挥发性酯和羟基肉桂基乙酸酯的形成和 MYB 转录因子调节猕猕桃的类胡萝卜素和叶绿素的形成；鉴定了直接调节柑橘果实的 α－和 β－支链类胡萝卜素转化的 R2R3-MYB 转录因子；解析了系列采后成熟衰老功能基因，提出了改善番茄风味的化学遗传路线图，这对现代商业品种的风味缺陷的理解以及通过分子育种恢复优良风味提供重要理论依据。基因组学研究帮助鉴定了作物采后成熟衰老相关和品质形成一系列功能基因，加快了品质形成和成熟衰老机制解析的步伐，同时为新技术研发及作物新品种培育提供了理论基础。此外，近年来采后生理研究已广泛应用 CRISPR/Cas9 基因编辑和 RNAi 介导的基因沉默技术；同时建立了开放 RNA 测序数据库，供科技工作者交流使用，通过加强国际间合作，取得了重要研究进展。

（二）学科重大进展及标志性成果

1. 作物光合作用研究重大进展与标志性成果

2015 年解析了豌豆光系统 I- 捕光色素蛋白超级复合体（PSI-LHCI）的晶体结构，提出了由捕光色素蛋白复合体 I 向光系统 I 核心能量传递的 4 条途径。2018 年运用冷冻电子显微镜技术解开了玉米 PSI-LHCI 和 LHCII 的结构。在 PSI-LHCI 界面和 LHCII 界面分别观察到 PSI 的 PsaN 和 PsaO 亚基。每个亚基通过一对叶绿素分子将激发传递到 PSI 作用中心，从而揭示了天线和 PSI 作用心之间的能量传递路径及自然条件下光强变化中能量传递的平衡，结果发表在 *Science*。我国科学家设计了一种新的光呼吸旁路，称为乙醇酸氧化酶—草酸氧化酶—过氧化氢酶（GOC），其特征是在三种酶催化下，乙醇酸完全氧化为二氧化碳，在叶绿体内建立起 CO_2 浓缩系统，提高光合速率。携带 GOC 旁路的转基因水稻光合作用效率、生物产量和籽粒产量显著增加。这一结果比国外近期在 *Science* 发表的利用外源 5 个基因的设计更为精细合理，*Cell* 出版社以《光合效率改善的工程水稻可提高其产量》为题对这一重要成果进行了推介。

2. 作物栽培生理研究重大进展与标志性成果

扬州大学领衔完成的“促进稻麦同化物向籽粒转运和籽粒灌浆的调控途径与生理机制”荣获 2017 年度国家自然科学奖二等奖。为发展农作物工厂化生产，我国科学家与公司如中科三安从不同农作物对光质、温度、水分与养分供应的需求出发，发明了“植物工厂”的配套栽培设施与自动化技术，已成规模化生产。

3. 作物水分生理研究重大进展与标志性成果

中国农业科学院作物科学研究所完成的“高产节水多抗广适冬小麦新品种中麦 175 选育与应用”获 2017 年农业部中华农业科技奖一等奖；中国农业科学院完成的“北方井渠结合灌区农业高效用水调控技术模式”获得 2017 年中华农业科技奖二等奖。有关抗旱节水的作物育种推广也已经取得了重大进展。

4. 作物营养生理研究重大进展与标志性成果

本领域在过去的近几年内不断取得很多重大进展，其中国内的标志性成果有如下几项：①在氮信号传导方面，我国科学家发现 HY5 在光信号调控氮吸收能力方面扮演着关键作用。研究发现 HY5 在地上部被光信号激活后通过长距离运输迁移至根系，并自激活根部 HY5 的转录，进一步激活硝酸根转运蛋白基因 *NRT2.1* 的表达。该研究首次提出了植物碳氮平衡中的信号调控机制。我国科学家在水稻的硝酸盐受体等方面也取得了重要突破，表明 OsNRT1.1B 是控制水稻籼稻和粳稻氮利用效率分化的关键基因，具有重要的应用价值。②在氮利用效率与植物生长平衡方面，我国科学家作出了标志性成果。通过 QTL 定位克隆鉴定了氮高效利用的基因 GRF4，该基因介导了赤霉素促进氮吸收的传导途径下游，是矮秆育种与氮的高效利用产生矛盾的根源。该研究发现，GRF4 编码一个促进氮吸收的正调控因子，而赤霉素负调信号分子 DELLA，解除后者对于 GRF4 抑制，进而促进氮的吸收。这一发现鉴定了 GRF4 的新型优异等位基因 GRF4ngr2，该等位基因在不影响赤霉素信号传导的情况下促进氮利用效率，使得实现矮秆育种与氮的高效利用双重目标成为可能。③在其他营养信号互作方面有了重要突破。中国农业大学团队组在钾和氮的平衡调控方面取得重要进展，发现了能够同时运输钾离子和硝酸根离子的 NRT1.5/NPF7.3，以及调控这个基因的转录因子 MYB59。④我国科学家在水稻重金属积累方面也取得重大进展。中科院上海植物生理生态研究所团队利用 QTL 克隆定位鉴定了一个控制水稻稻草镉含量的基因 CAL。该研究表明 CAL1 主要表达在水稻根外皮层和木质部薄壁细胞，它可以螯合细胞质中镉并因此将镉区隔化到细胞壁，驱动镉通过木质部导管进行长途转运。这个发现不仅揭示了一种新型镉解毒机制，同时也具有改造水稻使其变为具有修复和籽粒低积累的品种的潜力。

5. 作物采后生理研究重大进展与标志性成果

近年来，随着组学的迅速发展和现代分子生物学技术成功应用，作物采后生理学研究不断深入，取得一批研究成果，包括：①番茄果实采后呼吸跃变模型，提出了呼吸途径模型，为精准控制果实呼吸代谢进程和保鲜新技术研发提供了理论指导。②利用生物技术控制果实软化进程，通过操纵编码果胶酸裂合酶基因，开发出一种控制番茄软化有效方法，增加了果实硬度但不改变其他农艺性状。另外，其他重要研究进展包括解析了脱落酸 - 乙烯互作、生长素 - 乙烯互作、生长素、脱落酸 - 油菜素内酯的互作调控网络，明确了油菜素内信号通路、ABA 信号途径等对成熟过程的影响；荔枝果实采后衰老的能量特征、交替途径运行水平和能量转运、耗散和调控基因家族功能及其转录调控特性，提出能量产生、耗散和转运失调导致荔枝果实组织能量亏缺的可能作用机制；解析了果实在常温和低温条件下不同的衰老信号传导途径和机制，进而提出不同贮藏保鲜策略。

（三）本学科与国外同类学科比较

1. 作物光合作用生理研究比较

国际上作物光合作用的研究，主要围绕如何通过提高作物光合作用，从而提高作物生产力，包括从光合机理揭示植物光能吸收和转化，提高碳同化，减轻光呼吸和逆境条件下光合机构的正常运转，群体光合作用研究等展开。我国在作物捕光色素蛋白复合体结构和功能、降低光呼吸的人工光合设计作物，群体光合测定方法等方面达国际领先或先进水平。总体上我国在作物光合生理的研究与发达国家在同类水平。对 1997—2017 年光合作用相关研究的 SCI 论文进行统计发现，与美国相比，在 ESI 高水平论文量包括 *Nature*、*Science*、*Cell* 三大刊的论文量还有一定差距。

2. 作物栽培生理研究比较

在作物栽培生理的研究方面，我国的研究水平与国外发达国家基本接近。近年来，我国科学家在水稻等作物的生长发育机理、水稻理想株型形成机制、稻麦同化物转运和籽粒灌浆的调控机制、抗逆生理机制等方面的研究达到国际领先。但在作物机械化智能化栽培的生理机制研究方面，还有一定的差距，尤其是 3S 技术在作物栽培方面的应用与机理研究方面，与发达国家存在较大的差距。

3. 作物水分生理研究比较

提高作物水分利用效率还有很大的空间。目前一些发达国家已选育出一系列的抗旱节水的作物品种。如澳大利亚和以色列的小麦品种，以色列和美国的棉花品种等。近年来我国在小麦、水稻上也成功培育出一些抗旱节水的新品种。但目前高效的抗旱性评价与鉴定的设施等方面与发达国家仍有差距，水分高效利用的作物种质创新工作亟须加强。农业灌溉技术已由传统灌溉技术向现代灌溉技术转变，以色列、美国、澳大利亚等国家关注微灌系统的配套性与自动化研究，开发出高性能的微灌系列新产品。我国自行研制的喷灌、微灌与滴灌技术，也已广泛应用于生产，但生产企业多以中小企业为主，产品质量在功能性与自动化上还有待于改善。新型农业节水制剂正逐步被人们认可并开始走向市场和大面积应用，高效环保型节水材料与制剂将是未来研发的亮点。目前美国、加拿大、日本、比利时、法国、德国、以色列等国家在这一领域有着较大的优势。我国目前的产品主要存在价格昂贵、使用时间短、区域适应性较差等问题。

4. 作物营养生理研究比较

在植物矿质营养研究领域我国总体上和国际保持相同的发展趋势，水平非常接近，也有自己的特点。国际上取得的重大进展主要在于基础理论重大问题的突破和创新，特别是营养信号识别和传递以及营养和发育的协调机制方面具有里程碑式的突破，即使在应用方面也是属于概念性的突破，其研究的模式也主要是拟南芥，因此可以看出国外对于重大基础理论问题仍然具有较高的偏好性，善于提出引领性的概念性科学问题。而我国科学家的优势主要体现在水稻等作物的研究，研究成果具有直接应用的前景。所以总体上看，我国的研究的应用价值可能更易体现，但从原始创新上看与国际相比仍有差距，这一方面可能是科研思考方式的差距，但与国家的基础研究面向农业应用的战略需求也可能不无关系。

5. 作物采后生理研究比较

我国作物采后生理学发展迅速，围绕国际发展前沿，总体处于国际先进水平，并形成特色，部分达到领先水平。据 ESI 核心库，在 2017—2019 年，共发表了 2472 篇相关文章，其中我国 578 篇（占比 23.3%），比第二名美国（占比 16.1%）多 179 篇，说明我国在发表 SCI 收录文章方面处于领跑地位。但在综合性顶级期刊上发表与作物采后生理学相关的研究论文较少，大多数基础理论研究和技术发展整体处于并跑位置，甚至跟踪状态。具体来讲在三个方面存在差距：①学科大而不强，优势有待提升。我国农作物、经济作物和园艺作物种类品种多，研究投入面较广，研究力量不够集中，围绕成熟衰老生理、贮藏生理、品质调控等关键理论研究不够深入。②采后生理基础研究导向的常规技术多，突破性技术少。在国际上，采后生理学基础研究突破带动了贮藏保鲜技术进步，例如冷藏、气调、1-MCP 处理等技术，显著减少了作物采后损耗。目前，我国的采后技术研发基本上处于跟踪和技术集成地位。③在 CNS 发表研究论文的学科领军人才相对不足，国际影响力有待提升。

三、展望与对策

（一）未来几年发展的战略需求、重点领域及优先发展方向

1. 作物光合作用生理研究

按照光合作用的机制，今后的重点研究方向包括：①提高作物光合碳同化关键酶 Rubisco 活性及调控，进行光呼吸改造；②发掘高效光合种质资源，明确控制高效光合的关键基因和代谢通路，阐明在逆境条件下如何维护高效光合功能机制；③利用合成光合途径，在叶绿体直接引入人工合成乙醇酸氧化新途径提高 Rubisco 羧化位点 CO_2 浓度，引入 CO_2 浓缩机制减少作物光呼吸；④大规模光合作用测定和群体精准的光合测量技术是我国占领国际作物光合生理研究领域制高点的重要研究方向。

2. 作物栽培生理研究

作物栽培生理是现代农业高效生产的理论基础，为了适应现代作物生产机械化和轻简化的需求，当前提高作物生产能力和改善品质的主要研究方向与重点有以下几方面：①作物高产或超高产群体生理机制研究，新品种和农艺栽培技术结合机理研究，揭示作物超高产的生理机制，创新作物栽培技术；②适合水稻、蔬菜等作物机械化轻简化栽培的生理机制研究，揭示轻简化栽培的生理机制，例如：水稻育秧、机插、直播等技术的生理机制，提高作物的生产效率；③研究提高作物尤其是水果蔬菜等园艺作物品质的栽培生理机制，研发光、养分、水分调控产品品质的新技术。

3. 作物水分生理研究

作物水分生理是现代节水高效农业技术的理论基础，当前提高作物水分利用效率研究

主要方向与重点有以下几方面：①揭示作物耐旱生理机制，完善作物耐旱性鉴定评价指标与体系，培育水分高效利用新品种；②以肥调水，创新水资源高效利用新途径；③研发节水灌溉智能技术。结合“3S”与云计算根据土壤墒情和作物生理指标，实现农作物智能灌溉、推进智慧农业发展。

4. 作物营养生理研究

作物养分利用效率低下，重金属污染严重的态势，基础研究面向应用的战略需求在短期内不会也不应轻易改变。重点方向应该是利用我国丰富的水稻、小麦等作物遗传资源，通过经典遗传学以及反向遗传学阐明作物吸收利用矿质元素的分子机理，挖掘相关优异等位基因、改良作物营养吸收与转运仍是近期的主要方向。

5. 作物采后生理研究

作物采后生理学发展战略应着力提质增效的源头理论创新和实践技术应用，围绕采后衰老、性状、品质的调控机制；同时基础理论成果与实际应用相对接，争取获得具有重大影响力的创新性成果。重点包括：①揭示采后衰老的生物学基础及其调控机制，完善作物衰老学的基本理论；②注重作物色泽品质调控机制研究，充分利用我国丰富的作物资源鉴定关键调控因子；③鲜切果蔬品质保持将成为采后研究领域的重要方向之一；④加强作物采后生理学理论应用与相关技术研发，达到精准贮藏与物流保鲜。

（二）未来几年发展的战略思路与对策措施

2016 年 8 月在荷兰举行的第 17 届国际光合作用会议提出改良作物光合作用的途径是提高 Rubisco 动力学、降低光呼吸、CO_2 扩散等，提出提高效率、预测和监测光合作用的新技术。因此，我国未来几年发展的战略思路与对策措施应该瞄准这些国际前沿领域，在作物光合作用的基础研究，高效光合种质资源发掘，合成光合途径的创立和快速高效光合作用测量技术的研发等方面进行科学布局和开展自由研究。节水灌溉技术应朝着多目标利用及运行管理自动化的方向发展，在提高产品质量、性能的同时进一步注重实现灌溉的智能化。注重研发价格低廉、使用寿命长、吸水功能强大的抗盐性保水剂和多功能生物型种衣剂。通过 CRISPR/Cas9 等基因组编辑技术以及合成生物学的手段，工程化改进作物的营养利用效率，降低重金属含量，是作物营养领域的一个重要发展方向。加强作物采后生理学基础研究突破对产业重大需求的引领作用，设计作物采后生理学基础科学问题，重点对于作物采后果实成熟衰老启动、品质形成和保持的物质与能量基础的重大理论攻关，为产业发展提供理论和技术支撑。加强作物采后功能基因功能发掘和解析，为通过分子育种培育优良品种提供重要理论依据。随着学科迅速发展，作物生理学体现出“学科交叉不断深入，研究手段不断进步，分工越来越明确，合作越来越紧密”，同时进一步加强国际合作，全面提升我国作物生理学的理论研究和生产应用水平。

参考文献

[1] 陈晓亚，何祖华，樊培，等. 植物生理学回顾与展望. 农学学报，2018，8（1）：16–20.

[2] 朱新广，熊燕，阮梅花，等. 光合作用合成生物学研究现状及未来发展策略. 中国科学院院刊，2018，33（11）：1241–1247.

[3] Li L，Ban ZJ，Limwachiranon J，et al. Proteomic studies on fruit ripening and senescence. Critical Reviews in Plant Sciences，2017，36：116–127.

[4] Grosskinsky DK，Syaifullah SJ，Roitsch T，et al. Integration of multi–omics techniques and physiological phenotyping within a holistic phenomics approach to study senescence in model and crop plants. Journal of Experimental Botany，2018，69：825–844.

[5] Kromdijk J，Glowacka K，Leonelli L，et al. Improving photosynthesis and crop productivity by accelerating recovery from photoprotection. Science，2016，354：857–861.

[6] South PF，Cavanagh AP，Liu HW，et al. Synthetic glycolate metabolism pathways stimulate crop growth and productivity in the field. Science，2019,363：eaat9077.

[7] Qin XC，Suga M，Kuang TY，et al. Structural basis for energy transfer pathways in the plant PSI–LHCI supercomplex. Science，2015，348：989–995.

[8] Pan XM，Ma J，Su XD，et al. Structure of the maize photosystem I supercomplex with light–harvesting complexes I and II. Science，2018，360:1109–1112.

[9] Shen BR，Wang LM，Lin XL，et al. Engineering a new chloroplastic photorespiratory bypass to increase photosynthetic efficiency and productivity in rice. Molecular Plant，2019，doi.org/10.1016/j.molp.2018.11.013.

[10] Liu KH，Niu Y，Konishi M，et al. Discovery of nitrate–CPK–NLP signaling in central nutrient–growth networks. Nature，2017，545：311–316.

[11] Ohkubo Y，Tanaka M，Tabata R，et al. Shoot–to–root mobile polypeptides involved in systemic regulation of nitrogen acquisition. Nature Plants，2017，3：17029.

[12] Gaudinier A，Rodriguez–Medina J，Zhang L，et al. Transcriptional regulation of nitrogen–associated metabolism and growth. Nature，2018，563：259–264.

[13] Castrillo G，Teixeira PJ，Paredes SH，et al. Root microbiota drive direct integration of phosphate stress and immunity. Nature，2017，543：513–518.

[14] Grillet L，Lan P，Li WF，et al. IRON MAN is a ubiquitous family of peptides that control iron transport in plants. Nature Plants，2018，4：953–963.

[15] Dong YH，Silbermann M，Speiser A，et al. Sulfur availability regulates plant growth via glucose–TOR signaling. Nat Communication，2017，8：1174.

[16] Mora–Macias J，Ojeda–Rivera JO，Gutierrez–Alanis D，et al. Malate–dependent Fe accumulation is a critical checkpoint in the root developmental response to low phosphate. Proceedings of the National Academy of Sciences of the United States of America，2017，114：E3563–E3572.

[17] Medici A，Szponarski W，Dangeville P，et al. Identification of molecular integrators shows that nitrogen actively controls the phosphate starvation response in plants. The Plant Cell，2019：tpc.00656.02018.

[18] Hu B，Jiang ZM，Wang W，et al. Nitrate–NRT1.1B–SPX4 cascade integrates nitrogen and phosphorus signalling networks in plants. Nat Plants，2019，5：401–413.

[19] Du XQ，Wang FL，Li H，et al. The Transcription Factor MYB59 Regulates K+/NO_3–Translocation in the

Arabidopsis Response to Low K+ Stress. Plant Cell, 2019, 31: 699-714.

[20] Li S, Tian YH, Wu K, et al. Modulating plant growth-metabolism coordination for sustainable agriculture. Nature, 2018, 560: 595-600.

[21] Landrein B, Formosa-Jordan P, Malivert A, et al. Nitrate modulates stem cell dynamics in Arabidopsis shoot meristems through cytokinins. Proceedings of the National Academy of Sciences, 2018, 115: 1382.

[22] Park BS, Yao T, Seo JS, et al. Arabidopsis nitrogen limitation adaptation regulates ORE1 homeostasis during senescence induced by nitrogen deficiency. Nature Plants, 2018, 4: 898-903.

[23] Kalmbach L, Hematy K, De Bellis D, et al. Transient cell-specific EXO70A1 activity in the CASP domain and Casparian strip localization. Nature Plants, 2017, 3: 17058.

[24] Alassimone J, Fujita S, Doblas VG, et al. Polarly localized kinase SGN1 is required for Casparian strip integrity and positioning. Nature Plants, 2016, 2: 16113.

[25] Barberon M, Vermeer JE, De Bellis D, et al. Adaptation of Root Function by Nutrient-Induced Plasticity of Endodermal Differentiation. Cell, 2016, 164: 447-459.

[26] Yamaji N, Takemoto Y, Miyaji T, et al. Reducing phosphorus accumulation in rice grains with an impaired transporter in the node. Nature, 2017, 541: 92-95.

[27] Huang XY, Deng F, Yamaji N, et al. A heavy metal P-type ATPase OsHMA4 prevents copper accumulation in rice grain. Nature Communication, 2016, 7: 12138.

[28] Xu L, Zhao HY, Wan RJ, et al. Identification of vacuolar phosphate efflux transporters in land plants. Nature Plants, 2019, 5: 84-94.

[29] Wang W, Hu B, Yuan DY, et al. Expression of the Nitrate Transporter Gene OsNRT1.1A/OsNPF6.3 Confers High Yield and Early Maturation in Rice. Plant Cell, 2018, 30: 638-651.

[30] Duan F, Giehl RF, Geldner N, et al. Root zone-specific localization of AMTs determines ammonium transport pathways and nitrogen allocation to shoots. PLoS Biol, 2018, 16: e2006024.

[31] Gao YQ, Chen JG, Chen ZR, et al. A new vesicle trafficking regulator CTL1 plays a crucial role in ion homeostasis. PLoS Biol, 2017, 15: e2002978.

[32] Luo JS, Huang J, Zeng DL, et al. A defensin-like protein drives cadmium efflux and allocation in rice. Nature Communication, 2018, 9: 645.

[33] Ito Y, Nishizawa-Yokoi A, Endo M, et al. Re-evaluation of the rin mutation and the role of RIN in the induction of tomato ripening. Nature Plants, 2017, 3(11): 866-874.

[34] Deng H, Pirrello J, Chen Y, et al. CRISPR/Cas9-mediated mutagenesis of lncRNA1459 alters tomato fruit ripening. Plant Journal, 2018, 94: 513-524.

[35] Cai JH, Qin GZ, Chen T, et al. The mode of action of remorin1 in regulating fruit ripening at transcriptional and post-transcriptional levels. New Phytologist, 2018, 219: 1406-1420.

[36] Jiang GX, Xiao L, Yan HL, et al. Redox regulation of methionine in calmodulin affects the activity levels of senescence-related transcription factors in litchi. Biochimica et Biophysica Acta (BBA) - General Subjects, 2017, 1861: 1140-1151.

[37] Lu PT, Yu S, Zhu N, et al. Genome encode analyses reveal the basis of convergent evolution of fleshy fruit ripening. Nature Plants, 2018, 4: 784-791.

[38] Shammai A, Petreikov M, Yeselson Y, et al. Natural genetic variation for expression of a SWEET transporter among wild species of *Solanum lycopersicum* (tomato) determines the hexose composition of ripening tomato fruit. Plant Journal, 2018, 96:343-357.

[39] Yauk YK, Souleyre EJF, Matich AJ, et al. Alcohol acyl transferase 1 links two distinct volatile pathways that produce esters and phenylpropenes in apple fruit. Plant Journal, 2017, 91: 292-305.

[40] Ampomah-Dwamena C, Thrimawithana AH, Dejnoprat S, Lewis D, et al. A kiwifruit (Actinidia deliciosa) R2R3-MYB transcription factor modulates chlorophyll and carotenoid accumulation. New Phytologist, 2019, 221: 309-325.

[41] Zhu F, Luo T, Liu CY, et al. An R2R3-MYB transcription factor represses the transformation of alpha- and beta-branch carotenoids by negatively regulating expression of CrBCH2 and CrNCED5 in flavedo of Citrus reticulate. New Phytologist, 2017, 216: 178-192.

[42] Tieman D., Zhu GT, Resende MFR., et al. A chemical genetic roadmap to improved tomato flavor. Science, 2017, 355: 391-394.

[43] Bell L, Wagstaff C, et al. Enhancement of glucosinolate and isothiocyanate profiles in brassicaceae crops: addressing challenges in breeding for cultivation, storage, and consumer-related traits. Journal of Agricultural and Food Chemistry, 2017, 65: 9379-9403.

[44] Grosskinsky DK, Syaifullah SJ, Roitsch T, et al. Integration of multi-omics techniques and physiological phenotyping within a holistic phenomics approach to study senescence in model and crop plants. Journal of Experimental Botany, 2018, 69: 825-844.

[45] Petit J, Bres C, Mauxion JP, et al. Breeding for cuticle-associated traits in crop species: traits, targets, and strategies. Journal of Experimental Botany, 2017, 68: 5369-5387.

[46] Rodriguez-Leal D, Lemmon ZH, Man J, et al. Engineering quantitative trait variation for crop improvement by genome editing. Cell, 2018, 171: 470-480.

[47] Scossa F, Fernie AR. How fruit ripening is Encoded. Nature Plants, 2018, 4: 744-745.

[48] Wilson MC, Mutka AM, Hummel AW, et al. Gene expression atlas for the food security crop cassava. New Phytologist, 2017, 213: 1632-1641.

[49] Chen X, Yao Q, Gao X, et al. Shoot-to-Root Mobile Transcription Factor HY5 Coordinates Plant Carbon and Nitrogen Acquisition. Current Biology, 2016, 26: 640-646.

[50] Colombie S, Beauvoit B, Nazaret C, et al. Respiration climacteric in tomato fruits elucidated by constraint-based modelling. New Phytologist, 2017, 213: 1726-1739.

[51] Wang DD, Samsulrizal NH, Yang C, et al. Characterization of CRISPR mutants targeting genes modulating pectin degradation in ripening tomato. Plant Physiology, 2018, 179: 544-557.

撰稿人：陈晓亚　何祖华　晁代印　蒋跃明　蒋德安　张少英　朱祝军　周　丽

农业生态学发展研究

一、引言

自20世纪60年代世界环境意识觉醒，可持续发展理念日益深入人心之后，农业生态学在世界范围得到了迅速发展，并逐步影响到各国农业的生态化发展方向。近年来，农业生态学也得到了联合国粮农组织为首的国际社会大力支持。在生态文明建设中，我国农业正在抛弃粗放增长方式，逐步走绿色可持续发展方向。习近平总书记在浙江省当省委书记的时候就提出了“绿水青山就是金山银山”的观点，明确表态支持生态农业发展。近几年，我国农业生态学的研究成果累累，已经成为我国农业生态转型的一个重要支撑学科。

（一）学科概述

1. 农业生态学的概念

在我国，农业生态学的定义为“运用生态学和系统论的原理与方法，把农业生物与其自然和社会环境作为一个整体，研究其中的相互作用、协同演变、调节控制和可持续发展规律的学科”。美国著名农业生态学家，Stephen Gliessman（2015）定义：“农业生态学是运用生态学概念与原理去设计与管理可持续食物体系的科学”。法国农业生态学家Alexander Wezel（2011）通过文献分析表明，农业生态学经过这些年的迅速发展，其内涵逐步扩大。农业生态学（agroecology）既是一门学科分支，又是一种农业实践，还是一场社会变革运动。我国的农业生态学体系也涉及这三个方面。在学科方面，农业生态学是研究农业生态系统的结构、功能及其调控规律的一个生态学分支学科。在实践方面，农业生态学原理指导下推进农业可持续发展的实践形式就是生态农业。在社会变革运动方面，政府促进农业绿色发展的机制体制改革和需求驱动的政府与民间生态农业行动就是一场社会变革。

2. 农业生态学与各个学科的关系

农业生态学用整体和联系的角度研究农业生态系统乃至整个食品体系，还研究对其进行调节控制的内部和外部机制。因此农业生态学的一个显著特点就是需要不同学科的知识交叉与融合。系统论与生态学是农业生态学概念与方法所依赖的学科基础。农学有关的学科如土壤学、气象学、生物学、农田水利学、农业化学、作物学、畜牧学、植物保护、植物营养等学科有利于深入理解农业生态系统的结构功能及内部调控机制。资源环境相关学科如农业自然资源与农业环境保护等学科有利于深入理解农业生态系统的资源输入与效益输出。有关社会与经济的学科如环境经济学、生态法学、农业经济学等有利于理解农业生态系统的社会调节与控制途径。

（二）农业生态学的历史回顾

1. 农业生态学在国外的发展历史回顾

“农业生态学”术语最早出现在1928年的捷克斯洛伐克农学会和1929年意大利G. Azzi的农业生态学课程。1956年G.Azzi著的*Agricultural Ecology*是最早的一本农业生态学著作。然而，该著作主要还是在作物生态学范畴。直到20世纪60年代人类环境意识觉醒后，农业的生态环境问题也得到了广泛关注。在农业生态系统水平上理解农业的可持续发展成为70年代以后农业生态学蓬勃发展的基础与动力。目前，美国加州大学伯克利分校的Miguel A. Altieri教授、圣克鲁兹分校的Stephen Gliessman教授，法国里昂农业食品与环境科学学院的Alexander Wezel教授等对国际上的农业生态学影响比较大。在欧洲，农业生态学被看作是一个学科，但法国政府是欧洲各国中特别重视在农业生态学指导下开展生态农业实践的一个国家。法国设有专门的机构和项目推进生态农业发展。在拉美，民间生态农业运动显得相当突出，“绿色革命”投入成本高，转基因作物对墨西哥传统玉米造成污染，昂贵的第三方有机认证对巴西传统民间质量保障体系产生冲击，经济封锁使得古巴的化肥农药投入匮乏，北美资本大农场投资对拉美传统小农造成巨大冲击。这些都成为拉丁美洲生态农业运动的诱因。不同国家的农民在过去20年里，逐步组织起来，形成了有声有色的生态农业民间运动。2007年成立了拉美生态农业协会，每年的年会参加人数达数千。巴西的生态农业运动还促进了国家相关农业制度的变革。目前，农业生态学的发展已经得到了联合国粮农组织的高度关注，先后在2014年和2018年召开了两次国际研讨会，并确认生态农业成为联合国在农业方面的主流思想。

2. 农业生态学在中国的发展历史回顾

中国的农业生态学发端于20世纪70年代后期和80年代初期。一方面受到系统论和生态学的思想与方法熏陶，另一方面出于对我国农业生态环境状况持续下行的忧虑，一批来自农学与土壤学的专家学者如沈亨理、吴灼年、熊毅等在国内率先提出了用农业生态系统观点指导农业生态的思想。农业农村部在1981—1984年举办了三个全国农业生态学研讨班，促进了农业生态学在我国的发展。1986年福建农学院吴志强教授在福建科技出版社出版了“农业生态学基础”。1987年骆世明、陈聿华、严斧在湖南科技出版社出版了“农业生态学”教材。这些促进了我国农业生态学体系逐步成型。目前农业生态学已经成为我国高等农业院校农学、农业资源环境等专业的必修课程。我国自1981年召开第一届全国农业生态学研讨会。到2017年，已经成功召开了第18届，名称改为“全国农业生态学与生态农业研讨会”。高等院校和科研院所陆续设立了与农业生态学学科密切相关的研究机构，数量超过20个。在“中国知网”搜索“农业生态学”与“生态农业”的文献量持续增长。在农业生态学与农业可持续发展的认识推动下，我国在20世纪80年代和90年代召开了多次全国生态农业经验交流会。农业部还领导开展了101个生态农业试点县工作。在此基础上，我国生态农业的模式与技术体系得到了广泛的总结和梳理。2010年以后，由于快速工业化带来的资源耗歇、环境污染、生态破坏、食品不安全等问题，加上国家明确了“生态文明”建设方向，经济发展从数量增长转向质量提升等，我国生态农业的发展逐步进入了一个需求驱动的阶段。民间生态农业行动如雨后春笋，政府农业绿色发展政策目标也逐步明确。农业生态学研究中的很多领域，例如农田生物多样性利用的机理与方法研究、植物化感与诱导抗性在农业的应用途径与机理研究、农业循环体系的设计与机理研究等都有不少成果在世界领先或触及世界前沿。景观生态学结合我国乡村与农业特点在农业的布局与规划开始得到应用。农业生态学在脆弱条件下基础与应用研究促进形成了不同逆境条件下的区域生态农业模式与技术体系。我国传统农业精华的发掘成为我国农业生态学研究的一个特殊而重要的领域。我国对世界重要农业文化遗产活动的积极参与及中国重要农业文化遗产制度的建立在国内外产生了积极影响。

二、农业生态学现状与进展

（一）农业化学生态学与诱导抗性机理研究现状与进展

我国的化学生态学研究始于20世纪60年代，该学科的研究内容与我国农业科学发展息息相关、相辅相成。1991年在上海召开的第一次全国化学生态学学术讨论会，报告内容就聚焦于植物他感作用、农田病虫害防治的化学生态学、昆虫信息素的释放、鉴定和生态作用等领域。当前，我国化学生态学领域的研究学者近200位，多数学者的研究领域与农业化学生态学密切相关。

1. 农业相关的化学生态学研究现状与进展

农业化学生态学研究中，作物化感作用研究是其主要方向，我国自20世纪90年代逐渐展开研究，包括台湾周昌弘院士，华南农业大学骆世明教授、福建农林大学林文雄教授等均是国内较早开展植物化感作用研究的学者。近年来，一些中青年学者也在该领域取得不俗的成绩，包括浙江大学喻景权教授、中国农业大学李隆教授和孔垂华教授、福建农林大学曾任森教授和张重义教授、东北农业大学吴凤芝教授、中国医学科学研究院高微微研究员、西北农林科技大学程智慧教授、云南农业大学郭怡卿研究员等。化感作用研究内容包括水稻、小麦、玉米等粮食作物化感作用、经济作物烟草及蔬菜的连作障碍、药用植物连作障碍等多个方面。学者们分离鉴定了水稻、小麦、玉米等作物的主要化感物质，揭示了化感物质抑制杂草的根际生物学过程；分离鉴定了药用植物太子参、地黄、西洋参、黄瓜等的连作自毒物质，研究了其与土传病原菌的相互作用并最终引起化感自毒的根际生物过程。

供体植物通过向环境中释放化感物质来实现其对靶标植物的抑制作用。孔垂华研究组研究了小麦和其他 100 种植物之间的邻近识别和化感应答，发现小麦可以识别同种和异种特异性邻居植物，并通过增加化感物质来应对资源竞争。其中，黑麦草内酯和茉莉酸存在于来自不同物种的根系分泌物中，并能引发小麦化感物质丁布的生成。林文雄课题组研究结果表明水杨酸、茉莉酸诱导、稗草胁迫、低氮胁迫等均能提高化感水稻 PI312777 的 PAL 基因表达，促进酚酸类化感物质的合成与分泌，增强抑草作用。抑制 PAL 基因表达后，PI312777 的酚酸类化感物质含量降低，化感抑草能力下降，同时水稻根际土壤中的微生物多样性也降低，且以黏细菌变化最为明显。酚酸类物质能够促进黏细菌的生长与增殖，两者相互作用影响了靶标稗草中的生长素合成、DNA 修复相关的 miRNA 表达，使得稗草的生长素合成受阻，DNA 损伤增加，最终抑制稗草生长。浙江大学樊龙江教授研究组联合中国水稻研究所和湖南省农科院等科研人员，通过对稻田稗草基因组测序和水稻化感互作试验，发现稗草进化出可以合成异羟肟酸类次生代谢产物 DIMBOA 的三个基因簇。当稗草与水稻混种时，该基因簇会快速启动，大量合成丁布，显著抑制水稻生长。为此，可以考虑培育对 DIMBOA 不敏感（钝感）的水稻——“抑草稻”或“化感稻”，以对抗草害。

在连作障碍方面，林文雄研究组发现连作导致太子参、地黄的根际微生物群落结构失衡，土壤中有益菌含量下降，而病原菌含量急剧上升；且根系分泌物中的混合酚酸类物质对有益菌生长具有明显的抑制作用，而对病原菌却有显著的促进作用；病原菌还能利用太子参根系分泌物香兰素，重新合成产生 3，4—二羟基苯甲酸，以抑制有益菌如短小芽孢杆菌的生长并降低其生防能力，从而进一步加剧连作土壤微生态结构的恶化。浙江大学喻景权教授研究组利用培养液活性炭吸附法，率先证实了黄瓜和西瓜等根系分泌物引起的自毒作用，并从黄瓜等植物根系分泌物中鉴定出肉桂酸等酚酸类自毒物质。该团队最新研究发现，独脚金内酯能够正向调控番茄对土传病原菌——根结线虫的防御作用。东北农业大学吴凤芝教授研究组从豆科、十字花科、禾本科、菊科等 10 余种作物中，筛选出了分蘖洋葱（毛葱）和小麦，开发了毛葱“伴生”番茄和小麦“伴生”瓜类等控病促生栽培模式。他们还创建了小麦“填闲”模式，以解决设施蔬菜轮作难的问题。以喻景权教授为第一完成人，吴凤芝教授等参与完成的成果“设施蔬菜连作障碍防控关键技术及其应用”获 2016 年国家科技进步奖二等奖。

2. 农业相关诱导抗性机理研究现状与进展

植物的抗性能力除了组成抗性系统，许多植物还具有诱导性抗性系统。茉莉酸是一种重要的植物激素，调控植物的免疫反应和适应性生长。浙江大学娄永根研究组首次揭示茉莉酸信号转导途径在水稻防御不同习性的害虫物种中发挥着不同作用，鉴定了植物诱导防御反应中两类早期调控因子，*OsERF3* 和两种磷脂酶 D（α4 和 α5），并鉴定了能诱导水稻产生抗虫性的化学激发子。褐飞虱则能通过唾液分泌物质含有的内切 –β–1，4– 葡聚糖酶降解植物细胞壁上的纤维素，以便于取食水稻；内切 –β–1，4– 葡聚糖酶还能规避由于茉莉酸和茉莉酸异亮氨酸共轭物对水稻抗性的诱导响应，这也是褐飞虱在半矮秆栽培稻上一直猖獗的原因之一。中国科学院苗雪霞研究组和时振英研究组的最新结果表明，水稻中的 *OsmiR396* 响应褐飞虱的取食并负调控水稻对褐飞虱的抗性。*OsmiR396* 能够沉默靶基因 *OsGRF8* 的表达，而 *OsGRF8* 是类黄酮生物合成途径中黄烷酮 3– 羟化酶（*OsF3H*）的直接调控蛋白，调控水稻的类黄酮合成，从而影响水稻的抗性。福建农林大学曾任森研究组还发现，受到稻纵卷叶螟为害或者用茉莉酸甲酯处理后的头季水稻会产生记忆，从而诱导其再生季水稻抗虫性显著提高，且这种抗性记忆与水稻植株体内茉莉酸防御信号途径有关。当分别沉默茉莉酸合成关键酶基因（*OsAOS*）和信号受体基因（*OsCOI1*）的表达后，突变体水稻则不会产生抗性记忆传递给再生季，因此推测激发头季水稻的茉莉酸信号防御途径能够提高其再生季的抗虫性。该结果也为如何有效提高水稻再生季的抗性提供了参考。

水稻与害虫对植株体内 5– 羟色胺生物合成的调控也能决定水稻对害虫的抗性或感性。在植物体内，5– 羟色胺和水杨酸的生物合成起自共同的源头物质分支酸，两者的生物合成存在相互负调控现象，高含量的 5– 羟色胺有利于褐飞虱和螟虫等害虫的生长发育。当抗性水稻品种受到害虫（褐飞虱、二化螟等）为害时，水稻中合成 5– 羟色胺的基因 *CYP71A1* 转录不被诱导，从而导致水稻中水杨酸含量升高和 5– 羟色胺含量降低；而在感虫品种受到害虫为害时，害虫可促进 *CYP71A1* 的转录，从而引起水杨酸含量下降和 5– 羟色胺含量上升。取食植物韧皮部汁液的昆虫则能够通过激活植物的水杨酸信号途径，从而抑制植物的茉莉酸途径和抗虫反应。关于其机理，浙江大学王晓伟教授课题组发现烟粉虱在刺吸植物汁液的过程中分泌一种小分子量的唾液蛋白 Bt56 进入植物，并与烟草中的一个转录因子（NTH202）在韧皮部互作，激活植物的水杨酸信号途径，降低了植物对其产生的抗性。

在营养调控植物抗性方面，曾任森研究组发现硅可以提高水稻对稻纵卷叶螟的抗性，施用硅后水稻对害虫取食的防御反应迅速提高，硅对植物防御起到激发效应。添加茉莉酸甲酯到野生型水稻植株则可以显著诱导水稻中硅转运基因的表达，增加硅在水稻叶片中的累积。而当水稻的 *OsAOS* 和 *OsCOI1* 基因表达沉默后，硅在转基因水稻叶片中的累积大幅度减少，硅对水稻防御的激发效应消失。可见硅与茉莉酸信号途径相互作用影响着水稻对害虫的抗性。在低的硅浓度下，施氮可以促进硅的吸收和转运，而在高硅浓度下，高氮抑制硅的吸收和转运，因而利用硅肥可以调控水稻生长与防御的权衡关系。

（二）农业有害生物防治的生物多样性利用现状与进展

作物有害生物的可持续控制是现代生态农业能否实现的关键。实践表明，利用作物间作、轮作及混作方式增加农田生物多样性是实现有害生物生态控制的有效措施之一。近年来，我国在利用作物多样性控制病害、虫害和草害的研究取得了不少重要成果，机制方面的研究和大规模的应用都处于国际前沿水平。

1. 作物病害防治的生物多样性利用研究现状与进展

众多研究和实践表明，建立合理的作物多样性生态系统，能有效降低作物病害流行。生产上利用间作或混作增加农田生物多样性是降低病害的有效方法之一。尤其在我国西部地区，利用玉米与马铃薯、大豆、辣椒等作物多样性间作，既能降低叶部病害，又能有效限制土传病害的蔓延和传播。近年来，作物多样性间作控制病害的机制不断被揭示，其中包括微气候调节、土壤理化性质改良、抗性诱导、化感抑菌等作用过程。主要案例如下：

（1）玉米和辣椒间作控制病害的效应和机制

朱有勇院士团队针对玉米和辣椒多样性种植控制病害的效应和原理开展了深入研究。玉米和辣椒间作对玉米小斑病的防治效果达到33.87%—54.80%，对辣椒疫病达到34.72%—49.65%。玉米－辣椒间作控制辣椒疫病系统中，玉米根系可以在耕作土壤中形成致密的“根墙”，一方面，通过物理屏障作用阻碍辣椒疫霉菌孢子在土壤中的传播；另一方面，玉米根系能将土壤中的游动孢子吸引至根际并分泌抑制辣椒疫霉菌孢子萌发和菌丝生长的多种次生代谢物质。最终导致辣椒疫病菌的种群受到抑制，病害的蔓延和传播受到限制。另外，玉米植株中防御物质BXs的合成及抗病防御相关途径（ABA、SA、JA）受到玉米根系和来源于辣椒的诱导因子的诱导。这种诱导能增加地上部分防御物质BXs的合成及防御相关基因的表达，进而增强玉米对小斑病菌的抗性。此外，该团队还系统研究了大蒜、韭菜、油菜等作物与辣椒多样性种植控制疫病的效应和原理，提出了利用作物根系吸引病原菌并分泌抑菌物质抑制病害发生的“attract-kill”模式，并于*Molecular Plant-Microbe Interactions*发表综述性文章总结和展望作物多样性种植控制病害的分子机理。

（2）水稻品种多样性种植控制稻瘟病

利用水稻品种的合理搭配能有效控制稻瘟病的发生和危害。韩光煜和卢宝荣等（2016）利用微卫星分子标记技术发现高效搭配组合中的遗传分化指数（GDI）显著高于低效搭配组合。各组合的遗传分化指数与稻瘟病防治效果呈显著正相关，由此构建了以遗传分化指数快速准确检测水稻品种遗传分化水平的方法，成为水稻品种合理搭配的有效工具。在此基础上，利用云南省280个水稻品种建立了包含4万余个搭配组合的遗传分化指数数据库，并将GDI ≥ 0.3作为多样性间栽组配品种筛选的一个参考标准，建立了利用

GDI 筛选优良组合的新技术。该成果为利用品种多样性防治稻瘟病提供了优化种植组配的新技术和参数。

（3）水稻与蕹菜间作控制水稻纹枯病的效应及机制

水稻与蕹菜间作能有效减轻水稻纹枯病的危害程度，控制效果可达 39.8%—68.8%。水稻和蕹菜间作控制水稻纹枯病的途径包括以下几个方面：①间作的条带分布阻挡了病原菌的传播，起到物理屏障作用；②间作保持水稻基部有更强的阳光照射，空气流通，温湿度降低，减轻了水稻基部的郁闭，降低了病原菌的发生和侵染；③蕹菜可能通过根系或叶片释放化感物质，对纹枯病菌起到抑制作用；④水稻和蕹菜间作条件下，水稻将吸收更多的硅，硅含量的增加有助于水稻提高对病害的抗性。

（4）小麦和西瓜间作控制西瓜枯萎病的机制

小麦和西瓜间作能有效控制西瓜枯萎病，主要原因在于间作体系中，一方面通过小麦根系分泌的香豆酸显著抑制西瓜枯萎病菌孢子萌发和生长；另一方面西瓜根系分泌的酚酸和有机酸含量显著降低，从而抑制枯萎病的发生为害。同时，与小麦间作能通过上调西瓜植株中抗性相关基因的表达来增强西瓜对枯萎病菌的抗性。

（5）利用作物多样性种植实现线虫病害的生态防控

线虫病害是一类危害严重，防治困难的病害。近年来，不少研究表明作物合理间作能有效控制线虫的危害。例如，枣园行间间作绿豆改变了土壤线虫营养结构，植物寄生线虫的比例显著降低。茅苍术与花生间作可以减少土壤中线虫的总数，并显著提高花生根际土壤中捕食 / 杂食线虫的相对丰度，降低植物寄生线虫的相对丰度。烤烟与蓖麻或猪屎豆间作可以有效防治烟草根结线虫，并能增加烟草产量。当归和万寿菊轮作或间作可以有效控制当归根结线虫的为害。新疆地区采用核桃和小麦间作可以降低土壤中寄生线虫的含量，减少线虫的为害。

2. 作物虫害防治的生物多样性利用研究现状与进展

农田作物多样性种植可为捕食性天敌和寄生性天敌提供食物、避难所和替代寄主等基本资源。利用生物多样性调控昆虫种群达到生态控制害虫，减少为害损失已成为害虫综合治理的重要内容，且对控制害虫的机制研究也不断深入。

（1）作物多样性种植调控害虫和天敌的种群数量

众多研究表明，合理的作物间作能增强天敌功能团，减少害虫的数量。例如，玉米和甘蔗间作能显著减少亚洲玉米螟、玉米蚜和甘蔗绵蚜的种群数量。玉米马铃薯间作降低了田间小绿叶蝉的种群密度和空间分布。番茄花椰菜间作降低了花椰菜田中菜蚜、小菜蛾和黄曲条跳甲的种群数量。马铃薯、玉米与大豆间作可以明显减少田间刺吸式害虫大豆蚜、茄无网蚜和大豆蓟马的发生总量。水稻与蕹菜间作能有效减轻稻纵卷叶螟的危害程度，控制效果可达 36.7%—56.0%。茶园间作芳香植物如决明子、紫苜蓿、益母草和薄荷可以明显减轻主要害虫小绿叶蝉和绿盲蝽的发生危害，因为这些芳香植物的挥发物可以对害虫产生驱避效应。

间作系统可以显著增强天敌功能团，提高天敌抑制害虫种群的能力。例如，玉米甘蔗间作田中亚洲玉米螟的 3 种主要寄生蜂：螟蛉绒茧蜂、黄眶离缘姬蜂和大螟钝唇姬蜂的种群密度显著高于单作玉米田。番茄花椰菜间作系统可以增加田间菜蛾绒茧蜂的种群数量。马铃薯、玉米与大豆间作可以有效增加中华草蛉、小花蝽和蜘蛛的种群密度。水稻与蕹菜间作有利于增加蜘蛛、蜻蜓、瓢虫等害虫天敌的密度，更好地发挥天敌的生物防控作用。茶园间作芳香植物可以增加瓢虫、草蛉、蜘蛛和寄生蜂等天敌的种群数量。

（2）稻田种植诱虫植物香根草可有效控制二化螟和稻蛀茎夜蛾为害

我国浙江等多地的研究结果表明，在二化螟轻发生区（低于防治指标），田埂上种植一年和两年香根草的稻田螟虫枯心率均显著低于未种植香根草的对照田，其中种植了两年香根草的稻田比种植了一年香根草的稻田对螟虫的控制效果更好，丛间距为 5、3 和 1m 的两年生香根草条带对早稻的平均保苗效果分别为 63.6%、47.5% 和 69.7%，有效作用距离达到 20m 以上。在二化螟常年发生较重（85.45 头 / 百丛）的地区，大田验证试验结果表明，香根草丛间距 4m、行间距 50m 时，稻田二化螟越冬代幼虫的虫口减退率达 84.2%。在稻田四周田埂或路边种植香根草控制水稻二化螟的最佳田间布局为丛间距 3—5m、行间距 50—60m，而且香根草对稻蛀茎夜蛾也有较好的引诱效果。主要机理是二化螟在香根草和水稻间偏好在香根草上产卵，但其幼虫在香根草上不能完成生活史。郑许松（2017）等还观察到种植香根草的稻田二化螟寄生蜂尤其是卵寄生蜂的多样性和丰盛度显著高于对照田，是一种较好的稻田诱虫植物。

（3）推—拉策略在害虫生态控制中的应用

陈杰华等（2018）以紫苏、烟草和香根草分别作为“推”和“拉”的成分，在稻田生态系统中构建利用“推 – 拉”策略的害虫生态调控系统，并对紫苏、烟草和香根草的生态功能进行了评价。结果表明，在“推 – 拉”处理区白背飞虱和褐飞虱的种群数量分别为 563.4 头 / 百丛和 490.7 头 / 百丛，显著低于对照田（819.6 头 / 百丛和 763.8 头 / 百丛）；在水稻分蘖后期处理区蜘蛛数量（213.3 头 / 百丛）极显著高于对照田（80.0 头 / 百丛），同时在稻田旁的香根草上能发现栖息的蜘蛛和卵块。由此得出，稻田边种植紫苏和烟草对稻飞虱有明显的驱避作用，而稻田边种植香根草对蜘蛛具有引诱作用，形成了紫苏、烟草和香根草的“推—拉”生态调控系统，既减少了害虫稻飞虱的数量，又增加了天敌蜘蛛数量，能达到生态控制害虫及保护天敌双赢的目标。

（4）植物挥发物在间作控制害虫群体中起着重要作用

番茄挥发物对小菜蛾雌虫和雄虫都具有显著的驱避作用。小菜蛾对番茄特征挥发物的触角电位（EAG）反应发现，小菜蛾对同一物质不同浓度的 EAG 反应随着浓度升高而增大。小菜蛾不同性别对部分挥发物具有不同的反应相对值，雄虫对 β – 石竹烯（1 μL/mL）、（R）–（+）– 柠檬烯（100 μL/mL）、顺 –3– 己烯醇（100μL/mL）和各浓度的甲基庚烯酮的 EAG 反应显著高于雌虫，而对 α－蒎烯（1μL/mL）的 EAG 反应则显著低于雌虫。甘蔗和玉米间作模式下，甘蔗叶片挥发物导致初孵玉米螟幼虫表现出很强的逃逸行为，而玉米叶片挥发物对初孵幼虫具有引诱作用。深入研究发现，叶片挥发物中顺－罗勒烯、癸酸、二十七烷、二十九烷对初孵幼虫取食表现出引诱活性，壬醛、壬酸、十四烷酸异丙酯、十六烷酸甲酯、二十四烷、二十八烷对初孵幼虫取食行为则具有驱避作用。这些研究结果一方面丰富了生物多样性控制害虫的机理研究，另一方面也为利用间作作物挥发物开发植物源农药或驱避剂奠定了理论基础。

3. 作物草害防治的生物多样性利用研究现状与进展

农田杂草是农业生态系统的重要部分，保持一定的生物多样性对杂草的生态调控具有重要作用。近年来我国在利用生物多样性控制杂草的研究有重要进展。

（1）稻鱼共作对杂草、害虫和病害都有较好的生防效果

稻鱼共生田里杂草的密度和生物量分别减少了 82.14% 和 88.91%，达到化学除草剂的控制水平。浙江大学陈欣等的研究颇具代表性。他们近期的结果表明，稻田为鱼类等水生生物提供生境，稻田养鱼在提高水稻产量的同时，通过控制病虫害的暴发以及充分利用养分来降低化肥农药的使用。与单养鱼的处理相比，稻田养鱼显著地促进了田鱼的活动频率并扩大了田鱼的活动范围。在稻鱼共作不投喂饲料处理下，稻田中 3 类水生生物（浮萍、浮游植物、田螺）对田鱼食谱的贡献率分别为 22.7%、34.8% 和 30.0%。与水稻单作比较，稻鱼共作处理显著增加水稻分蘖期和灌浆期的叶片氮含量，延长分蘖期 10—12d，并显著提高成穗率和产量。

（2）利用“农牧一体化”生产方式防治农田杂草

“农牧一体化”将杂草作为经济资源之一，借助田间放牧在控制杂草的同时高效利用田间植物资源。例如，玉米田养鹅可以减少田杂草总密度，有效控制玉米田杂草的发生和为害。

（3）间套种控制草害的发生

桑园套种大豆、苜蓿有利于提高杂草生物多样性，从而可以减少优势杂草，包括夏至草、狗尾草和蒺藜的密度，减轻优势杂草对桑树的危害。向日葵列当和瓜列当是我国为害范围最大、造成经济损失最为严重的杂草型列当。利用诱捕作物诱导列当“自杀”式萌发，消减土壤中列当种子库，有利于实现列当绿色防控。例如，通过谷子—向日葵轮作可使向日葵列当寄生数量降低 50%—80%；玉米作为诱捕作物能够有效防除向日葵列当和瓜列当。

（三）农田作物间套轮作相互作用机理研究现状与进展

作物的轮间套作是我国农业的重要传统，在提高土地利用率，实施用地养地相结合具有重要作用。近年来作物间套作的研究有了长足进展：①在耕作栽培技术研究的基础上更

加关注生态学原理的挖掘和应用。过去的研究重点在作物行间距和株距、密度、作物种间配置、品种选择等高产农艺措施方面。近年来研究上加强了作物种间相互作用，特别是种间竞争作用和种间促进作用，生态位分离和资源的补偿利用等生态学原理的理解和认识。②研究重点由地上部相互作用向地下部相互作用拓展。关于间作对各种资源利用的研究，过去大多集中在地上部，例如光热资源的竞争和互补利用。近年来对地下部种间相互作用更加关注，如根系的分布、水分和养分等地下部资源的吸收和单作的差异及其机制等。③从现象观察到关注机制和过程的理解。近年来从微观过程上入手，从生态学种间竞争和种间促进作用为切入点，从过程上理解间作优势。④从以高产为目的转向促进农业可持续发展为目的。近年来的研究更加关注资源的高效利用从而降低环境风险，更加关注农田生态系统的长期可持续性。⑤研究方法不断发展和完善。 在田间原位和室内培养研究中采用完全分隔、尼龙布分隔和不分隔间作作物根系的方法能够分离地上部和地下部种间相互作用对间作优势的贡献，被广泛应用。分子生物学的手段也在间套作研究中得到了广泛的应用，如在间作蚕豆结瘤固氮的基因表达和土壤微生物多样性确定等方面成功应用。⑥强调长期研究的重要性。无论是间套作对土壤肥力的影响，还是地上作物多样性对地下部土壤生物多样性的影响，都需要长期的观察和研究，因此长期定位试验研究得到了重视。⑦间套作对气候变化的适应性。在自然生态系统中的研究表明，植物多样性能够使生态系统更为适应全球气候变化。间套作增加了农田的作物多样性，但是对气候变化的适应性还鲜见评估。这将是一个有潜力的研究方向。⑧从研究逐渐走上应用，将传统农业和现代农业密切结合，发展集约化生态农业。近年来，国内在间套作机械化方面进行了有益的探索，例如四川农业大学针对四川省“小麦－玉米－大豆”多熟带状间作，分别运用微型、小型和中型动力机械对玉米 / 大豆间作体系中带宽模式进行了机械化作业研制，实现了西南地区丘陵地区小地块带状复合种植模式的耕地、播种、管理和收获等农业生产环节的机械化作业。证明间套作的机械化生产是可行的。为实现大范围间套作生产的全程机械化提供了样板。现着重从地上部与地下部相互作用机理研究为重点介绍近年间套作相关的基础研究进展。

1. 作物间套作的地上部相互作用机理研究现状与进展

（1）地上部种间相互作用主要是光热资源的互补利用。

国内在这方面的研究具有很长历史，从 20 世纪 60 年代开始就有报道，截至现在取得了很好的进展。目前一些单位仍然在坚持研究。中国农业大学对冬小麦 / 棉花套作的一项研究表明，间套作系统中，小麦截获的光合有效辐射（PAR）是单作小麦的 71%—83%，棉花截获的 PAR 是相应单作的 63%—93%，整个体系相对于单作大幅度提高了光合有效辐射利用，提高的幅度取决于小麦与棉花的行比。云南农业大学在玉米 / 大豆间套作体系中发现，间套作冠层温度在白天时略高于单作，但在晚间低于单作；间作冠层的湿度显著低于单作；但光强远高于单作。四川农业大学在玉米 / 大豆套作的最新研究表明，间套作增加了截获光的数量，同时还改变了光的质量（R/RF 比率）。

（2）模型研究进展

间套作体系由于具有至少两种作物，无论是地上部冠层，还是地下部根系分布，相对于单作都呈现结构复杂、异质性强的特点。两种作物此消彼长，动态变化明显。如何理解其中复杂的相互关系，以及对作物对地上光热资源的高效利用进行定量，建立模型是最为有效的研究手段。近年来，随着模型技术的发展，一些新的模型被引入间套作研究：

1）植物结构与功能模型（FSPM）作为一种新兴的模型技术，起步于20世纪90年代，可以很好地将基于生理过程的作物模型和作物虚拟技术综合在一起，强调结构与功能的相互联系。最近，采用 FSPM 模型技术，建立的小麦 / 玉米间作的结构与功能模型，可以定量化群落水平上光截获。相对于单作，小麦 / 玉米间作光截获量高于单作加权平均值的23%，其中群落结构变化的贡献占 36%，而作物可塑性变化的贡献高达 64%。

2）基于气候、土壤和作物物种基因型的间套作模型建立能够把为较大空间和时间尺度的间套作资源利用效率进行评价。各种气候和土壤条件下作物种间相互作用如何变化，对于更大尺度上评价种植体系的生产力、可持续性、气候风险、资源利用效率至关重要。APSIM 模型应用于间作套种，将有望在农户和区域尺度上定量化间套作产量优势和资源利用优势，从而实现大面积应用的间套作效应评估。

2. 作物间套作的地下部相互作用机理研究现状与进展

（1）水分资源高效利用机理

1）生态位分离。作物需水特征的差异产生整体系统水分需求的时间生态位分异，从而降低水分竞争，提高作物体系获取水分的能力。例如，在河西走廊大面积推广的豌豆 / 玉米间套作体系，在生长早期（4—5 月），间作豌豆比单作豌豆获得更多水分，这时的豌豆具有更高的水分利用效率（单位水分生产的干物质量）；间作玉米在这个时期相对需水量较低，获取的水分并没有受到影响；间作玉米在生长后期相对于单作获得更多的水分，从而使得间作体系获得水分量显著高于单作体系的加权平均值，同时这个时期玉米具有更高的水分利用效率。豌豆和玉米间作将两种作物的最大需水期分异，并让水分的获得量和利用效率都达到了最大化，从而优化了间作系统水分利用。

2）提水作用。有些植物根系能够穿透土壤上层而进入下层水分含量较高的湿土层，吸收水分后，顺水势梯度将水从湿土层转移到干土层的根系，并从根系释放出去，湿润周围的土壤，称为提水作用。由于土壤水分分布的异质性，这种“提水作用”不仅是从下往上，有时候也有其他方向的移动。因此，更广义的概念应该是水分的再分布。间套作体系由于不同物种作物的根系特征差异，就会产生水分的补偿利用效应。

（2）氮的高效利用机理

1）禾本科和豆科间作种间竞争有利于禾本科植物获得土壤有效氮，从而缓解豆科作物固氮的“氮阻遏（高氮条件下结瘤固氮被抑制的现象）”。禾本科作物对土壤氮素的竞争作用是间作体系缓解豆科作物氮阻遏的主要机制。在小麦 / 蚕豆间作体系证明，小麦对土壤和肥料氮素具有更强的竞争能力，小麦与蚕豆种间的根系相互作用使得蚕豆吸收施入土壤中的 N^{15} 比单作降低 80.1%，间作小麦吸收来自于施入土壤中的 N^{15} 量增加 79.2%。土壤有效氮的降低，促进了蚕豆的结瘤固氮。氮素利用上的生态位分离，是豆科与非豆科间作体系氮素补偿利用的主要机制。

2）玉米根系分泌物促进了蚕豆的结瘤和固氮作用。两种作物种在一起时，根系分泌物中的一种黄酮类物质——染料木素的浓度会大幅度增加，而染料木素是豆科作物和根瘤菌对话的关键信号物质。从生理和分子多方面证实了玉米根系分泌物在强化豆科作物结瘤固氮中的重要作用。

（3）磷的高效利用机理

1）土壤难溶性无机磷活化利用机制。磷肥施入土壤后很快被转变为土壤难溶性磷，因此磷肥的利用率一般都比较低。近年来的研究表明间套作可以大幅度提高作物对磷肥的利用率。一系列研究揭示了蚕豆改善玉米磷营养的根际效应机理主要包括：蚕豆相对于玉米具有更强的质子释放能力，能够显著酸化根际，从而有利于难溶性土壤无机磷（如 Fe-P 和 Al-P）的活化和蚕豆及玉米对磷的吸收利用。此外，蚕豆根系释放更多的有机酸，也能促进难溶性磷的活化，从而有利于两种作物的磷营养。

2）土壤有机磷活化吸收利用的机理。土壤中的磷不仅以无机磷的形态存在，更重要的是有相当一部分磷是以有机磷的形态存在。有机磷不能被植物直接吸收利用，必须分解为无机磷以后才能被植物吸收利用。当有机磷活化能力强的物种和有机磷活化能力弱的物种在一起时，可以改善体系的磷营养。其机制主要是鹰嘴豆根系分泌更多的酸性磷酸酶，降解有机磷，被两种作物利用。

这些发现揭示作物间的根际互惠作用及其机理，不仅对利用间套作种间根系相互作用提高养分利用效率有重要意义，而且对利用生物多样性原理提高生态系统生产力和稳定性有重要的实践意义。

（4）微量元素高效利用

生长在石灰性土壤上的双子叶植物很容易缺铁。双子叶植物和禾本科单子叶植物间作后，能够显著改善双子叶植物的铁营养。近年来的研究进一步证实，鹰嘴豆和大豆等豆科作物与禾本科作物间作还能够改善其铁锌铜营养。在花生 / 玉米间作体系，花生籽粒中的铁浓度比单作花生高 1.43 倍，小麦 / 鹰嘴豆间作中，鹰嘴豆籽粒锌浓度比单作鹰嘴豆高 2.82 倍。甘肃武威的田间试验也证明，当与玉米间作时，鹰嘴豆籽粒铁、锌、铜浓度比单作高 26.3%、12.8% 和 15.4%；同样地，与玉米间作的蚕豆籽粒锌、铜浓度比单作高 10.6% 和 7.5%。

（四）农田实施种养结合的效应与机理研究现状与进展

长期以来，种养业分离及单一化发展，不仅造成了农业废弃物资源的极大浪费，而且使养殖业自身面临着废弃物处理和利用的巨大压力，也使种植业加大了对化肥和农药的过分依赖和高投入，结果导致了严重的农业面源污染问题、生态安全问题和食品安全问题。近年来我国在稻田种养、旱地及种植园复合种养、农场与区域种养结合等研究方面日益受到关注，并取得了一系列新的进展。

1. 稻田种养结合研究的现状与进展

稻田种养结合循环农业是农业部和多数省份农业重点推广的核心技术之一。在我国，目前稻田种养技术模式研究与应用方面主要集中在稻田养鸭、稻田养鱼、稻田养虾、稻田养蛙、稻田养蟹、稻田养鳖等领域。

（1）稻田养鸭

除了继续围绕鸭稻共作生产对病虫草害、土壤养分转化、水体环境、水稻生长、水稻产量及其品质等作用效应开展相关研究领域外，近年来，还出现了一些新的研究内容。这些内容包括：鸭稻共作对稻田温室气体排放的效应与机理，鸭子活动对水稻的物理刺激效应及对土壤的践踏振动效应，鸭稻田重金属的迁移与转化及循环特征，鸭稻共作与水稻直播栽培结合的生态效应，鸭稻共作减少沼渣施用的负面效应，鸭稻共作湿地系统中天敌、害虫、杂草及稻田水体生物多样性变化，以及鸭稻共作技术与其他类型技术集成的生态效应与经济技术效益评价等方面。

（2）稻田养鱼

农业部近年来出台了系列政策文件，在全国范围内大力鼓励和支持稻田养鱼生产技术的推广应用。在理论研究方面，除继续开展鱼与水稻之间的互作效应及机理研究外，有关稻鱼共生系统中地方田鱼种群的遗传多样性维持研究逐渐受到关注，并取得了重要进展。陈欣教授团队通过微卫星分析发现，研究区域内有明显地理隔离的“田鱼”，种群间无明显遗传分化；通过景观遗传学的方法进一步分析发现，农户间频繁的种质交换驱动了基因流，使“田鱼”在区域尺度上形成集合种群和较大的基因库；通过田间行为观察发现，表型不同的“田鱼”取食行为存在明显差异；通过稳定性同位素（^{15}N 和 ^{13}C）的分析表明，表型不同的“田鱼”对田间资源的利用也明显不同；同时，田间实验进一步表明，表型不同“田鱼”的这些差异有利于种群适合度的提高，进而有利于其遗传多样性的维持。同时，在稻鱼共生系统与再生稻技术的结合应用及其效应、养殖池塘或涝渍地稻鱼共生系统与深水稻的配套利用及其效应、稻鱼共生系统中氮磷养分流失、稻鱼共生系统中微塑型污染问题等方面也出现一些新的研究报道。

（3）稻田养虾

近年来，由于稻虾共作[水稻－克氏原螯虾（小龙虾）]模式具有较高的综合效益，在全国范围内得以大力发展，其中以湖北省稻虾共作发展最为迅速，面积大，技术也较为成熟，并逐步形成了“潜江模式”。在理论研究方面，涉及稻虾共作对稻田土壤反硝化微生物群落结构和多样性的影响，对稻田土壤线虫群落结构和对涝渍稻田土壤微生物群落多样性及土壤肥力的影响，对秸秆还田后稻田温室气体排放的影响，基于稳定性同位素技术的稻虾系统中不同“碳/氮”投喂方式对克氏原螯虾食性的影响等方面。由于在稻虾系统中，存在着“重虾轻稻”现象，因而加剧了水资源消耗、土壤次生潜育化、水体富营养化风险，也出现了病虫草害有“抑”有“促”、生物多样性有“升”有“降”等在生态与生产上的“双刃剑”问题。因此，稻虾共作技术的科学理性发展与规范化生产问题也日益受到研究者的关注和重视。

（4）稻田养蛙

近年来，研究包括了蛙稻种养模式对水稻病虫害的防控作用及其对水稻生长和产量的影响，蛙稻共作对土壤养分含量、土壤微生物特性和土壤酶活性等的影响，蛙稻种养系统中农药减施增效的路径等。稻田养蛙对稻田温室气体排放的影响也逐渐成为该领域近年来研究的新热点。

除上述几种典型的稻田生态种养系统外，我国在稻田养蟹、稻田养鳖、稻田养鳅等领域也开展了不少研究，且大多集中在稻田养殖动物与水稻病虫害、稻田水土环境等之间的互作效应与机理以及相关的配套生产技术等方面。另外，开展水稻与两种或两种以上水生动物复合种养模式的创新研究也不少，如“稻—鱼—鸭”“稻—鸭—泥鳅”“稻—鱼—虾”等复合系统。

2. 旱地与种植园种养结合研究的现状与进展

旱地与种植园生态种养是具有中国特色的一类典型的农业综合生产利用模式。在果园系统中，代表性的种养模式主要有果园养猪、果园养鸡、果园养羊、果园养兔、果园养鹅、果园养蜂等，以及以沼气为纽带的“猪—沼—果”“猪—沼—茶”等综合利用模式。从现有的研究进展来看，目前大多数研究主要围绕上述果园种养生产技术及其经济效益评价等层面展开，而有关果园种养生态系统的结构及相应的功能效应与机理方面的深入研究不多。在旱地系统中，围绕玉米田养鹅对土壤肥力、杂草群落多样性、玉米生长等的影响进行过一些研究。

（五）资源节约与循环利用技术体系的研究现状与进展

农业生态学研究的一个重要领域是让农业从一个资源耗歇型体系转化为资源匹配型体系，让农业从一个直线型污染产业，转化成为一个循环型清洁生产体系。近年来，我国在这些方面的研究取得重要进展。

1. 农业节水技术的研究现状与进展

在过去 20 年中，节水灌溉技术一直都是我国节水农业努力攻克的关键环节。我国在主要微灌技术领域已经迈入国际先进水平。近 5 年来，农业节水技术研究呈现诸多新的特点。节水灌溉技术研发基本完成了关键环节，节水灌溉正在进入基层实践化阶段。来自基层的试验示范和技术普及的论文大幅度增加。水肥一体化的微灌技术正从“贵族”走向

“平民”化。

适合于不同地区发展节水农业的关键配套技术和发展模式已经成为节水农业研发的重点。小型灌区改造、输配水系统、轻微低质水灌溉、节水灌溉制度、农业节水配套机械的研制、应用技术集成等，从硬件上改进节水技术的适用性成为近年来节水农业中的重要特征。从攻克节水灌溉核心技术转变为根据各地实际生产需要发展节水增效产业模式，是节水灌溉研究走向实践的重要发展。

2. 农业集水技术的研究现状与进展

旱地农业面临大气干燥和土壤干旱双重压力，环境水资源的保持与利用受到极大挑战。田间集水技术就是应对这样挑战的关键思路，它是指采取覆盖和微地形相结合，把降水及时集中起来使其入渗并保持在土壤，以供作物持续利用。这项技术已经在旱地农业发展中发挥着重要作用。近 5 年来，这方面的研究呈现出了新的特点。

沟垄覆膜已经成为提升旱地农业生产力的主要技术，特别是沟垄覆膜玉米生产。在水热条件相对较差的旱地农业地区，沟垄覆膜的玉米生产力增加幅度反而比水热条件较好地区更高，对此类地区支撑草产业和草食畜牧业发展发挥着重要作用。沟垄覆盖技术的研发正在走向多样化，并向更广大地区扩散。覆盖材料包括地膜、秸秆两大类。覆盖方式也多样化，单一材料或两种材料结合覆盖，沟垄方式也多有变化。地膜类型多样化，有透明地膜、黑色地膜、多种可降解地膜等。覆盖的作物种类也多样化，除了玉米外，还有马铃薯、小麦、苜蓿及多种小杂粮作物和人工草地等。沟垄覆盖系统的可持续性受到更多关注，研究内容从过去主要关注产量效应逐渐转向对温室气体排放、土壤水分平衡及碳氮磷可持续性、土壤微生物群落组成等方面的研究。集水农业研究还开始走向了“一带一路”沿线国家，在肯尼亚、埃塞俄比亚、巴基斯坦等国，也取得了良好的效果。

3. 秸秆循环利用研究技术现状与进展

据 2017 年农业部公布的数据表明，全国秸秆综合利用率达到 82%，基本形成了肥料化利用为主，饲料化、燃料化稳步推进，基料化、原料化为辅的综合利用格局。

秸秆就地粉碎直接还田是秸秆利用的主要途径，但过去由于还田后影响作物出苗和产量，即使增大播种量，出苗不匀还是会造成部分地区的减产。近年来，秸秆粉碎和耕作机械的研制取得重要进展，较好地解决了粉碎秸秆还田后保证作物正常出苗的关键技术难题，在广大粮食主产区发挥了重要作用，也较好地推进了保护性耕作的发展。在一些地形破碎、地表复杂的地区，仍有一些技术细节需要改进。秸秆还田后通过优化耕作和施肥方式能够促进土壤肥力和产量的提高。秸秆还田和增加土壤有机质含量还有助于降低铜、镉、铅、锌等重金属的生物有效性，但也有可能增加汞污染区“稻田汞”的生物有效性和汞在植物体内的累积。

秸秆饲料化利用是近年来取得的另一个重要进展。在过去农牧业生产力较低的情况下，虽多年鼓励秸秆过腹还田，但效益不高，难以普及。近年来，适合于不同地区的饲草青储技术日益成熟，再加上国家“粮改饲”政策推动，在很多地区饲用玉米替代了籽粒玉米，彻底解决了玉米秸秆大量滞留田间的问题。利用秸秆生产沼气、发电、制成生物质燃料、通过高温裂解制成生物炭等都是秸秆回收利用的重要途径，近年来都有重要进展，在技术上都是可行的，但其产投经济效益方面的可行性正在经历市场的检验。

4. 畜禽排泄物循环利用技术研究现状与进展

在农业部 2015 年提出“化肥零增长”任务的拉动下，我国畜禽粪便的肥料化、能源化和重金属钝化等方向的研究和实践迅速进入高潮。利用畜禽粪便沤肥、生产有机肥、沼气发酵之后的沼液沼渣利用、种养结合方式和规模匹配、粪便的干湿分离技术和应用，以及适合于不同类型区的组装推广模式和政策设计等都有很多研究和试验示范。在大型养殖场或集中养殖区域，畜禽粪便数量巨大，有大量沼气和发电进行循环农业生产的研究和试验示范。畜禽饲料的添加剂中，会使用一些重金属和抗生素，可促进畜禽生产，但当这些物质被畜禽排出体外，就会形成潜在的次生危害。针对不同农业环境，采取各种方式钝化畜禽粪便中的重金属，消减抗生素活性，避免进入农田食物链，是目前的重要研究领域。

（六）脆弱生态条件下的区域农业生态体系构建现状与进展

1. 干旱半干旱区农业生态体系构建的现状与进展

新疆是干旱区面积最大的省区，近 10 年来，粮食生产保持了“区内平衡、略有节余”的稳定供给，特色农业在最近几年获得了快速发展。棉花总产、单产、商品调拨量连续 20 多年稳居全国首位，新疆瓜果和牛羊肉畅销全国。果经粮、果经草等间作套种“多熟制”种植模式在南疆五地州普遍推行。高效的水肥一体化技术推广面积已接近 267 万公顷，居全国之首。高效节水技术研发和工程建设快速发展，实现了节水、节肥，高产、高效，并促进了农业生态环境改善和生产经营方式转型升级。研发推广农作物和果树生态绿色防治技术，绿色有机农业发展态势向好，优势逐渐显现。在经济效益不断改善的同时，草地农业和农畜耦合开始受到重视，棉花秸秆的资源化利用尚有很大潜力，中低产田和盐渍化等边际性土地的改良逐渐受到更多的关注。甘肃河西走廊绿洲农业过去一直都是商品粮生产基地。近 10 年来，随着东部旱作农业的发展，河西绿洲农业快速向特色高附加值产业转型。近年来，以紫花苜蓿为代表的外销型草产业快速发展，以玉米为主的制种业规模趋于稳定，已成为全国最大的玉米制种基地。

近年来，通过研发推广沟垄覆膜技术，使半干旱区主要作物的生产力大幅提高，特别是粮饲兼用玉米得到快速发展。年均降水量只有 300—600mm 的旱作农田玉米产量达到 6—12t/ha，旱作玉米种植区域从海拔 1800m 左右上移到了海拔 2400m 的地区。相比过去传统的小麦、谷子、燕麦、小扁豆、豌豆等传统作物 1.5—2.0t/ha 的单产水平提高数倍，也比不进行覆盖的常规玉米产量提高 17%—100%，产量稳定性也明显提高，扭转了本地区农业生产长期低位徘徊的被动局面。同时，以玉米、紫花苜蓿等为原料的外销饲草产业和草食畜牧业正在快速发展，成为脱贫攻坚依托的主要产业。

2. 喀斯特地貌区农业生态体系构建的现状与进展

通过多年研究，我国西南喀斯特地区土壤的侵蚀特征和恢复过程更加清晰，在该区域平衡生态保护与经济发展的生态农业模式逐步发展。中国科学院亚热带农业生态研究所在广西建立了环江喀斯特生态系统观测研究站，贵州师范大学建立了喀斯特研究院和国家喀斯特石漠化防治工程技术研究中心。我国多年的研究表明，喀斯特地貌区域的水土流失过程自山峰到坡底洼地侵蚀强度逐步增加，从 4.02t/ha.a 逐步上升到 1441.29t/ha.a 的“地貌效应”。土壤通过石灰岩溶洞的地下漏失是一个重要的流失途径，可以达到流失总量的 65%—96%。遥感研究表明，通过生态工程，云南、广西、贵州等石漠化区域在近 30 年的植被得到恢复，生长季节归一化植被指数（GSN）增加。石漠化总面积从 2000 年的 11.35 km^2 下降到 2015 年的 9.2 万 km^2。该区域退耕还林的土壤碳氮特征研究表明，退耕后土壤氮的累积比较快。尽管前期植被恢复还会受到氮不足的制约，然而中后期出现氮饱和，植被恢复不受氮的限制。

在该区域因地制宜发展生态农业方面，逐步探索了以贵州晴隆和广西古周为代表的种植牧草替代玉米，发展养牛养羊草食畜牧业的模式。广西平果县山顶陡坡封山育林，山麓种植火龙果，洼地发展旱作和种草养畜的景观布局模式。在喀斯特区域发展林下种植复合农业，形成了丰富的林下间作模式。林粮间作、林药间作、林菜间作、林菌间作、林草间作、林苗（花）间作、林果间作、林茶间作都有不少成功的案例。封山育林，人工种草、果林复合、农林混合等模式与原生样地相比，都有利于改善土壤的理化性状。

3. 东北冷凉区黑土地农业生态体系构建的现状与进展

通过长期定位研究，揭示了东北黑土地开垦耕作过程的土壤有机质和肥力变化规律，并且对实现黑土区域农业可持续发展的农业体系开展了大量探索。在黑土地开垦初期的 30 年期间，土壤有机质下降的速度在东北北部为每年 1.5%—2.6%，东北南部为每年 0.5%—0.7%。在稳定的农业利用阶段，土壤有机质含量每年下降 0.1% 左右。这个时候土壤肥力支撑的生产力比例逐步下降，从开垦初期的 60% 左右下降到 50% 以下，甚至低至 30% 左右，作物生产越来越依赖当季化肥投入。另外一个影响黑土地生产力的因素是水土流失。由于 60% 左右的黑土地属于坡耕地，开垦初期的 10 年里，平均每年流失土层达到 1.0—3.0cm，而且发生沟蚀。在后期，土壤侵蚀率降为平均每年 3—10mm。坡地黑土层从原来的 50—60cm，逐步下降到现在的 20cm 左右。黑土地的连作是影响该区域生产力的第三个重要因素，连作大豆和连作玉米都会产生连作问题。海伦站研究表明，玉米连作 21 年后土壤有机质含量减少 15.6%，大豆连作 3 年后减产 31.9%。

采用禾本科和豆科作物轮作是保持土壤生产力的一个重要措施。中国科学院东北地理与农业生态研究所海伦农业生态系统国家野外科学观测研究站 21 年的长期定位研究表明，大豆-玉米轮作条件下，土壤有机质比玉米连作提高了15.6%，玉米增产8.8%，大豆单产轮作比连作提高26.5%。玉米-大豆-小麦轮作是另一个值得推广的模式。改善黑土地土壤肥力的另外一个重要措施就是施用有机肥。海伦站长期定位实验结果表明，施用有机肥每年每公顷大于6t，而且有机质含量大于烘干重量的70%以上是一个重要的阈值。大于这个阈值，连续三年，黑土地土壤有机质含量增加0.9—1.8g/kg，0—35cm土壤腐殖质增加36.0%以上。如果低于这个阈值，尽管对产量增加有短期效应，但不能提升土壤腐殖质含量。目前的研究表明，连续15年，每年每公顷投入猪粪22.5t，黑土地的有机质还没有达到饱和点。种养结合是维持黑土地土壤肥力的重要方法。在秸秆还田方面，可行的玉米秸秆还田方法包括将玉米秆深层犁翻到20—35cm土层，或者混合到0—35cm的全部土层中。深翻方法的秸秆腐殖化系数为0.13，全层混合方法的腐殖化系数为0.17。浅层还田到0—15cm容易出现土壤跑墒、作物发芽受影响的现象。

（七）农业农村布局与规划中的景观生态学现状与进展

景观尺度的管理是保持和恢复农业可持续发展所必需的生物多样性及其相关的传粉、天敌—害虫调控、水质净化、土壤保持、景观文化等生态服务功能的重要途径，也是“山水林田湖草生命体”生态保护和修复重要方法途径。自20世纪90年代起，我国学者开始将景观生态学原理与方法应用于农业农村景观生态研究与建设中，在乡村景观动态、分类和评价、乡村景观格局与生物多样性及生态系统服务之间的关系、传统农业生态景观特征、土地整治和美丽乡村建设等方面取得了重要进展与成果，主要表现在：①推动乡村景观分类、评价和乡村空间规划的发展；②将斑块和廊道生态功能理论应用到农业景观建设和生产中；③通过景观格局优化推动水土流失和水环境整治。

1. 景观生态学在美丽乡村建设规划中的应用

（1）乡村生态景观分类和评价

随着我国对乡村景观可持续管理和美丽乡村建设的重视，传统的乡村景观分类难以满足相关研究和管理的需要。因此，国内基于景观生态学原理与方法，综合土地利用、土地覆盖、植被结构、景观特征四种属性，开展了不同尺度的乡村景观分类研究。有关研究强调了乡村景观分类和评价的生态功能，揭示了我国农业景观均质化，半自然生境减少，过度硬化等现象导致的生态功能退化等问题。同时，将景观格局指数、景观廊道、景观生态功能等指标与景观文化和美学评价指标相结合，研究景观格局指标和生态学指标的相互关系，实现生态学和美学指标的有机结合，为美丽乡村建设提供了量化评估和科学指导。将景观生态格局评价指标广泛应用于评价土地整治对生态过程和空间格局影响，提出在土地整治项目加强生物多样性保护，提高生态景观质量的方法和途径。针对我国农村居民点建设出现的“千村一面”现象，借鉴英国乡村景观分类特征评价和提升方法，开展了乡村景观特征评价和提升研究，促进了生态景观化工程技术在美丽乡村建设中的应用。

（2）乡村景观空间规划和建设

将景观生态学原理和方法应用于研究传统农业模式和土地利用模式，揭示土地利用景观格局与生态过程的关系，为优化土地利用空间格局提供了科学基础和方法。主要进展表现为：一是应用景观生态学空间格局分析方法，研究农用地土地利用格局、传统村镇聚落景观模式、农业景观格局变化，揭示了不同类型聚落景观扩展模式及其景观格局动态驱动机制，并将景观生态学原理和方法应用于农村居民点整治，探讨农村居民点和空心村整治模式，促进了景观生态学原理和方法在改善人居环境，建设美丽乡村中的应用。

传统的景观规划设计注重中小尺度的空间和建筑配置的规划设计，主要考虑景观的风景、美学和文化功能。随着乡村生态环境退化，乡村景观规划设计开始吸收生态学和景观生态学的理论和方法，关注更大尺度的景观生态规划。主要进展表现在：一是乡村景观规划设计更加强调景观生态原理，分析农村居民点格局和场地，重视“斑块—廊道—基质”景观格局对生态过程和功能的影响；二是在美丽乡村规划设计中更加重视乡村景观的多功能性，维持和提升地域生态景观特征，挖掘乡村景观美学和文化价值，恢复和提高乡村景观生态服务功能；三是更加重视乡村景观格局与生态过程的关系，将景观空间格局对生物多样性保护、水土安全、防灾避险、雨洪管理、微气候调节的影响的研究成果用于优化生产、生态和生活空间、构建宜居乡村生态安全格局。在工程技术设计和建设方面，重视加强生态景观化工程技术应用，降低工程对生态景观的负面影响，提升工程技术的生态景观服务功能。

2. 景观廊道与斑块在生态农业生产中的应用

（1）景观斑块和廊道生态功能及其应用

“基质—斑块—廊道”构成的景观异质性格局与生态过程相互关系的研究是景观生态学重要研究内容。在农业景观中，半自然生境斑块和廊道，以及农田作物斑块的异质性，提供了农业可持续发展必需的生物多样性保护及其传粉、天敌保护等生态功能。这方面的主要研究结论有：①维护和管理农田边界、林地、树篱等半自然景观斑块和廊道对保护天敌、传粉昆虫的生物多样性及其服务功能具有重要作用；②大型斑块和小型斑块相结合形成镶嵌式异质性景观，并通过廊道连接提升连通性，对恢复和提升农业景观生物多样性和水土涵养功能尤为重要，提出保护农业景观生物多样性、恢复和提升农业景观生态系统服务需要从景观、地块间、地块内 3 个尺度上开展；③具有多物种、多层次的植物篱、防护林等线性廊道是促进天敌、传粉昆虫移动的重要生态廊道，并且有利于降低植食性害虫的数量；④增加农田的作物种类异质性和农田斑块的结构异质性对于植物和鸟类等生物多样性具有的积极作用；⑤时间上的景观结构变化对于生物多样性也有显著的影响，需要重视维持景观中半自然生境原始的稳定和减少高强度和频繁的土地利用变化。这些结论对指导农田景观可持续管理提供了重要的科学依据和实践指导。

（2）农业景观格局重构和景观方法

在农用地整治、高标准农田建设、农业景观重构提质方面，需要从田块尺度提升到景观尺度上，即通过景观方法，利用农业生态系统和景观生态学原理，开展农业景观格局重构。通过保护和重建农业景观中小型林地、灌木篱、河岸缓冲带、农田边界、植物篱、缓冲带等景观要素、特征和生态功能和连接度，提高农田作物和景观植物多样性和异质性，恢复和提高生物多样性及其生态服务功能，重建农田内外生态系统生物和环境间生态过程的关系，实现对有害生物的控制和对资源的高效利用。在实践上，通过农田生态安全格局优化、生态景观化沟路林渠建设、农林农牧复合系统有机整合、农田半自然生境保护、退化农田生态修复、农田多样化种植等方法和技术，构建更具弹性的智慧型农业景观，恢复和提升农田水土涵养、天敌害虫调控、授粉等生态服务功能，是农业景观重构的重要方法。在高标准农田建设过程中，通过“生态占补平衡”建设野花带种植、农田边界缓冲带、坑塘、水渠道缓冲带，可以有效提升农田生态系统天敌－害虫间的自调节服务和传粉服务功能，降低氮磷流失进入水体，提高水土涵养功能。

3. 水土流失和水环境治理中的景观方法技术

（1）水土流失防治的景观生态方法和技术

传统农业中梯田、带状种植、防护林和植物篱等线性景观要素具有重要的水土保持、水土涵养功能，景观格局对水土流失等生态过程的影响和效应也得到证明。近年来，综合运用实验观测、模型模拟、GIS 和 RS 分析等技术方法，从坡面、小流域、流域、区域等不同尺度，研究了景观格局对土壤水分、土壤养分、土壤侵蚀、河川径流的作用机制，揭示了景观连通度在多个空间尺度和时间尺度影响降雨驱动的土壤侵蚀过程，提出基于源汇景观单元能较好地反映流域土壤侵蚀规律，揭示了不同土地利用模式和植被建设对防治水土流失的功能和作用。

（2）水环境整治的景观生态方法和技术

在水环境治理方面，通过对生态沟渠、河流缓冲带、农田缓冲带等农田景观要素对氮、磷养分截留功效的研究，逐步发展了从“源头控制—过程阻控—受体保护和净化”的面源污染控制的景观方法，提出生态景观型灌排系统、沟－塘系统，通过植物的吸收和截留、基质和底泥的吸附以及细菌和微生物降解等途径，能够有效地拦截、去除农业景观输出的营养物质，改善流域水环境。在区域尺度上，利用土地利用模拟模型、水土过程模型模拟研究表明，流域土地利用景观格局对水土及其氮磷流失过程具有重要的影响。利用土地利用变化模型和流域水环境模型，通过情境分析，可以有效识别氮磷流失关键区域，优化土地利用结构和空间格局，构建具有水质净化、水生态修复功能的生态安全格局，促进“山水林田湖生命共同体”的生态保护和修复。

三、农业生态学的展望与对策

农业生态学是支撑农业生态转型，促进农业可持续发展的重要学科。联合国粮农组织

（FAO）从2014年到2018年连续召开了两次国际生态农业研讨会，期间分别在拉美、非洲、亚太，以及中国等地召开了区域生态农业研讨会。FAO明确了生态农业是实现联合国2030可持续发展目标的重要手段，要求在国际社会达成共识、大力推广。我国农业的绿色发展也已经成为共识。

（一）我国农业生态学发展与国际的比较

由于我国有悠久的农业传统，农业生态学研究针对传统农业实践的农业生态系统综合研究，例如轮间套作、稻田养鸭、稻田养鱼等相关的农业生物多样性利用效应和机理的研究在世界上处于领先位置，并且产生了重要影响。朱有勇院士主持的“作物多样性控制病虫害关键技术及应用”在2017年获得了国家科技进步奖二等奖。

我国农业生态学在化学生态学相关的化感作用和诱导抗性研究方面起步比较晚，在20世纪80年代后期开始急起直追。目前，在分子生物学水平的诱导抗性机理研究方面已触及国际前沿，在我国急需解决的连作障碍方面的研究已经取得国际先进的研究成果。

我国在农业和农村中利用景观生态学原理和方法开展研究起步更晚。20世纪90年代后期才开始得到重视，目前已经能够结合我国农业和农村实际开展了不少出色的探索，但是在方法论创新和实际应用的深度和广度都与国际有比较大的差距。

我国在农业生态系统能物流长期定位观察站的部署总体比西方国家晚了很多，但是目前已经建立了很多网站，而且累积了越来越多的连续观察资料。目前的问题是针对各地重要农业生态体系的能物流长期观察体系的建立不够完整，每个体系观察点的部署系统性不足，还不足以满足各地科学设计生态循环农业的需要。

针对我国区域独特的农业生态问题，例如西北黄土高原的水土流失、东北黑土地的地力保护、西南喀斯特石漠化区域的农业发展、内蒙古草原的草畜平衡、西北干旱半干旱区域的节水农业、南方红壤区水土流失、西北农牧交错带的风沙防治等的研究一直得到重视，而且已经产生了一系列国际先进的成果。然而从这些区域农业可持续发展需求看，成果涵盖的宽度和深度还远远不足，还有大量深入细致的研究等着攻克。

目前我国农业生态学研究的主要短腿在农业生态学的信息化研究方面和生态农业的社会经济研究方面。农业生态系统的能物流模型、作物轮间套作模型、景观分析和遥感分析模型都基本依赖国外的方法体系。我国生态农业模式与技术体系的形成还是主要靠经验摸索，生态农业相关的数据库建设和技术集成体系的建设还没有开展。大数据计算与人工智能在农业生态学应用的潜力才刚刚开始被认识。

国际上为了推动农业可持续发展，农业经营者的生态农业行为特征、农业行动的生态环境红线、农业可持续发展的绿色行动、生态农户和生态产品的认定、农业生态补偿的制度化设计都已经应用到政府决策层面了。由于我国农业生态学研究一直放在自然科学和农业科学的框架内开展，农业生态学相关的社会经济学研究比较弱。为了农业的绿色发展，中共中央、国务院还在2017年发布了《关于创新体制机制推动农业绿色发展的意见》。这个方向急需加强。

（二）农业生态学发展的战略需求与发展方向

我国农业的可持续发展和应对全球气候变化都十分需要农业生态学提供理论与技术支撑。在农业农村景观水平和农业生态系统水平特别需要获得不同系统组分在能流、物流、库存等相关方面的设计参数。例如，在循环体系设计中，秸秆通过还田、堆肥、饲料、菌料、沼气等不同技术途径实现的循环体系中，碳、氮、磷在各个环节中的转化参数，以及不同途径产生的有机肥与土壤肥力关系，养分释放过程与作物生长过程需求的匹配等过程控制参数。又如，在农村景观设计中，不同区域河流缓冲带的拦截功能和生物廊道功能与植被结构的关系参数有利于决定对河流缓冲带宽度的要求。在生态农业的生物多样性利用方面，生物之间微妙的化学、物理、生物关系才刚刚被揭示，就研发出了众多的有害生物综合防治措施、解释了传统轮间套作和其他农业方式的科学基础、让有益微生物制剂的研发犹如雨后春笋。农业生态系统中生物多样性关系既是目前各国研究的一个热点，也是今后一段时间的重要研究方向。由于分子生物学手段的完善和微生物研究方法的进步，农业中不同类型微生物的相互关系、微生物与动植物之间的相互关系将会持续受到关注。植物之间的化学相互作用，植物和昆虫的诱导抗性，将有利于更加巧妙地构建农业生产体系，做到事半功倍，减少对投入品的依赖和资源的消耗。

由于生态农业涉及农业生态系统众多因素，所需知识又涉及众多学科，因此如何因地制宜、因时制宜设计生态农业的结构模式，如何因地制宜、因时制宜优化生态农业的能物运转成为一个巨大挑战。正因为遇到这类困难，国际生态农业运动中比较重视小型生态农场，因为小型农场的农民就像传统农民一样，亲身参与农业生产过程，关注其中的现象与规律，热心进行经验交流，因而容易因地制宜形成行之有效的生态农业措施。在信息和网络时代，实时监测和云数据计算变得越来越现实，人与人之间的距离已经不是经验交流的障碍。在生态农业模式结构参数和能物流参数不断完善的基础之上，逐步发展农业生态系统的实时信息监测、大数据运算、过程优化运筹、最适技术组装，并且向自动化与便利化方向延伸，将有利于生态农业模式与生态农业技术体系的普及和应用。生态农业用高的智慧投入替代高的物质投入。在人工智能（AI）时代到来之际，生态农业的实施将会变得更加便利。

当前农业的生态转型面临经济方面的制约。传统市场对生态环境影响的经济计量缺失所引起经济外部性，使得生态农业经营者的艰辛付出得不到相应的经济回报，因此政府如何在经济政策层面激励农业的生态转型成为当务之急。目前我国推动农业生态转型的主要措施还是短期项目推动为主，基本制度构建不足。生态补偿仅仅涉及退耕还林、草畜平衡等局部区域，涉及因土配方施肥、节水灌溉、果园有机肥替代化肥等个别技术措施，面上的、普惠性的、系统的措施还很缺乏。另外生态农产品在利用市场力量方面还有弱项，如何界定生态农业和生态农业产品，至今还没有一个大众认可或者权威机构认定的指标体系和技术规范。这是今后一段时间推动我国农业生态转型所必须面对的。

（三）农业生态学的研究发展思路与行动建议

在未来一段时间内，农业生态学的学科研究应当重视农业生态系统结构功能的“量”化过程研究，揭示生物多样性关系在“质”方面的机理研究，以及不同生态农业系统的“效应和效益”研究。主要领域包括农业的化学生态学、有害生物的生物多样性防治、作物轮间套作与种养结合、资源节约与环境友好的农业技术、农业循环体系构建、脆弱生态区域的生态农业体系构建、农业农村景观构建等。这些方向能够为我国农业绿色发展提供重要技术支撑，也已经得到了国家的重视和社会的关注。然而这些领域目前还存在“概念超前于行动”“理论落后于实践”“技术研究多于基础研究”等问题。为此今后在农业生态学的研究需加强以下几个方面的工作。

1. 继续深入开展农业生态系统中各种生物相互关系的基础与应用研究

农业生态系统中，经人类驯化了的和从自然界继承过来的植物、动物和微生物之间在物种内、物种间、群落中有着众多微妙的相互关系。鉴于目前这个方向已经成为国际研究热点及其巨大的应用潜力，建议国家设立一个 5 年到 10 年的“农业生物多样性关系及其在生态农业中的应用”研究专项。稳定研究队伍和研究投入，重点开展的研究包括：

1）农业生态系统中的生物诱导抗性产生机理及其应用。

2）农业生态系统中的植物化感作用及其应用。

3）农业有益微生物菌群的筛选及其在农牧渔业中的应用。

4）轮间套作与种养结合体系中地上部与地下部相互作用机理及其应用。

5）生物多样性在牧区草地建设和在放牧畜群组合中的应用。

6）生物多样性在农业有害生物防治中的效应、机理及其应用。

7）适应物理与生物逆境的农家品种和传统品种的发掘、保存、筛选和利用。

2. 完善农业生态系统能物流长期定位研究和深入开展模式的机理研究

目前中国科学院、各省科学院、高等院校都已经在诸如东北黑土、南方红壤、西南喀斯特区域、华北黄淮海、西藏高寒区等地建立了长期的农业定位站，取得了大量数据和丰硕成果。然而，相对于各地生态农业发展需要的涉及众多生态农业模式中有关组分的转化参数和能物转化过程参数，目前的定位站数量和收集的数据显然不足。今后一段时间要在已经有的定位站基础上，进一步开展各具特色的生态农业模式的调查和筛选工作，包括资源充沛区域与生态脆弱区域，建立和完善长期定位观测研究网络，以获得第一手的科学与实践生产数据。还应当通过挖掘各地传统生态农业的智慧与精华，建立相关的基础数据库和信息系统。

争取启动国家重点研发专项，选取各地代表性的生态农业模式，对其结构特征、生态环境效应、能物流、信息流与价值流的转化过程与转化效率、模式的生态适宜性和技术经济适宜性等进行评价，研究生态农业模式中相互作用的特点和本质，揭示其可持续运行机制。

3. 脆弱生态系统主导产业发展与生态可持续性

2020 年全面小康已成定局。多年来，扶贫攻坚的难点在深度贫困区，深度贫困主要发生在生态脆弱区。近年来，在旱地生态脆弱区，支撑扶贫攻坚的农业主导产业获得了巨大发展，正在成为生态建设产业化，产业发展生态化的优先区域。实现生态优先、产业发展的巨大潜力和现实可行性正在转化为生态脆弱区经济社会发展的强劲动力。新的科技发展必须及时跟上生产实践的需求：①主导产业发展对生态系统结构、功能及其可持续性的影响；②产业发展生态化的体系构建和路径选择；③生态建设产业化的系统容量和发展路径；④保障体系建设与政策设计。

4. 加强乡村与农区的景观水平和不同尺度关系的研究

（1）景观评价

加强景观生态指标和生态系统服务在乡村景观分类和评价中的应用，开展乡村景观特征、质量分类和评价，恢复和提升乡村景观特征、生态服务和文化价值。

（2）景观变化

加强乡村景观变化导致的景观格局、生态过程和生态系统服务受损机制和程度的研究，以及乡村景观格局与重要生态过程及农业生态系统服务的相关关系研究。

（3）景观功能

拓宽和提升我国农业景观多功能性，研究生态集约化农作技术，恢复和提高农业景观生物多样性保护、传粉和害虫控制生态系统服务功能。

（4）景观设计

加强景观生态学在面源污染控制、高标准农田建设、田园生态系统建设、智慧型农业景观建设中的应用。

（5）景观规划

加强景观生态学理论和方法乡村生产、生态和生活空间规划、乡村聚落空间布局中的应用，大力提升地域乡村景观特征风貌。

（6）景观管理

研究景观方法和景观综合管理方法，研发生态景观工程技术，制定推动生态景观化工程实施、生态景观管护的生态补贴政策和制度。

（7）尺度变换

生态农业体系通常涉及农田尺度、农场尺度、景观（小流域）尺度、区域尺度（三次产业尺度）。目前对不同尺度上生态农业规划设计的理论与方法论研究滞后，特别是在循环产业链的生态耦合、尺度上推 / 下推、技术相生相克、技术模式与景观的优化配置及其“落地性评价”等方面开展研究。

5. 生态农业信息管理系统研究

生态农业信息化管理的一项重要工作是为当前已经大量涌现的生态农业企业和生态农业农户提供一个信息交流、经验交流和知识交流的渠道。为此需要建立一个沟通农业经营者、农业科学家、农业管理部门的应用平台。

在近期，首先需要把多年来各地创造的生态农业经验、各个定位站的长期观察数据、有关单项研究的结果等所产生的信息和数据加以综合。针对不同生产者用户（小农户、种植大户、农场、企业、地区等）的现实需求，进行生态农业的模式创新与技术体系集成，编制不同规模、操作性强、特色鲜明的生态农业“模式指南”与“技术套餐”。

长远来说，生态农业的人工智能化体系涉及生态农业模式结构功能优化、农场关键数据实时监测、各种农业技术参数的组合优化、技术集成方案的集成与反馈等。显然生态农业的智能化管理体系还在起步阶段。今后还需要与其他学科的信息化过程相衔接。然而，未来生态农业人工智能化过程不能靠等待。目前需要结合信息技术、网络技术、遥感技术、模拟技术等进行探索性的研究。建议在国家自然科学基金给予立项研究。

6. 系统开展生态农业政策体系的研制

这里包括生态农业与生态农产品认定方法，以及国家对生态农业的生态补偿政策。

（1）生态农产品的认定方法

目前生态农业的发展遇到了市场瓶颈和政策瓶颈，其中一个重要原因是生态农业及其产品的认定。为此建议由农业部或者相关学会组织力量，提出一个生态农产品认定标准和认定办法。参考国际有机农业联盟对有机农业提出了第三方认证以外的参与式认证方法，生态农业产品认定也可以分为第三方认证方法，以及由生产者与消费者组成的参与式认证方法。

（2）生态农业推荐措施的制定

生态农业推荐措施是实施农业生态补偿政策的基础。建议在国家一级制定一套生态农业建设措施的范围与原则。在省市一级具体化为适应各地的农业绿色行动指南。

（3）生态农业红线的划定

目前我国在各地具体的氮肥施用上限，灌溉用水量上限，载畜量上限，养殖环境容量上限等便于农业经营者具体操作和遵循的生态红线还有待制定。

（4）生态农业补偿政策的制定

响应中共中央、国务院在 2017 年发布的《关于创新体制机制推动农业绿色发展的意见》中提出的“既要明确生产经营者主体责任，又要通过市场引导和政府支持，调动广大农民参与绿色发展的积极性，推动实现资源有偿使用、环境保护有责、生态功能改善激励、产品优质优价。”为生态农业补偿政策制定立一个专项。争取在 2—3 年时间制定一个相对完整的激励农业绿色发展的经济政策体系。

参考文献

[1] 安玉森. 黑龙江省优质春小麦超高产栽培技术. 农业开发与装备. 2018（09）：180–188.

[2] 白鹏华，刘奇志，张林林，等. 南疆土壤线虫及微生物对枣树与绿豆间作种植方式的响应. 西北农业学报，2015，24（2）：104–110.

[3] 边步云，关法春，张永锋，等. 农牧一体化下杂草生物多样性及玉米生产效益研究. 中国农业大学学报，2018，23（9）：139–147.

[4] 曹凑贵，江洋，汪金平，等. 稻虾共作模式的"双刃性"及可持续发展策略. 中国生态农业学报，2017，25（9）：1245–1253.

[5] 曹舰艇，关法春，仝淑萍，等. 玉米田养鹅对土壤理化性状、杂草多样性及玉米生长的影响. 中国农业大学学报，2018，23（2）：20–28.

[6] 陈斌，和淑琪，张立敏，等. 甘蔗间作玉米对亚洲玉米螟发生为害的控制作用. 植物保护学报，2015，42（4）：591–597.

[7] 陈洪松，岳跃民，王克林. 西南喀斯特地区石漠化综合治理：成效、问题与对策. 中国岩溶. 2018，37（1）：37–42.

[8] 陈洪松，冯腾，李成志，等. 西南喀斯特地区土壤侵蚀特征研究现状与展望. 水土保持学报. 2018，32（1）：10–16.

[9] 陈杰华，吴荣昌，向亚林，等. 水稻害虫生态调控系统中推—拉策略的初步应用. 环境昆虫学报，2018，40（3）：514–522.

[10] 陈磊，熊康宁，杭红涛，等. 我国喀斯特石漠化地区林下种植模式及问题分析. 世界林业研究，2019，1–6. DOI：10.13348/j.cnki.sjlyyj.2019.0009.y.

[11] 达月霞. 新疆产业结构转型的环境效应及调控研究. 石河子大学硕士学位论文，2016.

[12] 范敏. 基于碳减排的农村沼气供应链构建与定价策略研究. 南昌大学博士学位论文，2016.

[13] 高尚宾 等编著，中国生态农场案例调查报告. 北京：中国农业出版社，2018.

[14] 谷成，钟寰，张慧玲，等. 秸秆还田影响汞污染地区"稻田汞"环境行为的研究进展. 科学通报，2017，62（24）：2717–2723.

[15] 顾涛，李兆增，吴玉芹. 我国微灌发展现状及"十三五"发展展望. 节水灌溉. 2017（3）：90–91，96.

[16] 韩晓增，李娜. 中国东北黑土地研究进展与展望. 地理科学，2018，38（7）：1032–1041.

[17] 韩晓增，邹文秀. 我国东北黑土地保护与肥力提升的成效与建议. 中国科学院院刊，2018，33（2）：206–211.

[18] 何郑涛，循环经济背景下养殖型家庭农场适度规模的研究——基于四川重庆生猪养殖型家庭农场的调研. 西南大学博士论文，2016.

[19] 贾 伟，朱志平，陈永杏，等. 典型种养结合奶牛场粪便养分管理模式. 农业工程学报，2017，33（12）：209–217.

[20] 江冰冰，张彧，郭存武，等. 韭菜和辣椒间作对辣椒疫病的防治效果及其化感机理. 植物保护学报，2017，44（1）：145–151.

[21] 蒋兴川，董文霞，肖春，等. 甘蔗和玉米挥发物差异及其对亚洲玉米螟幼虫取食行为的调控作用. 应用昆虫学报，2017，54（5）：803–812.

[22] 荆凡胜，陈斌，常怀艳，等. 玉米 // 甘蔗对玉米蚜、甘蔗绵蚜及其天敌昆虫的影响. 云南农业大学学报（自然科学版），2017，32（3）：432–441.

［23］康绍忠．充分发挥农业节水的战略作用 助力农业绿色发展和乡村振兴．中国水利，2019：6–8.
［24］孔垂华．作物化感品种对农田杂草的调控．植物保护学报，2018，45（5）：961–970.
［25］郎杰，韩光煜，徐俊采，等．遗传分化对多样性种植下主栽和间栽水稻品种抗稻瘟病效率的影响．云南农业大学学报，2015，30（3）：338–345.
［26］李德军，陈浩，肖孔操，等．西南喀斯特生态系统氮素循环特征及其固碳效应．农业现代化研究，2018，39（6）：916–921.
［27］李凤民．西部旱地生态农业与政策框架．民主与科学，2018（4）.
［28］李隆．间套作体系豆科作物固氮生态学原理与应用．北京：中国农业大学出版社，2013.
［29］梁玉刚，黄璜，李静怡，等．规模化稻鸭共育对水稻株型结构及产量形成的影响．生态学杂志，2016，35（10）：2752–2758.
［30］林文．地膜和秸秆覆盖对黄土高原旱作农田土壤水库与作物产量的影响．中国科学院大学博士论文，2017.5.
［31］林文雄，陈婷．中国农业的生态化转型与发展生态农业新视野．中国生态农业学报（中英文），2019，27（2）：169–176.
［32］刘海东，李琳，张维俊，等．华东地区不同种类畜禽粪便对农田土壤重金属输入的影响．环境与可持续发展，2017，42（6）：136–139.
［33］刘皆惠．贵州喀斯特山区节粮型畜牧业发展战略探讨．上海畜牧兽医通讯，2016（01）：75–77.
［34］刘晓冰．粮食安全与黑土地保护利用相撞分析．四平日报．2016，5 月 30 日第 7 版．
［35］刘小屿，沈根祥，钱晓雍，等．不同钝化剂对畜禽粪便有机肥重金属铜锌的钝化作用．江苏农业科学，2017，45（13）：209–213.
［36］刘愿理，廖和平，巫芯宇，等．西南喀斯特地区耕地破碎与贫困的空间耦合关系研究．西南大学学报（自然科学版），2019，41（01）：10–20.
［37］骆世明．构建我国农业生态转型的政策法规体系．生态学报，2015，35（6）：2020–2027.
［38］骆世明．农业生态转型态势与中国生态农业建设路径．中国生态农业学报，2017，25（1）：1–7.
［39］骆世明主编．农业生态学．北京：中国农业出版社，2017.
［40］骆世明．中国生态农业制度的构建．中国生态农业学报，2018，26（5）：759–770.
［41］佀国涵，彭成林，徐祥玉，等．稻—虾共作模式对涝渍稻田土壤微生物群落多样性及土壤肥力的影响．土壤，2016，48（3）：503–509.
［42］孟祥海，况辉，周海川．环保新政与畜禽规模养殖绿色化转型．江苏农业科学，2018，46（18）：343–346.
［43］宁川川，陈权洋，胡洪婕，等．水稻与蕹菜间作对水稻生长、产量和病虫害控制的影响．生态学杂志，2017，36（10）：2866–2873.
［44］宁川川，杨荣双，蔡茂霞，等．水稻—蕹菜间作系统中种间关系和水稻的硅、氮营养状况．应用生态学报，2017，28（2）：500–510.
［45］敖向红．喀斯特石漠化地区农村废弃物低碳处理及清洁管理技术与示范．贵州师范大学硕士学位论文，2016.
［46］庞建光，姬红萍，武龙．桑园套种大豆和苜蓿对杂草群落及其生物多样性的影响．江苏农业科学，2016，44（4）：187–189.
［47］乔玉辉，甄华杨，徐志宇，等．我国生态农场建设的思考．中国生态农业学报，2019，27（2）：206–211.
［48］瞿建蓉．新疆绿洲生态农业发展思考．实事求是，2017（05）：74–77.
［49］石祖梁，邵宇航，王飞，等．我国秸秆综合利用面临形势与对策研究．中国农业资源与区划，2018，39（10）：30–36.
［50］宋希娟，刘淑娟，寻瑞，等．喀斯特岩溶区域“草—畜”农业生产模式初探——以古周村为例．湖南农业

科学. 2017，6：66–69.
[51] 田童. 新疆棉花秸秆资源化的潜力研究. 新疆农业大学博士学位论文，2016.
[52] 王丁宏，党婕，祁宁，等. 河西走廊农业优势特色产业选择. 生产力研究，2017（1）：51–55.
[53] 王坤. 马铃薯、玉米邻作对大豆田刺吸式害虫的生态调控. 东北农业大学硕士学位论文，2017.
[54] 王 琪，全坚宇，高威，等. 稻秸秆全量还田种麦新技术试验示范简报. 上海农业科技，2016（1）：53–54.
[55] 王琦琪，陈印军，易小燕，等. 东北冷凉区粮豆轮作模式探析. 农业展望，2018，14（06）：48–52.
[56] 王秋菊，焦峰，刘峰，等. 秸秆粉碎集条深埋机械还田模式对玉米生长及产量的影响. 农业工程学报，2018，34（9）：153–159.
[57] 王兴文，侯贤清，李文芸，等. 旱作区环保型材料覆盖对马铃薯生长的影响及其降解特性. 干旱区农业研究，36（3）：86–92，112.
[58] 王艳. 不同施磷水平下种间配置对间作体系生产力和微量元素吸收利用的影响. 北京：中国农业大学硕士学位论文，2015.
[59] 魏丹，匡恩俊，迟凤琴，等. 东北黑土资源现状与保护策略. 黑龙江农业科学，2016（01）：158–161.
[60] 翁柳阳. 西南地区水稻高产栽培技术. 种子科技，2017，35（07）：75–76.
[61] 夏咛. 番茄的间作控害作用及其挥发物对小菜蛾的驱避效应. 福建农林大学硕士学位论文，2015.
[62] 吴维雄，罗锡文，杨文钰，等. 小麦·玉米·大豆带状复合种植机械化研究进展. 农业工程学报，2015，31（Supp. 1）：1–7.
[63] 夏咛，杨广，尤民生. 间作番茄对花椰菜田主要害虫和天敌的调控作用. 昆虫学报，2015，58（4）：391–399.
[64] 向慧敏，章家恩，李宏哲，等. 荔枝园养鸡配套技术及效益分析. 生态科学，2017，36（2）：107–112.
[65] 许月艳，颜廷武，李崇光. 农民参与农作物秸秆资源化利用的受偿意愿分析——基于安徽、山东的调研数据. 中国农业资源与区划，2018，39（10）：72–77.
[66] 徐笑扬，沈 洋. 秸秆回收利用的成本收益分析. 农村经济与科技，2017，28（13）：12–15.
[67] 徐祥玉，张敏敏，彭成林，等. 稻虾共作对秸秆还田后稻田温室气体排放的影响. 中国生态农业学报，2017，25（11）：1591–1603.
[68] 徐忠山. 秸秆还田量对黑土地土壤性状及玉米产量的影响. 内蒙古农业大学硕士学位论文，2017.
[69] 宣梦，许振成，吴根义，等. 我国规模化畜禽养殖粪污资源化利用分析. 农业资源与环境学报，2018，35（2）：126–132.
[70] 颜萍，熊康宁，檀迪，等. 喀斯特石漠化治理不同水土保持模式的生态效应研究. 贵州师范大学学报（自然科学版），2016，34（1）：1–7，21.
[71] 严昌荣，刘勤. 生物降解地膜在我国农业应用中的机遇和挑战. 中国农业信息，2017.01（上）：57–58.
[72] 杨丹丹. 全国秸秆综合利用率达 82%. 中国农业新闻网 – 农民日报，2018–06–28.
[73] 叶晓馨. 玉米和谷子作为诱捕作物防除列当有效性研究. 西北农林科技大学博士学位论文，2017.
[74] 战国隆. 节水灌溉工程模式研究. 现代农业科技，2019：127–128.
[75] 章家恩主编，农业循环经济. 北京：化学工业出版社，2010.
[76] 张帆，李海露，程凯凯. "稻鸭共生" 生态系统重金属镉的转化、迁移及循环特征. 中国生态农业学报，2016，24（9）：1206–1213.
[77] 张立猛，方玉婷，计思贵，等. 玉米根系分泌物对烟草黑胫病菌的抑制活性及其抑菌物质分析. 中国生物防治学报，2015，31（1）：115–122.
[78] 张立敏，王浩元，常怀艳，等. 玉米马铃薯间作对小绿叶蝉种群时空动态格局的影响. 云南农业大学学报（自然科学版），2016，31（6）：990–998.
[79] 张剑，胡亮亮，任伟征，等. 稻鱼系统中田鱼对资源的利用及对水稻生长的影响. 应用生态学报，2017，

28（01）：299-307.

［80］张瑞平，曾庆宾，余伟，等. 烟草根结线虫不同防控措施的田间筛选. 中国烟草科学，2016，37（4）：54-59.

［81］张喜英. 华北典型区域农田耗水与节水灌溉研究 . 中国生态农业学报，2018，26：1454-1464.

［82］张雪梅，王克林，岳跃民，等. 生态工程北京下西南喀斯特植被变化主导因素及其空间费平稳性. 生态学报，2017，37（12）：4008-018.

［83］张亚杰，邓少虹，李伏生，等. 喀斯特地区春玉米套作夏大豆下作物产量和农田碳贮量对有机肥与化肥配施的响应. 南方农业学报，2015，46（09）：1584-1590.

［84］张亚楠，李孝刚，王兴祥. 茅苍术间作对连作花生土壤线虫群落的影响. 土壤学报，2016，53（6）：1497-1504.

［85］张彦虎 . 新疆草地农业发展模式研究. 石河子大学博士学位论文，2015.

［86］张珍明，周运超，田潇，等. 喀斯特小流域土壤有机碳空间异质性及储量估算方法. 生态学报，2017，37（22）：7647-7659.

［87］郑微微，沈贵银，李冉. 畜禽粪便资源化利用现状、问题及对策—基于江苏省的调研. 现代经济探讨，2017（2）：57-61.

［88］郑许松，鲁艳辉，钟列权，等. 诱虫植物香根草控制水稻二化螟的最佳田间布局. 植物保护，2017，43（6）：103-108.

［89］赵俊 . 塔里木河流域农区农牧耦合资源利用研究. 新疆农业大学博士学位论文，2016.

［90］赵本良，温婷，章家恩，等. 鸭稻系统中水稻地上部对土壤振动的响应. 生态学杂志，2019，38（1）：145-152.

［91］周劲松. 生物炭对东北冷凉区水稻育苗基质理化特性及水稻生长发育的影响. 沈阳农业大学博士学位论文，2016.

［92］朱立志. 秸秆综合利用与秸秆产业发展. 中国科学院院刊，2017，32（10）：1125-1131.

［93］Bai PH，Liu QZ，Li XY，et al. Response of the wheat rhizosphere soil nematode community in wheat/walnut intercropping system in Xinjiang，Northwest China. Applied Entomology and Zoology，2018，53（3）：297-306.

［94］Brooker R，Bennett A，Cong W，et al. Improving intercropping：A synthesis of research in agronomy，plant physiology and ecology. New Phytologist，2015，206（1）：107-117.

［95］Chen HX，Liu JJ，Zhang AF，et al. Effects of straw and plastic film mulching on greenhouse gas，emissions in Loess Plateau，China：A field study of 2 consecutive wheat-maize rotation cycles. Science of the Total Environment 2017; 579：814-824.

［96］Dai ZY，Tan J，Zhou C，et al. The OsmiR396-OsGRF8-OsF3H-flavonoid pathway mediates resistance to the brown planthopper in rice（Oryza sativa）. Plant Biotechnology Journal. 2019，doi：10.1111/pbi.13091.

［97］Ding J，Sun Y，Xiao CL，et al. Physiological basis of different allelopathic reactions of cucumber and figleaf gourd plants to cinnamic acid . Journal of Experimental Botany，2007，58（13）：3765-3773.

［98］Ding XP，Yang M，Huang HC，et al. Priming maize resistance by its neighbors：activating 1,4-benzoxazine-3-ones synthesis and defense gene expression to alleviate leaf disease. Frontier in Plant Science，2015，6:830.

［99］Fang CX，Li YZ，Li CX，et al. Identification and comparative analysis of microRNAs in barnyardgrass（Echinochloa crus-galli）in response to rice allelopathy. Plant，Cell & Environment，2015，38（7）：1368-1381.

［100］Fang CX，Zhuang YE，Xu TC，et al. Changes in rice allelopathy and rhizosphere microflora by inhibiting rice phenylalanine ammonialyase gene expression. Journal of Chemical Ecology，2013，39（2）：204-212.

［101］Fang YT，Zhang LM，Jiao YG，et al. Tobacco rotated with rapeseed for soil-borne Phytophthora pathogen biocontrol：mediated by rapeseed root exudates . Frontier in Microbiology，2016，7:894.

[102] Gao DM, Zhou XG, Duan YD, et al. Wheat cover crop promoted cucumber seedling growth through regulating soil nutrient resources or soil microbial communities? .The Plant and Soil, 2017, 418 (1–2): 459–475.

[103] Gao XF, Xie Y, Liu G. Effects of soil erosion on soybean yield as estimated by simulating gradually eroded soil profiles. Soil & Tillage Research, 2015, 145: 126–134.

[104] Gliessman R, Stephen. Agroecology: the ecology of sustainable food systems (Third Edition) . 2015. CRC Press. Boca Raton, Florida, US.

[105] Xu GC, Liu X, Wang QS, et al. Integrated rice–duck farming mitigates the global warming potential in rice season. Science of the Total Environment,2017,575:58–66.

[106] Guo LB, Qiu J, Li LF, et al. Genomic clues for crop–weed interactions and evolution. Trends in Plant Science. 2018, 23 (12): 1102–1115.

[107] Guo L, Qiu J, Ye C, et al. Echinochloa crus–galli genome analysis provides insight into its adaptation and invasiveness as a weed. Nature communications, 2017, 8 (1): 1031.

[108] Yang HS, Yu DG, Zhou JJ, et al. Rice–duck co–culture for reducing negative impacts of biogas slurry application in rice production systems. Journal of Environmental Management, 2018, 213: 142–150.

[109] Han GY, Lang J, Sun Y, et al. Intercropping of rice varieties increases the efficiency of blast control through reduced disease occurrence and variability. Journal of Integrative Agriculture, 2016, 15(4): 795–802.

[110] Hu XJ, Liu JJ, Zhu P, et al. Long–term manure addition reduces diversity and changes community structure of diazotrophs in a neutral black soil of northeast China. Journal of Soils and Sediments, 2018, 18 (5): 2053–2062.

[111] Ji R, Ye WF, Chen HD, et al. A salivary endo– β –1,4–glucanase acts as an effector that enables Nilaparvata lugens to feed on rice. Plant Physiology, 2017, 173 (3): 1920–1932.

[112] Kong CH, Zhang SZ, Li YH, et al. Plant neighbor detection and allelochemical response are driven by root–secreted signaling chemicals. Nature Communications, 2018, 9 (1): 3867.

[113] Li B, Li YY, Wu HM, et al. Root exudates drive interspecific facilitation by enhancing nodulation and N_2 fixation. Proceedings of the National Academy of Sciences of USA, 2016, 113(23) :6496–6501.

[114] Li FB, Sun ZP, Qi HY, et al. Effects of Rice–Fish Co–culture on Oxygen Consumption in Intensive Aquaculture Pond. Rice Science, 2019, 26 (1): 50–59.

[115] Li L, Tang CX, Rengel Z, et al. Chickpea facilitates phosphorus uptake by intercropped wheat from an organic phosphorus source. Plant and Soil, 2003, 248 (1/2): 297–303.

[116] Li SM, Li L, Zhang FS, et al. Acid phosphatase role in chickpea/maize intercropping. Annals of Botany, 2004, 94 (2): 297–303.

[117] Liang KM., Yang T, Zhang SB, et al. Effects of intercropping rice and water spinach on net yields and pest control: An experiment in southern China. International Journal of Agricultural Sustainability, 2016, 14: 448–465.

[118] Lim JY. Agroecology: Key Concepts, Principles and Practices. Penang: Third World Network and SOCLA, 2015: 1–46.

[119] Liu EK, He WQ, Yan CR. “White revolution” to “white pollution” –agricultural plastic film mulch in China. Environmental Research Letters 2014: 9.

[120] Liu SY. Zhang XP, Liang AZ, et al. Ridge tillage is likely better than no tillage for 14–year field experiment in black soils: Insights from a N–15–tracing study. Soil & Tillage Research, 2018, 179 : 38–46.

[121] Lu HP, Luo T, Fu HW, et al. Gatehouse A, Lou Y–G, Shu Q Y. Resistance of rice to insect pests mediated by suppression of serotonin biosynthesis. Nature Plants, 2018, 4 (6): 338–344.

[122] Lu J, Ju HP, Zhou GX, et al. An EAR–motif–containing ERF transcription factor affects herbivore–induced

signaling, defense and resistance in rice. The Plant Journal, 2011, 68 (4): 583–596.

[123] Lv HF, Cao HS, Nawaz Muhammad A., et al. Wheat intercropping enhances the resistance of watermelon to Fusarium wilt. Frontiers in Plant Science, 2018, 9: 696.

[124] Mao LL, Zhang LZ, Li WQ, et al. Yield advantage and water saving in maize/pea intercrop. Field Crops Research, 2012, 138: 11–20.

[125] Mei PP, Gui LG, Wang P, et al. Maize/faba bean intercropping with rhizobia inoculation enhances productivity and recovery of fertilizer P in a reclaimed desert soil . Field Crops Research, 2012, 130: 19–27.

[126] Meinke H, Sivakumar MVK, Motha R, Nelson R. Preface: Climate predictions for better agricultural risk management. Australian Journal of Agricultural Research, 2007, 58 (10): 935–938.

[127] Mo F, Wang JY, Zhou H, Preface: Climate predictions for better agricultural risk management. Ridge–furrow plastic–mulching with balanced fertilization in rainfed maize (*Zea mays L.*): An adaptive management in east African Plateau. Agricultural and Forest Meteorology 2017; 236: 100–112.

[128] Ning CC, Qu JH, He LY. Preface: Climate predictions for better agricultural risk management Improvement of yield, pest control and Si nutrition of rice by rice–water spinach intercropping. Field Crops Research, 2017, 208: 34–43.

[129] Qi JF, Zhou GX, Yang LJ, et al. The chloroplast–localized phospholipases D α4 and α5 regulate herbivore–induced direct and indirect defenses in rice. Plant Physiology, 2011, 157(4): 1987–1999.

[130] Qin XJ, Wu HM, Chen J, et al. Transcriptome analysis of Pseudostellaria heterophylla in response to the infection of pathogenic Fusarium oxysporum. BMC Plant Biology, 2017, 17 (1): 155.

[131] Teng Q, Hu XF, Luo F, et al. Influences of introducing frogs in the paddy fields on soil properties and rice growth. Journal of Soils and Sediments, 2016, 16: 51–61.

[132] Sekiya N, Araki H, Yano K. Applying hydraulic lift in an agroecosystem: Forage plants with shoots removed supply water to neighboring vegetable crops. Plant and Soil, 2011, 341 (1/2): 39–50.

[133] Sievänen R, Mäkelä H, Nikinmaa E, et al. Special issue on functional–structural tree models: Preface. Silva Fennica, 1997, 31: 237–238.

[134] Sievänen R, Nikinmaa E, Nygren P, et al. Components of functional–structural tree models. Annals of Forest Science, 2000, 57 (5): 399–412.

[135] Wang YP, Li XG, Zhu J, et al. Multi–site assessment of the effects of plastic–film mulch on dryland maize productivity in semiarid areas in China. Agricultural and Forest Meteorology 2016, 220: 160–169.

[136] Lv WW, Zhou WZ, Lu S, et al. Microplastic pollution in rice–fish co–culture system: A report of three farmland stations in Shanghai, China. Science of the Total Environment, 2019, 652: 1209–1218.

[137] Ren WZ, Hu LL, Guo L, et al. Preservation of the genetic diversity of a local common carp in the agricultural heritage rice–fish system. PNAS, 2, 2018,115 (3): 546–554.

[138] Wezel A, Bellon S, Dore T, et al. Agroecology as a Science, a Movement and a Practice. Sustainable Agriculture, 2011, (3): 27–43.

[139] Wu HM, Wu LK, Zhu Q, et al. The role of organic acids on microbial deterioration in the Radix pseudostellariae rhizosphere under continuous monoculture regimes. Scientific Reports, 2017a, 7 (1): 3497.

[140] Wu HM, Xu JJ, Wang JY, et al. Insights into the mechanism of proliferation on the special microbes mediated by phenolic acids in the Radix pseudostellariae rhizosphere under continuous monoculture regimes. Frontiers in Plant Science, 2017b, 8: 659.

[141] Wu LK, Chen J, Umar KM, et al. Rhizosphere fungal community dynamics associated with Rehmannia glutinosa replant disease in a consecutive monoculture regime. Phytopathology, 2018, 108 (12): 1493–1500.

[142] Wu XY, Yu YG, Baerson Scott R, et al. Interactions between nitrogen and silicon in rice and their effects on

resistance toward the brown planthopper Nilaparvata lugens. Frontiers in Plant Science，2017，8：28.

[143] Xia HY，Wang ZG，Zhao JH，et al. Contribution of interspecific interactions and phosphorus application to sustainable and productive intercropping systems. Field Crops Research，2013，154：53–64.

[144] Xiao YB，Li L，Zhang FS. Effect of root contact on interspecific competition and N transfer between wheat and fababean using direct and indirect 15N techniques. Plant and Soil，2004，262（1/2）：45–54.

[145] Tong XW，Brandt M，Yue YM，et al. Increased vegetation growth and carbon stock in China karst via ecological engineering. Nature Sustainability，2018,1：44–50.

[146] Xie GH，Cui HD，Dong Y，et al. Crop rotation and intercropping with marigold are effective for root-knot nematode（*Meloidogyne* sp.）control in angelica（*Angelica sinensis*）cultivation. Canadian Journal of Plant Science，2016，97（1）：26–31.

[147] Xu HX，Qian LX，Wang XW，et al. A salivary effector enables whitefly to feed on host plants by eliciting salicylic acid–signaling pathway. Proceedings of the National Academy of Sciences，USA. 2019，116（2）：490–495.

[148] Xu XC，Fang PP，Zhang H，et al. Strigolactones positively regulate defense against root-knot nematodes in tomato. Journal of Experimental Botany，2019，70（4）：1325–1337.

[149] Yang F，Jiang Q，Zhu MR，et al. Effects of biochars and MWNTs on biodegradation behavior of atrazine by Acinetobacter lwoffii DNS32. Science of the Total Environment，2017，577：54–60.

[150] Yang M，Zhang Y，Qi L，et al. Plant-plant-microbe mechanisms involved in soil-borne disease suppression on a maize and pepper intercropping system. PLoS ONE,2014，9（12）：e115052.

[151] Ye M，Song YY，Baerson SR，et al. Ratoon rice generated from primed parent plants exhibit enhanced herbivore resistanc. Plant，Cell & Environment，2017，40（5）：779–787.

[152] Ye M，Song YY，Long J，et al. Priming of jasmonate-mediated antiherbivore defense responses in rice by silicon. Proceedings of the National Academy of Sciences，USA. 2013，110（38）：E3631–E3639.

[153] Yu JQ，Matsui Y. Effects of root exudates of cucumber（Cucumis sativus）and allelochemicals onion uptake by cucumber seedlings. Journal of Chemical Ecology，1997，23（3）：817–827.

[154] Yu JQ，Shou SY，Qian YR，et al. Autotoxic potential of cucurbit crops. The Plant and Soil，2000，223（1–2）：149–153.

[155] Zhang SL，Huang J，Wang Y，et al. Spatiotemporal heterogeneity of soil available nitrogen during crop growth stages on mollisol slopes of Northeast China. Land Degradation & Development，2017，28（3）:856–869.

[156] Zhang F，Zhang WJ，Qi JG，et al. A regional evaluation of plastic film mulching for improving crop yields on the Loess Plateau of China. Agricultural and Forest Meteorology，2018，248：458–468.

[157] Zhang F，Zhang WJ，Li M，et al，Does long-term plastic film mulching really decrease sequestration of organic carbon in soil in the Loess Plateau?. European Journal of Agronomy，2017，89：53–60.

[158] Zhang ZQ，Zhou C，Xu YY，et al. Effects of intercropping tea with aromatic plants on population dynamics of arthropods in Chinese tea plantations. Journal of Pest Science，2017，90（1）：227–237.

[159] Zhao PZ，Li S，Wang EH，et al. Tillage erosion and its effect on spatial variations of soil organic carbon in the black soil region of China. Soil & Tillage Research，2018,178：72–81.

[160] Sha ZM，Chu QM，Zhao Z，et al. Variations in nutrient and trace element composition of rice in an organic rice-frog coculture system. Scientific Reports |7:15706 | doi:10.1038/s41598-017-15658-1.

[161] Zhou LL，Zhang FS，Li L，et al. Rhizosphere acidification of faba bean，soybean and maize. Science of the Total Environment，2009，407（14）：4356–4362.

[162] Zhou XG，Liu J，Wu FZ. Soil microbial communities in cucumber monoculture and rotation systems and their feedback effects on cucumber seedling growth. The Plant and Soil，2017，415（1–2）：507–520.

[163] Zhu SS, Morel JB. Molecular mechanisms underlying microbial disease control in intercropping. Molecular Plant-Microbe Interactions, 2019, 32: 20-24.

[164] Zhu JQ, Werf van der W, Anten NPR, et al. The contribution of phenotypic plasticity to complementary light capture in plant mixtures. New Phytologist, 2015, 207 (4): 1213-1222.

[165] Zuo YM, Zhang FS, Li XL, et al. Studies on the improvement in iron nutrition of peanut by intercropping with maize on a calcareous soil. Plant and Soil, 2000, 220 (1/2): 13-25.

[166] Zuo YM, Zhang FS. Effect of peanut mixed cropping with gramineous species on micronutrient concentrations and iron chlorosis of peanut plants grown in a calcareous soil . Plant and Soil, 2008, 306 (1/2): 23-36.

撰稿人：骆世明　林文雄　方长旬　杨　敏　朱书生
李成云　李　隆　章家恩　李凤民　宇振荣

农业微生物学发展研究

一、引言

（一）学科概述

微生物学是研究微生物在一定条件下的形态结构、生理生化、遗传变异以及进化、分类、生态等生命活动规律及其应用的一门学科。随着微生物学的不断发展，形成了基础微生物学和应用微生物学，按照应用范围将应用微生物学分为农业微生物学、工业微生物学、医学微生物学、药学微生物学、预防微生物学等多个分支学科。

农业微生物学主要研究与农业生产（种植业、养殖业）、农产品加工和农业生态环境保护等相关领域微生物的基本特性、生命活动规律及其作用过程。农业微生物学科已发展成为微生物学、遗传学、植物营养学、植物病理学、兽医微生物学、发酵工程学以及组学、系统生物学和合成生物学等学科深度融合的学科体系，在动植物营养健康、病虫害绿色防控、生物质转化、农业细胞工厂、基因工程疫苗、生物饲料与抗生素替代等方面取得快速发展。目前，我国在农业微生物机理解析、病虫害绿色防控、基因工程疫苗、生物固氮和微生物酶工程等研究处于国际先进水平，此外，以农业微生物为核心的农业微生物产业不断壮大，农用基因工程疫苗、食用菌、微生物肥料、微生物农药和饲用酶制剂等产业走在世界前列，促进了农业和农村经济发展。

农业微生物在缓解或消除化学肥料和农药污染，增加作物产量，提高农产品品质，保护和改善农业生态环境具有无法取代的独特作用。利用生防细菌及其代谢产物如农用抗生素或苏云金杆菌（BT）杀虫蛋白能有效防止植物病虫害。目前全球生物农药的销售额约40亿美元，仅占整个农药市场的5%，而我国以BT杀虫蛋白、井冈霉素和阿维菌素为主的各类微生物农药的产量约为14.5万吨（以成药计），仅占病虫害防治总面积的10%—15%。因此研发生物农药，增加其占所有农药的份额有着极其广阔的发展空间；利用功能基因特别是来自微生物的基因，创制耐盐抗旱等抗逆植物新种质，是改善植物品质、增强抵御不良环境，有效缓解农业水资源与土地资源缺乏的根本途径之一。我国每年受干旱、盐渍化危害面积达2000万和1000多万公顷，造成减产粮食达300亿—400亿千克；利用根瘤菌和土壤中其他固氮菌的固氮和营养元素转化能力，可望有效减少化肥的用量，增强土壤肥力和提高农作物产量，据统计，全球生物固氮总量约为1.75亿吨，相当于世界氮肥产量的3倍，目前我国以固氮微生物为主的生物肥料年产量约2000万吨，推广面积上亿亩，随着我国能源供给的日趋紧张，利用微生物固氮培肥土壤，推动我国农业绿色革命中将起着越来越重要的作用；利用微生物分解农作物秸秆或饲料营养转换的功能，从而开发新的饲料来源和提高现有饲料营养价值，以缓解饲料用量的供需矛盾，弥补每年0.6万—1.3万吨的饲料用粮缺口。由此可见，农业微生物对于解决人类食物安全、资源可持续利用、环境保护等重大课题具有巨大潜力，市场前景非常广阔。

当前，生物组学、计算生物学等现代生物科学迅猛发展，农业微生物前沿技术及其产业化发展日新月异，已进入一个大数据、大平台、大发现时代。农业微生物技术的理论进步和技术创新，为传统农业的改造和转型提供不可替代的技术支持，孕育和促进了生物农业等战略性新兴产业的形成和壮大，为各种现代生物技术和产品的研发提供了可能，如新基因、新的酶和蛋白质、新的代谢产物等。

本报告重点介绍了我国近几年农业微生物研究的前沿理论及共性技术发展状况，并围绕微生物资源收集、极端环境微生物、根际促生微生物、饲料用微生物、生防微生物、食品微生物、环保及能源微生物、环境修复微生物、食用菌、微生物—宿主互作等相关研究与产业化所取得的新成果和新进展进行了总结与分析，展望了未来发展的战略需求、重点领域及优先发展方向。

（二）发展历史回顾

1. 我国农业微生物学的发展历程

我国的农业微生物研究始于20世纪30—40年代，是以土壤微生物作为主要研究对象建立和发展起来的。陈华癸教授在共生固氮以及水稻土微生物与肥力的关系两个领域作出了重要贡献，在20世纪30年代首次发现作物根毛被根瘤菌侵染之前，发生伸长和弯曲的现象与根瘤菌分泌生长素类物质的作用有关。中华人民共和国成立后，农业微生物学科研究和教学体系在大学和研究院（所）相继建立起来。50年代初，微生物学科即被列为农业院校种植业各专业的专业基础课。中国农业科学院及一些省的农业科学院于50年代中后期先后成立并相继组建了土壤肥料研究机构，先后开展了土壤微生物、生物固氮的研究和应用工作，这个时期，农业微生物学几个方面的研究达到了当时的国际水平。60年代，根据12年科学发展规划，在农业微生物学科的多个领域内开展了一些理论性研究的初步工作，生物农药和菌肥工业已经形成了一定的规模。从研究技术手段上，研究主要围绕微生物在农田环境中的生化作用及催化过程展开，涉及土壤微生物区系、根圈（根际）微生物、元素循环中微生物的作用、水稻田土壤中微生物学过程、土壤生化活性和土壤酶、根瘤菌和豆科植物固氮作用、自生固氮细菌、固氮蓝细菌和红萍等方面。在应用方面，主要进行了紫云英、大豆、花生根瘤菌等菌剂研制和推广示范，取得重要进展。

改革开放以后，中国农业微生物学的科研、教学队伍逐步得到恢复和发展，新建了一批重要的科研机构，在一些重点农业院校，新建了生物学院、生命科学院或微生物系、农业微生物专业，国家级、部级农业微生物学或分子生物学重点开放实验室，农业微生物学作为一门重要的学科专业在科研、教学的位置显得日益重要，国家投入有了较大的增加，农业微生物学的许多研究领域得到了资助和支持。以分子生物学为代表的新技术的应用极大地推动了农业微生物研究的应用，在固氮基因资源、菌根与丛植菌根、溶磷菌、硅酸盐细菌、纤维素降解菌、作物病原菌等微生物的功能和机制方面取得了重要进展，并开始了微生物对农药降解及在土壤环境修复方面的研究。

进入21世纪以来，生命科学和生物技术的迅猛发展，使国际社会和科技界，愈来愈认识到微生物对人类生活质量的提高和经济可持续发展的重要性。近年来，我国农业微生物研究和应用受到了极大的关注和重视，微生物在农业绿色发展、农产品质量安全和生态环境保护等方面的重要性日益凸显，其热点突出表现在农用微生物资源、重点微生物组学研究与机理途径、病虫害绿色防控、基因工程疫苗、农业微生物主导的物质转化、土壤微生物区系表征与调控等方面。

农业微生物研究技术日新月异，随着微生物组学、生物信息学、合成生物学等技术的迅猛发展，农业微生物前沿技术已进入一个大数据和大平台时代，为农业微生物理论突破和技术创新提供不可替代的技术支持；以微生物有机资源和养分资源高效转化为代表的微生物代谢研究以及工艺优化与产业应用取得了显著进展；土壤生物肥力和土壤健康维护领域的研究日臻完善。针对不同作物和连作障碍，通过人工干预和调控土壤微生物区系，构建了高产、高效、抑病型土壤，有力支撑了“藏粮于地”和“藏粮于技”的战略指导思想。重要微生物作用机理研究取得理论突破，农业微生物产业发展迅猛，我国的农业微生物学在学科进步和生产应用等方面不仅缩短了与国际上先进水平的差距，有些方面达到了国际先进水平。

2. 国际发展趋势

（1）新一代农业微生物前沿技术层出不穷

从传统培养和生态学方法转向采用免培养结合分子生态学方法，从单一的和纯化的菌株转向在群落水平或生态基因组层面进行系统性和大规模的新基因开发，是当前农业微生物资源利用发展的一大趋势。从单基因或几个基因的功能研究转向借助模式微生物基因组和功能基因组平台开展微生物代谢网络和基因调控网络的系统研究，是当前农业微生物重要功能基因研究发展中的另一大趋势。微生物基因资源是重要战略生物资源之一，也是生物技术中最重要的功能基因来源。当前围绕微生物基因资源争夺日趋白热化，农业微生物功能基因资源的大规模挖掘利用正孕育新的基因工程技术突破。目前全球产业化面积最大的抗除草剂和抗虫基因工程作物所用功能基因均来源于微生物。此外，应用前景广阔的基因工程耐旱玉米和富含维生素 A 基因工程水稻所用功能基因，以及许多基因工程用酶、基因编辑工具 Cas9 蛋白均来自于微生物。微生物基因组研究是目前生物基因组研究最前沿最活跃的领域，截至 2016 年，正在进行或已完成测序的古细菌 758 种，细菌 23629 种，真菌 1006 种，与农业密切相关的重要微生物特别是作物病原微生物基因组研究成为下一步研究重点。2016 年美国启动了“国家微生物组计划”，我国科学家发起了“万种微生物基因组计划”，均旨在促进微生物领域的科学研究并在工农业、医疗健康、食品和环境领域的应用。2017 年，美国能源部发布了迄今为止最大规模的 1003 个系统发育多样化细菌和古细菌的参考基因组。微生物基因资源的开发利用已成为农业生物技术国际竞争的焦点，一场全球范围的“微生物基因大战”已拉开序幕。

国际上农业微生物基因组测序和相关组学研究取得了重大进展并全面推进。农业微生物基因组已成为当前基因组学研究最活跃的领域之一。当前，农业微生物组学研究呈现以下发展趋势：①从微生物基因组到泛基因组。随着 DNA 测序技术的飞速发展，测序成本下降了 90% 以上，微生物基因组测序的数目从几个、几十个到今天以“千记”的数量的增长。2009 年美国能源部启动了微生物系统发育树全部进化节点的所有微生物种的测序，我国科学家发起了“万种微生物基因组计划”，其目的就是揭开微生物世界的神秘面纱，揭示微生物的适应与进化、遗传与变异的科学机制。②从微生物基因组到元基因组。环境微生物是自然界中群体数目最庞大、种属类群最繁多、基因资源最丰富和应用范围最广泛的一类生物，但长期以来对环境微生物的研究仅局限在占其总量约 1% 的可培养微生物上。元基因组技术已在许多微生物复杂系统，如沼气、瘤胃、白蚁以及传统发酵微生物群落结构和功能分析中发挥了重要作用。③从微生物基因组到相互作用组。农业生物致病和生物防治等是影响农业产量、品质的重要因素。这些生命过程涉及微生物和宿主动植物之间相互作用，其分子机制十分复杂。目前，随着组学，特别是功能基因组和代谢组学的理论与方法的发展，在分子、细胞和生物体等多个层次上全面揭示上述农业生命现象的本质，如微生物与宿主细胞的蛋白相互识别组、基因表达网络调控的相互作用组的发现与分析，对于揭示农业生物致病或共生分子机制，发现新的药物靶标等均具有重要理论与实际应用价值。④从微生物基因组到功能基因组。结构和功能明确的基因是农业新品种培育、生物药物研制以及特性优良酶制剂开发的原始创新源泉。基因本身孕育着巨大的经济效益，是“农业基因产业”形成和发展的基础。通过功能基因组研究识别和挖掘基因的功能，并抢占有应用前景的基因资源成为国际基因组研究领域的焦点。

（2）农业微生物产业发展日新月异

学科交叉和技术集成应用推动了以新型微生物农药、肥料和饲料为拳头产品的现代农业微生物产业群的形成和壮大，是当前农业微生物产业发展的又一个新趋势。21 世纪兴起的宏基因组和单细胞测序技术、基因编辑技术以及合成生物技术等前沿技术，推动了新一代农业微生物技术向更加精确、定向、定量、实时方向发展，将为农业抗病虫害、节肥增效、盐碱地改良和生物质转化等世界性农业生产难题提供革命性的解决方案。近几年，以微生物农药、肥料和饲料为代表的新一代绿色农用生物制品在国际市场稳定增长。巴斯夫、拜耳、先正达、陶氏以及诺维信等国际跨国公司以雄厚的研发实力与经营优势进行全球农业微生物扩张。2017 年全球农用微生物菌剂、疫苗和酶制剂的销售额约 120 亿美元，预计到 2020 年达到 200 亿美元。新一代农业微生物产品更新换代加速。当前，国际跨国公司利用生物工程技术构建生物质转化工程菌、节肥增产增效固氮菌、超级降解农药等污染物工程菌，确保其在国际农业微生物产业中的垄断地位。饲用抗生素替代产品不断涌现，抗菌多肽产品对细菌具有广谱杀菌活性，可以替代四环素类的杀菌功能，同时抗菌肽具有提高动物免疫力的功能。溶菌酶产品可以溶解革兰阳性菌，可以替代吉他霉素、恩拉霉素、维吉尼亚霉素等的抑菌作用。猪瘟和猪伪狂犬病是严重危害养殖业的重要疫病，欧美发达国家先后研制出猪瘟嵌合基因工程疫苗、猪瘟基因缺失疫苗以及猪伪狂犬病基因缺失疫苗。随着基因组化学合成成本不断下降，合成基因组对象已从噬菌体、支原体等原核生物，逐渐发展到酵母等真核生物，人工生物合成青蒿素、紫杉醇等植物源药物，人工生物合成新分子化学品，以及人造牛肉和人造牛奶等技术及其产业化不断取得新突破。美国已经或即将上市的合成生物技术产品有 116 种，例如将牛奶组分合成的基因网络组装到酵母细胞，产生了工业化模式的人工牛奶等合成生物产品，已初具产业化潜力，将创造千亿美元的市场。

二、现状与进展

（一）学科发展现状及动态

1. 建立了“网络型”农业微生物资源收集、鉴定、保藏、共享体系

建成了以中国农业微生物菌种保藏管理中心（ACCC）为主体，以根瘤菌、乳酸菌、芽孢杆菌、菌根菌、厌氧菌、农药降解菌、食用菌等特色农业微生物资源库为互补支撑的农业微生物菌种资源保护框架体系。农业微生物菌种资源不仅是农业微生物学科领域的基本研究材料，也是生物技术、相关生命学科领域的主要研究材料。

中国农业微生物菌种保藏管理中心（ACCC）是国际知名的农业微生物资源保藏机构，其保藏的种类与数量仅次于美国的 ATCC 和荷兰的 CBS。自 2013 年以来，中心的菌株库藏量持续增长，库藏质量显著提升，累计新增入库各类微生物资源 1153 株，目前可对外共享资源达 17153 株，备份 222989 份。保藏量占国内农业微生物资源总量的 1/3，涵盖了几乎所有农业相关领域的农业微生物资源，其中库藏食用菌菌种资源 1500 余株，涵盖了我国可栽培资源的所有菌种；其收集、整理保藏的木霉属真菌资源有 23 种 368 株。平均

每年为 150 多家企业、200 多家高等院校和科研院所提供 150067 株左右的菌种服务及保藏鉴定等技术服务。近 5 年来收集评价 11000 余株作物促生防病、植物病原菌等独具特色的微生物资源，发表了真菌与细菌新类群共计 29 个；筛选到具固氮、抗土传病害、促生、降解药害等功能的高效菌株 300 余株；获得功能菌种国家发明专利 28 项，有力支撑了我国生物农业产业的发展和科研进步。

中国兽医微生物菌（毒）种保藏管理中心收集保藏的菌（毒）种达 230 余种群、3000 余株。20 多年来，中国兽医微生物菌种保藏管理中心为我国科研院所、高等院校及兽医生物制品的生产企业，提供了 6 万多株各类兽医微生物菌种，为国民经济建设、工农业生产、环境保护和科研教育发挥了重要的作用，产生了巨大的社会效益和经济效益。

厌氧微生物资源库保藏的严格厌氧微生物资源包括 18 属、33 种产甲烷古菌，已成为国内拥有最多产甲烷古菌资源的单位；其中从分离得到的产甲烷古菌的新种——胜利嗜热甲烷微球菌，是目前报道的生长温度最高的甲基营养型产甲烷古菌。南京农业大学以各类农药、除草剂、杀菌剂和杀虫剂等为靶标，筛选获得了高效有毒残留物的降解菌种；还进行了以化工企业排放的各类有毒有机污染物，如持久性污染物（POP）、苯环类污染物、石油类污染物、医药和化工中间体及染料类污染物以及各种抗生素为靶标，筛选和收集了各类降解菌株 2000 余株，建立了国内最大的农药残留微生物降解菌种资源库。

在根瘤菌菌种资源收集和利用方面，建成了目前国际上菌株数量最大、性状信息最丰富的根瘤菌菌种资源库，先后组织完成了对全国 32 个省（区、市）700 个县的豆科植物结瘤情况调查，采集根瘤标本 7000 多份；新发现可以结瘤的豆科植物 300 多种；分离并保藏根瘤 500 多株，在数量上和所属宿主各类上占重要地位；发现了一批耐酸、碱、盐、高温、低温性强的珍贵根瘤菌种质资源，并对近 2000 株具代表性的根瘤菌进行分类和系统发育研究；完成了我国黄淮海、新疆、东北、亚热带和热带区四个代表性生态区的大豆根瘤菌的地理分布图绘制工作，研究发现我国大豆根瘤菌资源呈现明显的生物地理分布特征，并且与土壤 pH、磷含量等环境因素有明显的相关性。

食用菌方面，采集了我国云贵高原、川藏高原、大小兴安岭等多个生态区域的野生食用菌种质资源，收集国内外栽培种质，通过系统鉴定评价，创建了世界最大的菌种实物和可利用信息同步的国家食用菌标准菌株库（CCMSSC），包括了国外引进参考菌株、国外商业品种、野外采集种质、国内栽培品种、国家级认定品种、主栽种类核心种质群体、人工创制材料和鉴定出的优异种质 7 大类 418 种 8000 余株，解决了我国食用菌育种长期处于“无米之炊”的问题。

2. 重要农业微生物遗传基础及作用机制研究取得重要进展

结合二代和三代测序技术以及转录组分析，系统解析了专性食线虫真菌——掘氏梅里菌专性侵染秀丽隐杆线虫的分子基础，筛选出一系列与杀线虫相关的功能基因。在对掘氏梅里菌 17 个次级代谢产物合成基因簇的分析中，发现一个在感染秀丽隐杆线虫时表达，大小约为 100kb 的次级代谢产物合成基因簇。结合基因簇的生物信息学分析和梅里霉素结构的串联质谱分析，确定了该基因簇为梅里霉素的合成基因簇并解析了梅里霉素的生物合成途径。

完成了联合固氮施氏假单胞菌 A1501 的全基因组测序，基因组分析证明 A1501 携带一个通过基因水平转移获得的 49kb 的固氮岛，鉴定了一系列可能参与细菌氮信号传导或保持最佳固氮水平的新基因。

对 26 株大豆根瘤菌代表菌株进行了比较基因组学、基因组进化学和功能基因组学研究，首次从基因组水平系统揭示共生体系的形成机制，对认识根瘤菌与豆科植物共生体系的进化具有重要意义。

完成了 31 株固氮类芽孢杆菌的基因组序列分析，发现固氮类芽孢杆菌的固氮基因与弗兰克的固氮基因有共同起源，为研究固氮基因起源作出了有力贡献；发现了一个由 9 个固氮基因组成的保守固氮基因簇，为目前自然界发现的最小的固氮基因簇。

揭示了小麦赤霉病、稻瘟菌、小麦条锈病、水稻条纹叶枯病和黑条矮缩病等重要病原微生物的致病机理和灾变规律。针对稻瘟病菌侵染水稻时的自噬性凋亡，阐明了组蛋白 H3 表观调节因子 MoSnt2 对 MoTor 介导的自噬及致病性的调控作用，证明了蛋白精氨酸甲基转移酶通过对 MoSNP1 的甲基化修饰精确调控 ATG 基因 pre-mRNAs 的选择性剪接，进而调节稻瘟病菌中细胞自噬的形成；系统研究了水稻条纹叶枯病与黑条矮缩病在稻麦轮作区的流行规律和暴发成因，揭示了病毒致害分子机制，创新了病毒病绿色防控理念；发现大豆疫霉菌侵入早期逃避寄主抗性反应的新策略，即利用效应蛋白的失活突变体 PXLP1 作为诱饵干扰 GmGP1，突破大豆抗性反应，为研发诱导植物广谱抗病性的生物农药提供了重要的理论依据；剖析了大丽轮枝菌寄主适应性的分子进化机制，首次阐明了大丽轮枝菌寄主广谱性与专化性动态平衡的基因组学基础，发现了棉花大丽轮枝菌和枯萎病菌长期混生过程的基因水平转移证据，为进一步阐明大丽轮枝菌侵染为害和致害机理，发展相应的关键防控技术提供了理论基础。

在 H5N1 高致病性禽流感和人感染 H7N9 禽流感病毒致病性、宿主特异性、遗传演化和生物学进化规律研究取得国际重大理论突破，发现了 H5N1 病毒获得感染哺乳动物能力和致病力增强的重要分子标记以及影响病毒毒力的重要基因，证明了 H5N1 病毒引起人流感大流行的可能性；证实人感染 H7N9 病毒来源于家禽，并发现高致病性 H7N9 突变株及其可在哺乳动物内复制过程中获得适应性突变的特点。这些研究成果为病毒的科学认知、风险评估、防控政策制定和疫苗研发提供了重要理论依据。我国在黏菌素耐药肠杆菌和碳青霉烯类耐药肠杆菌耐药机制的研究上处于世界领先地位，率先发现了可转移的黏菌素耐药基因 mx-1，解析了其在人源、畜禽源、宠物源、食品源、水产源及其相关环境的流行传播特征及其传播的风险因素，揭示了碳青霉烯耐药基因 bam 与黏菌素耐药基因 mc-1 在大肠杆菌、肺炎克雷伯菌等不同种属致病菌中的传播规律。首次鉴定并发现了狂犬病病毒的一个全新的入侵神经细胞受体，该成果为世界狂犬病研究领域近 30 年来的重要发现。

揭示了在丛枝菌根真菌与植物的共生过程中，脂肪酸是植物传递给菌根真菌的主要碳源形式，并发现脂肪酸作为碳源营养在植物—白粉病互作中起重要作用。

系统研究了根际促生菌株芽孢杆菌根际定殖的分子调控途径，发现两组分系统 DegSU 感受外界信号影响 DegU 的磷酸化调控其根际定殖；发现了脂肽物质 Bacillomycin D 具有调控其根际定殖的新型信号功能，其与细胞膜表面的铁离子转运蛋白 FeuA 结合促进铁离子的吸收调控其根际定殖；还发现两组分系统 ResDE 感受环境氧分压降低信号、经呼吸链细胞色素末端氧化酶与细胞膜激酶互作而影响 Spo0A 的磷酸化以调控根际定殖。阐释了根系分泌物介导的根际益生菌—根系互作对益生菌根际定殖的影响。提出了利用根系—土壤—微生物根际互作促进植物生长的研究展望。

从棉花和大丽轮枝菌互作体系中分离鉴定了来源于棉花质外体的富半胱氨酸蛋白 CRR1 和几丁质酶 Chi28，以及来源于大丽轮枝菌的丝氨酸蛋白酶 VdSSEP1，并对它们的功能进行了深入分析。作用机制研究发现，当黄萎病菌入侵时，棉花外泌 Chi28 和 CRR1 到根质外体中，其中 Chi28 能够降解病原菌细胞壁的几丁质，而大丽轮枝菌则分泌丝氨酸蛋白酶 VdSSEP1 来水解棉花 Chi28，从而阻止其对几丁质的降解。更有趣的是，为了反击病原菌的对抗，棉花外泌的 CRR1 在质外体中与 Chi28 相互作用，稳定 Chi28 而使其免受 VdSSEP1 降解，从而增强棉花的免疫防御。

鉴定了固氮施氏假单胞菌 A1501 中碳氮调控系统 Rpo/Gac/Rsm 介导的生物膜形成新机制，证明 RpoN 在固氮施氏假单胞菌生物膜形成“抱团耐铵固氮效应”中的核心调控作用。在此基础上，提出了固氮施氏假单胞菌适应根际环境变化的碳氮调控机制、联合固氮菌、宿主水稻与根际环境三者之间相互作用机制等有待进一步研究的科学问题。

对豆科植物与根瘤菌之间的“分子对话机制”进行了深入的研究，除了传统的豆科植物分泌类黄酮诱导根瘤菌分泌结瘤因子，进而诱导根瘤发育这“第一句”分子对话外，又揭示了新的分子对话机制，即结瘤因子诱导豆科植物表达特异的几丁质酶分解结瘤因子，通过负反馈控制结瘤因子的作用；根瘤菌分泌的Ⅲ型效应因子（NopM、NopL），通过干扰植物细胞内部的信号转导通路，干扰宿主植物防御反应，达到而利于其侵入及延长根瘤寿命的目的。

以模式豆科植物百脉根为材料，通过蛋白质相互作用分离和鉴定与共生相关的基因和蛋白，建立共生体形成过程中蛋白质互作网络，针对根瘤菌结瘤因子的识别、信号传递及调控的关键蛋白展开其作用机制及共生功能的研究，阐明 MAPK 级联反应及泛素化作用在根瘤形成和发育中的功能和作用机制，促进了对豆科植物与根瘤菌共生固氮作用分子机理的认识。

部分快生型大豆根瘤菌（Sinorhizobium）虽然能够和野生大豆有效共生固氮，但在一些商业大豆品种上只形成瘤状突起，这些“假根瘤”并不能被根瘤菌所侵染；将这些不匹配菌株的Tn5随机插入突变体库接种到商业大豆品种可以获得能够有效共生的突变株；反向遗传学和基因组重测序证明T3SS（三型分泌系统）的突变是该表型变化的遗传基础；但是这些突变主要是由基因组中ISs（插入序列）的转座插入而不是外源的Tn5所引起的。进一步结合比较基因组和转录组学证据，该项研究提出了“共进化的ISs”所介导的大豆根瘤菌共生匹配性的适应性进化规律。这一成果不仅对根瘤菌种质资源开发利用具有指导意义，也是新兴的基因组生态学领域的重要研究进展。

3. 合成生物技术及根际微生物组成为新的研究热点

（1）微生物合成生物技术研究

作为21世纪生物学领域新兴的一门学科，合成生物学是分子和细胞生物学、进化系统学、生物化学、信息学、数学、计算机和工程学等多学科交叉的产物。发展迄今，已在生物能源、生物材料、医疗技术以及探索生命规律等诸多领域取得了令人瞩目的成就。2014年，美国国防部将其列为21世纪优先发展的六大颠覆性技术之一；英国商业创新技能部将合成生物技术列为未来的八大技术之一；我国在2014年完成的第三次技术预测中，将合成生物技术列为十大重大突破类技术之一。我国在“十三五”科技创新战略规划中，已将合成生物技术列为战略性前瞻性重点发展方向。我国合成生物学研究虽然起步较晚，但是具有后发优势，布局系统全面，正在从工业领域出发，向农业、医药、健康和环境领域不断深入发展，呈现多领域齐头并进的迅猛发展态势。

以模式微生物大肠杆菌为底盘，重构了产酸克雷伯菌的钼铁固氮酶系统、棕色固氮菌的铁铁固氮酶系统，并且证明重组的铁铁固氮酶系统最少只需要10个基因即可在大肠杆菌中固氮。进一步在大肠杆菌中重构了植物靶细胞器的电子传递链模块，解决了固氮酶系统转入植物靶细胞器后还原力供给的问题，为光合作用和生物固氮相偶联提供了新的思路；通过引入“合并同类项”的思想理念，同时借鉴自然界中植物病毒中频频出现Polyprotein的策略，成功地将原本以6个操纵子为单元的含有18个基因的产酸克雷伯菌钼铁固氮酶系统转化为5个编码Polyprotein的巨型基因，并证明其高活性可支持大肠杆菌以氮气作为唯一氮源生长。

采用组学及合成生物学技术手段从固氮施氏假单胞菌中鉴定了一个全新的非编码RNA，在抗逆与固氮途径间建立一种确保高效固氮的新的调控偶联机制，是国际上报道的第一个直接参与固氮调控的非编码RNA，可望成为高效生物固氮智能调控的候选元件；将该菌的一个49 Kb固氮岛转入大肠杆菌中获得人工固氮工程菌，转录组和蛋白组分析表明，人工固氮大肠杆菌的固氮岛表达受铵和氧浓度变化的调控。通过基因组分析及合成生物学手段，首次发现由9个固氮基因组成的最小固氮基因簇能使大肠杆菌具有固氮活性，利用氮-15同位素技术，直接测定了重组大肠杆菌对氮气的还原。

在非天然化合物人工合成方面取得了突出的研究进展。针对四种具有杀虫、耐热、抗癌和消炎等不同活性的天然苯二酚内酯聚酮化合物的生物合成途径，利用“即插即用”模块化的组合生物合成技术，实现一系列“非天然的”的聚酮类化合物的一步合成，研究对于拓宽医药和农业生物活性物质的范围，具有重要的理论研究与产业应用价值。进一步以两种真菌氧甲基转移酶 LtOMT 和 HsOMT 为研究对象，利用蛋白质同源建模等技术解析出二者在催化位点上产生差异的分子机制。随后，通过多肽片段交换和氨基酸定点突变等手段理性设计、合理改造 LtOMT 的结构，重塑其催化位点，成功开发出一种能够定向改造氧甲基化生物催化元件的技术。应用改造后的 LtOMT，在多种多酚类药物先导化合物上实现了氧甲基化修饰方式的改变，改善了这些小分子的理化性质。

通过理性设计和组合生物合成以自主知识产权的环六肽类抗生素白黄菌素作为出发材料，理性设计活性更优的二聚化的白黄菌素衍生物，并通过组合生物合成技术让微生物直接生产二聚化的白黄菌素，将白黄菌素类化合物的抗菌和抗肿瘤活性提高了 10—100 倍，大大推进了白黄菌素类天然产物药物的研发速度。

水溶性和代谢稳定性是确保临床药物、农药和兽药药效的关键因素。糖基化修饰能改善药物分子的水溶性，从而提高有效性。医用的大环内酯类的红霉素和农用的泰乐菌素只有经糖基化修饰后才具有抗生素活性。然而，糖基化修饰的化合物在生物体内容易被水解，代谢稳定性较差；将糖基进一步修饰为糖甲基，则可在保持水溶性的同时，增加代谢稳定性，更好地发挥药效。利用基因组学、转录组学、生物信息学、代谢反应预测、异源表达和组合生物合成等技术，发现了球孢白僵菌中可催化多种底物的糖基转移酶和甲基转移酶，并通过组合生物合成的方法，合成了系列水溶性和代谢稳定性提高的“非天然的产物”，部分产物在杀虫方面展现了良好的活性，具有重要的农业应用价值。

（2）根际微生物组研究

微生物组（microbiome）是指存在于特定环境中所有微生物种类及其遗传信息和功能的集合，其不仅包括该环境中微生物间的相互作用，还包括微生物与该环境中其他物种及环境的相互作用。根际微生物被认为是植物的第二基因组，对植物的营养和健康发挥着重要的作用，被寄望在农业“常绿革命”时代发挥重要作用。根际微生物中的益生菌是微生物肥料的主要生产菌种，其在根际的作用和竞争定殖决定了微生物肥料的效果。

通过玉米宿主富集作用，得到了一个由 7 种细菌组成的极简微生物组。通过选择培养的方法跟踪每种菌的丰度，发现 *Enterobacter cloacae* 菌在模型生态系统中发挥着主导作用。体外及植物实验中，发现人工重组微生物群落明显抑制真菌病原 *Fusarium verticillioides* 的定殖，对宿主有明显益处。

通过比较田间生长的 68 个籼稻和 27 个粳稻品种，发现籼稻和粳稻形成了显著不同的根系微生物组。研究发现，籼稻根系比粳稻富集更多与氮循环相关的微生物类群，从而具有更加活跃的氮转化环境，这可能是导致籼稻氮肥利用效率高于粳稻的重要原因之一。通过遗传学实验证明了 NRT1.1B 在调控水稻根系微生物组的关键作用；建立了第一个水稻根系可培养的细菌资源库，为研究根系微生物组与水稻互作及功能奠定了重要基础。

利用土壤学和微生物组学研究手段发现：放牧能显著影响草甸草原土壤微生物群落和生态系统功能，在轻度放牧强度下土壤微生物 α 多样性最高，而在中度放牧强度下土壤微生物 β 多样性最高。放牧使土壤微生物从以慢速生长的微生物类群主导、以真菌食物网为主（主要利用难降解有机碳）的微生物群落向以快速生长的微生物类群主导、以细菌食物网为主（主要利用易降解有机碳）的微生物群落演变。同时，土壤细菌的群落稳定性和活性稳定性与细菌 α 多样性显著相关，但真菌群落及其相关活性的稳定性并非如此。

揭示了根系分泌物组分、成土母质类型和土壤理化性质是影响根际微生物组结构和功能的主要因素。基于田间长期定位试验，证明有机培肥是调控土壤微生物组结构和功能的有效途径并阐释了调控机理。长期施用有机肥，土壤易降解碳含量、富营养微生物类群丰度、土壤易降解碳降解基因丰度显著升高且三者之间呈显著正相关。

4. 特殊环境微生物基因挖掘及育种应用取得重要进展

特殊环境微生物能够在高温、高盐、高辐射、低营养等特殊的环境中生存。为了适应特殊的环境，这些微生物进化出了独特的生理机能和基因结构，蕴含了丰富的基因资源。

中国的核试验基地地处我国新疆戈壁滩，占地 10.2 万平方千米，先后进行过 46 次各类核试验，形成了极端干旱、极端高低温以及核污染的特殊自然环境，从中分离出能耐 10—30KGy 的各类微生物 1000 余株，建立了耐辐射微生物菌种资源库，发现新属 9 个，新种 20 多个。获得一系列具有潜在应用价值的抗逆基因，其中耐辐射全局调控基因 irrE 导入烟草、油菜中，明显提高了植物耐盐抗旱性能。在 300mM 盐浓度下转基因植物仍能正常生长，耐旱实验证实转基因植株的耐旱性显著优于非转基因植株。耐辐射戈壁异常球菌冷激 Csp 基因能显著增强大肠杆菌细胞对低温条件下的生存能力、UV 辐射抗性和对高盐、高渗胁迫抗性。与北京大北农公司合作，构建的转 Csp 基因玉米显示出良好的抗逆性能。2015—2017 年新疆大田干旱试验结果表明，该基因显著增强玉米开花期和灌浆期的耐旱能力，赋予植物良好的农艺性状，显示出重大的育种价值。同时在构建的我国沙漠干旱区土壤微生物宏基因组资源库（20G）的基础上，重点对冷激蛋白（Csp）基因进行了基因组学水平上的分析，发现了一类尚无报道的特殊核酸结合功能域，为 Csp 基因的研究和应用提供了重要的基因资源。

从一株海洋来源的木贼镰刀菌 D39 发酵提取物中分离得到 2 个结构新颖的 3DTA 类化合物和 4 个同系列已知化合物，该类化合物能够显著抑制多种植物病原菌并具有除草活性。该菌株经单菌多产物发酵优化后，可大大提高活性化合物的产量，为新颖高效生物农药的研发提供了化合物模板。

从微生物菌株及土壤宏基因组文库中获得了 7 个高抗草甘膦 EPSP 合酶基因，2 个抗性提高的突变体以及一个高抗草甘膦的 N- 乙酰转移酶基因（GAT），在水稻、玉米、棉花、油菜中均作为抗除草剂基因或无抗生素的选择标记基因在转基因专项中得到了广泛的应用；与北京奥瑞金种业有限公司合作培育的转基因抗草甘膦玉米 G1105E-823C 完成生产性试验，其抗性能力突出，农业性状好，作为“十三五”国家科技规划推进项目的亮点成果，目前已经进入安全证书申请阶段。

开展了除草剂麦草畏、2，4-D 等新型抗性基因的发掘工作。从 2，4-D 污染土壤样品中分离筛选到 85 株具有降解 2，4-D 能力的新菌株。建立了麦草畏降解基因筛选、功能鉴定技术平台，利用该系统高效从麦草畏降解微生物、麦草畏污染环境 DNA 中克隆麦草畏降解基因，并通过液相色谱等分析鉴定麦草畏降解基因功能。目前获得多株麦草畏降解菌株，从微生物和环境 DNA 中克隆麦草畏降解基因，已转入模式植物进行功能验证。

5. 农业微生物产业发展迅猛

（1）微生物疫苗

动物疫病防控技术水平达到国际领先水平。已成功控制了禽流感、蓝耳病、马传染性贫血等重要疫病的流行与发生，实现了牛瘟和牛肺疫的彻底根除，为实现健康养殖、保障公共卫生安全及食品安全作出了卓越贡献。中国农业科学院哈尔滨兽医研究所陈化兰院士带领的禽流感防控团队研制出产品 33 项，获得 5 项新兽药证书。截至 2018 年年底，相关疫苗已在鸡、鸭和鹅等各类家禽累计应用 2300 亿羽份以上，覆盖全国各地所有使用过 H5 疫苗的家禽养殖场（户），有效地预防了 H5 亚型禽流感的暴发和流行。2017 年，重组禽流感病毒（H5+H7）二价灭活疫苗在全国范围内鸡和水禽应用，目前已在全国应用 200 多亿羽份，该疫苗有效减少了环境中禽流感病毒的载量，阻断了 H7N 流感病毒由禽向人的传播。成功研制出能同时预防猪流行性腹泻、猪传染性胃炎、猪轮状病毒感染的三联活疫苗，于 2015 年开始在全国范围内给母猪或其他猪只应用，有效地阻止了三种腹泻病对新生哺乳仔猪的感染，阻断了病毒在猪群中的流行和传播，猪场腹泻发病率由原来的 15.0%—35.2% 下降到 0—3.0%，有效控制了猪病毒性腹泻的肆虐，推动了生猪产业健康可持续发展。截至 2018 年年底，我国批准注册的猪用生物制品有 100 多个品种，生产批准文号 460 多个，这些疫苗在猪病防控中起到了积极的作用。

（2）微生物肥料

我国的微生物肥料产品分为：农用微生物菌剂、生物有机肥和复合微生物肥料三大类。农用微生物菌剂（简称菌剂，接种剂），又通称功能菌剂，按内含的微生物种类或功能特性细分为：根瘤菌菌剂、固氮菌菌剂、解磷微生物菌剂、硅酸盐微生物菌剂、光合细菌菌剂、有机物料腐熟剂、促生（包括促生抗病）菌剂、菌根菌剂、土壤修复菌剂（含农药残留降解菌剂、除草剂残留降解菌剂、抗生素残留降解菌剂、塑料薄膜残留降解菌剂、连作障碍修复菌剂、荒漠化修复菌剂、土壤重金属钝化菌剂等）、农用微生物浓缩制剂等种类。

过去的五年是我国微生物肥料产业发展的黄金时期，更是产业培育壮大和产业影响力形成的关键时期。截至 2018 年年底，我国有微生物肥料企业 2050 家（含境外 28 家），总产能达 3000 万吨，总登记产品 6428 个，具有产值 400 亿元的产业规模。

2018 年实现了土壤修复菌剂的产品登记，有 11 个产品以“土壤修复菌剂”作为产品通用名获得了农业部登记。针对不同产品的作用土壤类型，土壤修复菌剂产品的适用范围分别标注为“酸性土壤”“盐碱土壤”或“次生盐渍化土壤”。目前在农业部登记的产品种类有 3 大类 11 个品种。在登记产品中，各种功能菌剂产品约占登记总数的 40%，复合微生物肥料和生物有机肥类产品各占大约 30%：使用的菌种超过 170 个，涵盖了细菌、放线菌、真菌和酵母菌各大类别。按现在的发展势头，今后 5 年我国的微生物肥料总产量可望超过 3000 万吨，成为肥料家族的重要成员之一。可以预料，我国微生物肥料产业已进入良性循环，并将稳定、健康和持续的发展，定将在农业绿色发展中发挥更大作用。

（3）微生物饲料

微生物饲料制剂包括单细胞蛋白饲料、菌体蛋白饲料、饲用酶制剂、真菌饲料添加剂、维生素类添加剂、抗生素类制剂、氨基酸类、活体微生物类、发酵饲料等。其混配在饲料中可起到帮助消化，促进生长以及提高畜禽自身免疫力、防病治病的作用。

微生物饲料制剂由于可工厂化生产，效率高，且有利于环境保护而日益受到人们的重视。许多微生物除了可作饲料添加剂，还可经微生物发酵工程来生产大量饲料用粮，实现人畜分粮，从而缓解了资源紧张的矛盾。

饲料用微生物将为饲料粮的开源节流提供一种有效的新途径。利用微生物酶制剂，消除和降解饲料原料中的抗营养因子是提高消化率、节约饲料的关键。500 IU/kg 的植酸酶可提高饲料利用率 8%—10%；添加脂肪酶，可提高饲料利用率 5%—11%。

随着生物技术的发展和对饲料用微生物重要性认识的加深，饲料用微生物产业展现出良好的应用前景和巨大的社会和经济效益，成为研究热点之一。国外上百家生物技术研究机构和公司已开展这一领域的研究，如世界头号饲料酶公司芬兰 Finnfeeds、美国生物技术公司 Diversa、德国 BASF、丹麦 Novo Nordisk、瑞士 Roche 等公司。

饲料用酶制剂已成为世界工业酶产业中增长速度最快、势头最强劲的一部分，2000 年饲料用酶的市场值达到了 2.5 亿美元，近 5 年的年增长率达到 11%，远远高于别的酶种。我国在饲料用酶的基因挖掘—性能改良—高效生产这一完整研发链条上取得了系统性的理论进展，搭建了先进的饲料用酶技术平台，有效解决了我国饲料用酶性能差、成本高、知识产权受限等瓶颈问题。研发的高比活植酸酶、超耐热植酸酶、水产用中性植酸酶等系列产品已占国内外市场的 80% 以上。自主研发的木聚糖酶、葡聚糖酶、甘露聚糖酶、半乳糖苷酶、纤维素酶等多种糖苷水解酶，蛋白酶、脂肪酶、淀粉酶等多种消化酶也逐渐成为我国市场上的主导产品，在国际市场的占比超过 50%，并出口到东南亚和欧洲国家。饲料用木聚糖酶已完成试生产，正在培育市场，产品陆续销售。应用微生物加工现代饲料产量年均以 20% 的速度递增。

在饲喂微生物菌株的研究与应用方面，目前我国允许使用的直接饲喂饲料添加剂达到 16 种；在饲料酶基因的获取与应用方面，中国农科院饲料研究所克隆并重组表达了大量性质各异的饲料用酶编码基因，包括蛋白酶、脂肪酶、植酸酶、木聚糖酶、葡聚糖酶、甘露聚糖酶、半乳糖苷酶及乳糖酶等，进行了植酸酶、木聚糖酶等蛋白质改造研究，提高了其比活力、热稳定性等酶学特性。中国农业大学江正强教授围绕半纤维素的生物转化，在半纤维素水解酶的发掘、高效制备、益生元转化及应用等方面开展了长期、系统研究，取得了系列创新性成果，所主持完成的“半纤维素酶高效生产及应用关键技术”项目获2018年国家科技进步奖二等奖。

新型饲用抗生素替代品创制与应用获得重要进展，首创了耐胆盐产酸约氏乳杆菌制剂和动物用防腹泻益生双效布拉酵母制剂，创制了三效寡糖特用培养基及复合益生菌制剂和五效复合微生态制剂，提高饲料转化率5%以上。拓展了饲料用酶研发与应用的新方向。具有杀菌/抑菌、提高动物免疫力、消除饲料中有害物质的新型饲料用酶，如葡萄糖氧化酶、淬灭酶、黄酮游离酶、霉菌毒素脱毒酶、棉酚降解酶等逐渐走向市场，在有效拓展饲料资源、缓解饲料粮短缺方面已初步显示出良好效果。针对抗菌肽无差别杀菌与低产瓶颈，分别创制治疗仔猪腹泻、奶牛乳腺炎和鸡坏死性肠炎系列抗菌肽，创建高产表达体系，建立了抗菌肽设计、机理、高产表达技术平台，研发的抗革兰氏阳性病原菌肽、抗革兰氏阴性病原菌肽、广谱乳源肽等效果显著优于传统抗生素。

据统计，2018年全国饲料添加剂产品总量1094万吨，同比增长5.8%。其中，直接制备饲料添加剂1035万吨、同比增长5.3%，生产混合型饲料添加剂59万吨、同比增长15.3%。从主要品种看，氨基酸、矿物元素、酶制剂和微生物制剂等产品产量分别达285万吨、567万吨、17万吨和15万吨，同比分别增长21.5%、13.8%、55.8%和36.9%，酶制剂和微生物制剂等生物饲料产品呈现强劲上升势头。

（4）生防微生物

非化学合成的、具有杀虫、防病作用的各类有益微生物具有对人畜和生态环境安全的优势，已成为植物保护发展的重要方向，但若要进一步扩大微生物农药的应用，仍需要对筛选出的自然菌株进行遗传改良，以进一步增强毒力、延长残效或扩大防治对象。

我国小麦、水稻、玉米和棉花的种植面积约9000万公顷，蔬菜、烟叶种植面积约330万公顷。每年棉铃虫、小菜蛾和甜菜夜蛾等害虫危害面积约2000万公顷，水稻纹枯病、稻瘟病、白叶枯病、小麦白粉病、锈病、赤霉病、植物线虫病和病毒病等为害面积约2700万公顷。

苏云金芽孢杆菌可产生多种杀虫蛋白，对鳞翅目、鞘翅目和双翅目等多种害虫具有特异的杀虫效果。随着转Bt基因作物的广泛种植，靶标昆虫的抗性产生。研究发现Cry9Aa和Vip3Aa蛋白组合对水稻二化螟具有显著的协同增效杀虫效果，机制研究表明Cry9Aa和Vip3Aa蛋白与BBMV存在特异性结合，但存在不同的受体结合位点。研究也发现Cry9Aa和Vip3Aa两种蛋白之间可以通过很高的亲和力特异性结合。研究完善了多Bt蛋白杀虫作用机制，并且为两种蛋白在转基因作物中的应用奠定了理论基础。

收集了覆盖芽孢杆菌目（*Bacillales*）芽孢杆菌科和类芽孢杆菌科中30个种的120个

芽孢杆菌菌株，测定它们的体外杀线虫活性，发现九个种芽孢杆菌，包括苏云金芽孢杆菌（*Bacillus thuringiensis*）、蜡状芽孢杆菌（*B.cereus*）、枯草芽孢杆菌（*B.subtilis*）、短小芽孢杆菌（*B.pumius*）、坚强芽孢杆菌（*B.firmus*）、图瓦永芽孢杆菌（*B.toyonensis*）、球形赖氨酸芽孢杆菌（*Lysinibacillus sphaericus*）、侧孢短芽孢杆菌（*Breviacillus laterosporus*）和短短芽孢杆菌（*B.brevis*）具有高的杀线虫能力，其中苏云金芽孢杆菌的杀线虫能力最高。完成了其中 115 个菌的基因组测序，鉴定出了丰富的杀线虫毒力因子，这些因子可分为晶体蛋白、化合物、蛋白酶、几丁质酶及其他蛋白等五类，提出了四种可能的杀线虫机制，包括晶体蛋白穿孔机制、苏云金素类抑制机制、蛋白酶和几丁质酶降解机制。

近年来，我国生物农药的研究开发在国家主管部门的扶持下，发展步伐逐年加快。在生物农药品种中，90% 以上是微生物农药。截至 2006 年，我国已取得注册登记的生物农药活性成分 50 多种，占全国农药总有效成分品种的 15%；注册登记的生物农药产品达到 411 个，占农药产品总数的 8%，目前我国生物农药生产企业接近 200 个，年产量接近 10 万吨，在促进无公害农业生产发展绿色食品产业方面，起到了重要的推动作用。

（5）食品微生物

“绿色制造”是实现可持续发展的必经之路，也是我国的重大战略需求。农产品在加工过程中产生了诸多共产物如木聚糖等，由于其结构复杂而难以被有效利用，成为行业里的重大难题。通过晶体结构解析了一种可以兼顾水解木聚糖主链（β-1，4- 木糖苷键）和侧链（乙酰酯键）的双功能水解酶 CLH10，并揭示了其如何以单一序列结构域识别两种不同底物和催化两种不同类型反应的分子机制，系统地从酶的“序列—结构—功能”角度阐释了一种新型水解酶的双功能形成机制，为人工设计和定向进化酶的多种催化功能提供新的视角。

开发了产酶活性高、热稳定性好、表达量高的纳豆激酶“生产菌种选育—发酵工艺优化—产品改良和剂型开发”体系。纳豆激酶生产菌株 BSNK-5 具有发酵周期短、发酵制品风味类似于豆豉且无氨臭味，表达的纳豆激酶活性比现有商品菌株高 10%—50%；65℃热处理 20min 后 BSNK-5 的产酶活性无损失，利用该特性在生产中可以实现利用低温干燥替换冷冻干燥，或者在喷雾干燥中减少酶的添加量；通过发酵工艺优化，BSNK-5 纳豆激酶的表达量提高 183%，生产成本降低 50%；且将发酵原料从大豆扩充到各种杂粮，并证实以部分杂豆为原料生产的纳豆激酶活性远高于传统的大豆发酵制品，开发了系列杂粮纳豆代餐粉和咀嚼片。

赭曲霉毒素 A（OTA）广泛存在谷物、咖啡、葡萄、酒类、奶酪、肉制品中，具有肾毒性、致癌性、致畸性及免疫毒性。研究发现，赭曲霉中存在一个赭曲霉毒素的合成基因簇，包含 4 个合成基因和 1 个调控基因。赭曲霉毒素调控基因（OtaR1、OtaR2）共同调控赭曲霉毒素 A 合成，赭曲霉毒素调控基因 OtaR1 为途径特异性调控基因，控制 4 个合成基因的表达。研究结果为进一步揭示赭曲霉毒素生物合成调控网络奠定了基础，为赭曲霉毒素防控技术开发提供了理论支撑，将有助于提升我国赭曲霉毒素防控水平，进而提升农产品质量安全品质，保证我国食品安全。

（6）环保及能源微生物

种养业废弃物回收与利用率不高仍然是制约农业可持续发展的主要因素。目前，我国种养殖主要废弃物秸秆总产量已达 8 亿吨；畜禽养殖业废弃物（羽毛、毛皮、蹄、角等）大量累积，年产粪便 8.03 亿吨、尿液 6.98 亿吨；农用地膜年产量达 100 万吨以上，未来 10 年我国地膜覆盖面积每年仍将以 10% 的速度增加。这些农业废弃物长期无法得到有效利用，不但成为潜在的环境污染源，更造成了极大的资源浪费。因此，迫切需要依靠科技进步实现废弃物的无害化与资源化的高效利用。

农业废弃物无害化和资源化就是将当前农业种养殖生产中大量的农业废弃物充分降解，进而转化为可高效利用的工农业生产新资源，从而摆脱农业生产中资源紧缺与环境污染的双重束缚，为发展多功能、高效益、绿色低碳、高科技的现代农业提供技术和资源基础。

当前种养殖废弃物的无害化和资源化利用技术已由简单的物理、化学降解法向绿色高效的生物转化法转变。特别是合成生物学、微生物组学和代谢工程技术的兴起，在阐明微生物代谢产物生物合成途径的基础上，通过对不同代谢物的合成途径、合成模块、功能结构域以及合成后修饰模块的理性设计和重组，实现微生物原生物合成降解途径的延伸，形成新的生物合成途径，从而在底盘微生物中产生新型结构化合物，这一设想已逐渐成为现实。开展了利用酶联复合体转化秸秆合成淀粉的研究工作，打通了由秸秆一步转化合成人工淀粉、糖及其他工业原料的理论通路，并向着规模化、产业化迈进。利用微生物和角蛋白酶在高效降解畜禽羽毛、蹄等方面已有重要突破，并实现了酶蛋白的产业化。研究发现黄粉虫可以嗜食塑料，从其肠道微生物中分离鉴定了多株与农业地膜降解相关的菌株，并验证了其有降解农业地膜的作用，目前正在解析降解途径并构建人工降解微生物。在此研究基础上开发基于微生物和酶蛋白的秸秆、羽毛、地膜等废弃物高效合成与转化系统及微生物活性物质的高效合成系统，将羽毛等蛋白化，秸秆类淀粉化，活性物质功能化并合理利用，解决饲料能量和蛋白原料的来源问题，解决种、养殖废弃物大量堆积问题，再应用于工农业生产中，这是解决我国农业资源严重短缺的有效途径，也将为我国环境友好农业可持续发展提供科技支撑。

围绕增强农作物秸秆、畜禽粪便混合原料厌氧发酵产甲烷效率，研究并优化了不同控制条件下微好氧水解酸化特性及其机理，并探索适用于高含固率纤维质农业废弃物厌氧发酵产甲烷的新模式。建立了半连续高含固率两相厌氧发酵工艺，沼液可全部回流，酸化渣用于水稻育秧基质生产，证明了“秸—沼—基质”能源生态模式是可行的，应用前景光明。

经过定向筛选和鉴定，获得三株高产纤维素酶的真菌，优化了产酶条件，研究发现真菌预处理不利于产甲烷，而混合酶以及化学 + 酶预处理对厌氧发酵有联合增效作用。最优的预处理剂为黄绿木霉和黑曲霉粗酶液以 2∶3 比例混合所得的混合酶。在秸秆的甲烷转化过程中，酶预处理效果优于菌处理，混合酶预处理效果优于单一酶处理，化学 + 酶结合预处理效果优于单一方式处理。建立了一套用于农业纤维素类废弃物生物预处理的新工艺，通过加快纤维素的水解效率，提高产气效率。研究秸秆的高效预处理工艺，对促进木质纤维素分解，提高厌氧发酵产沼气效率有重要意义。

（7）环境修复微生物

对于农药残留污染物的生物降解方面的研究，国内有较好的研究和应用基础。从 20 世纪 90 年代以来，南京农业大学等科研院所建立了化学农药降解微生物种质资源库，获得了一批具有自主知识产权的高效降解菌株，克隆了一批农药降解酶相关基因，研究了降解微生物对农药的降解规律和途径，并进行了土壤中残留农药污染的生物修复应用研究。从“十五”开始，针对农产品特别是瓜果蔬菜上农药残留导致的食品安全问题，在“863”项目的支持下，中国农业科学院生物技术研究所开始了农药降解酶制剂的研制。从农药污染的土壤中分离了可高效降解有机磷化合物的细菌，并克隆和异源高效表达了有机磷水解酶基因，有机磷水解酶在 3 升发酵罐中的表达量达到 6 克 / 升酶蛋白，并于 2006 年将其生产技术进行了转让，目前由北京森根比亚生物工程有限公司生产，年产量 5000 千克，产值 3000 万元。针对农药的使用特点及农药在种植环境中的残留状况，南京农业大学研发出针对有机磷类农药、菊酯类农药的微生物修复菌剂，可用于农药污染的农田土壤修复，该菌剂获得了中华人民共和国肥料正式登记证［登记证号：微生物肥（2006）准字（0296），发证日期 2016 年 10 月，有效期至 2021 年 10 月］，在江苏省南京市溧水区建成了年产 3000 吨菌剂的现代化降解菌剂发酵生产中试车间，在全国累计推广面积达 400 万亩。在浙江省丽水市建立了茶叶示范基地，使用微生物降解菌剂后茶叶农药残留量比没有喷施生物降解菌剂的对照茶叶有了大幅度的降低，其中甲氰菊酯降解率 70.2%、功夫菊酯降解率 64%、溴氰菊酯降解率 60%、氯氟氰菊酯降解率 70.8%。在江苏省南京市江宁区水稻田建立示范基地 1 个，面积 500 亩，使用有机磷农药残留降解菌剂后，土壤样品经农药残留分析发现，修复后的土壤中农药残留量和对照相比有了大幅度降低，毒死蜱、辛硫磷残留降解率达到 70% 以上，有的处理样品已经检测不出农药残留。

（8）食用菌

建立了 DNA 指纹图谱和栽培特征特性相结合的信息全面的数据库，主栽种类的 SSR/SNP/IGS2-RFLP 标准指纹图库，正宗品种都有分子身份证，让假种无处藏身，为食用菌的品种权保护和品种登记奠定了技术基础。建库以来已经对外提供种质材料 2284 份。

研究建立了物种、菌株、经济性、菌种质量等多层级鉴定评价技术，育种可以清楚地选择材料，减少盲目性，育种效率大大提高。通过对库藏种质资源的系统评价，发现广温、耐高温、喜低温、加工性状优、耐碱、高活性成分等优异特色种质 274 株，食用菌育种有了更多更好的材料选择。

创立了结实性、丰产性、广适性的“三性”为核心、“室内鉴定结实性—室内预测丰产性—田间实测丰产性—室内检测广适性—田间综合鉴评”的“五步筛选”高效育种理论技术，将食用菌育种由几乎全部的田间筛选变为室内初筛后的定向田间筛选。室内筛选由田间的30—150天缩时到3—14天，缩时90%，田间筛选量缩减79%，育种效率显著提高。

选育了适合不同生态条件生产的金针菇、香菇、平菇、毛木耳等广适性新品种。川金系列在西部大温差湿差地区推广应用，占同类品种生产规模的90%以上；耐低温的白灵菇在新疆内蒙古高寒地区推广应用，占同类品种生产规模的95%以上；广温耐高温的川耳系列在福建、四川、山东等主产区占生产规模95%以上；广温和耐高温平菇品种在全国推广应用，“中农平丰”和“中农平抗”占全国周年生产规模60%以上，占夏季生产规模90%以上，填补了夏季品种空白。广适性新品种的选育和应用，实现了食用菌园艺设施生产的稳产高产和周年生产，实现了全国不同生态条件区域的品种配套，市场的均衡供应。

（二）学科重大进展及标志性成果

1. 揭示了植物—微生物互作的全新机制

传统理论认为糖是植物为菌根真菌提供碳源营养的主要形式，然而多年来的研究人员一直没有找到相关的糖转运蛋白。我国科学家首次揭示了在丛枝菌根真菌与植物的共生过程中，脂肪酸是植物传递给菌根真菌的主要碳源形式，并发现脂肪酸作为碳源营养在植物—白粉病互作中起重要作用。

通过C^{13}同位素标定实验，在实验体系中用C^{13}同位素标同时标定甘油（代表脂肪酸）和葡萄糖，但是最终在丛枝菌根真菌（arbuscular mycorrhizal，AM）中主要检测到的是脂肪酸而不是糖，该结果从而首次否定了糖是植物传递给菌根真菌主要碳源形式。同时，研究采用遗传学、分子生物学及代谢生物学的手段研究发现，植物宿主的脂肪酸合成对于丛枝菌根真菌共生是必需的，并且植物合成的脂肪酸能够直接传递给菌根真菌。进一步的研究发现植物基因合成的一类特殊脂肪酸分子（2-monoacylglycerol，2-单酰甘油，由RAM2催化合成），被植物的转运蛋白STR-STR2（一类ABC转运蛋白）转运给菌根真菌。该研究系统揭示了脂肪酸是光合作用碳源的主要传递形式，推翻了传统认识，对于理解生态系统的碳氮循环具有重要的意义。

研究同时还发现，在植物病原真菌相互作用中，病原真菌和寄主植物争夺脂肪酸作为其生长的碳源，进而侵染植物，造成作物的减产。通过降低植物病原真菌相互作用中脂肪酸的转运，能够有效地抑制病原真菌的致病性。该机理的揭示有助于将来选育抗真菌病害作物，也为“绿色农业”提供了有力的支撑。2017年发表在*Science*杂志上。

2. 根系微生物组与氮肥利用效率关系获得重大理论突破

根系微生物帮助植物吸收营养、抵抗病害和适应胁迫环境。亚洲栽培稻主要分为籼稻和粳稻两个亚种。相比粳稻，籼稻通常表现出更高的氮肥利用效率。通过比较田间生长的

68 个籼稻和 27 个粳稻品种，发现籼稻和粳稻形成了显著不同的根系微生物组。籼稻根系富集的微生物组的多样性明显高于粳稻，且根系富集微生物组的特征可以作为区分籼粳稻的生物标志。研究发现，籼稻根系比粳稻富集更多与氮循环相关的微生物类群，从而具有更加活跃的氮转化环境，这可能是导致籼稻氮肥利用效率高于粳稻的重要原因之一。通过遗传学实验发现，NRT1.1B 的缺失和籼粳间的自然变异显著影响水稻根系微生物组，而这些微生物大部分具有与氮循环相关的功能。因此，水稻通过 NRT1.1B 调控根系具有氮转化能力的微生物，从而改变根际微环境，进而影响籼粳稻田间氮肥利用效率。

该项研究不仅揭示了水稻亚种间根系微生物组与其氮肥利用效率的关系，证明了 NRT1.1B 在调控水稻根系微生物组的关键作用；更为重要的是，建立了第一个水稻根系可培养的细菌资源库，为研究根系微生物组与水稻互作及功能奠定了重要基础，同时也为应用有益微生物、减少氮肥的施用奠定了基础。研究成果于 2019 发表于《自然—生物技术》杂志。

3. 食用菌种质资源鉴定评价技术与广适性品种选育

食用菌是我国特色的农业产业，在农业产业结构调整、促进农民增收、保障国民健康等方面发挥着重要作用。1990 年以来我国食用菌产业持续高速增长，2012 年跃升为粮菜果油之后的第五大种植业，产量占全球 75% 以上。但是，由于菌种混乱、质量低下和品种的环境适应性差，大面积的霉菌侵染报废、减产、绝收等问题频发，菌种问题成为制约我国食用菌产业发展的首要瓶颈问题。然而，仅几十年栽培历史的食用菌，技术基础极其薄弱，面对的是“一无资源积累，二无系统鉴定评价技术，三无高效育种方法”的困境，需要恒心和耐力，开展系统研发和技术创新。

以种质资源高效利用持续创新为目标，紧紧抓住“资源搜集—鉴定评价—高效育种—广适性品种—示范推广”这一主线，重点突破种质资源精准鉴定评价和高效育种两大技术瓶颈，创建食用菌种质资源库和数据库，创新种质资源多层级精准鉴定评价和高效育种技术体系，选育广适性新品种。本项技术在全国 19 省（市、区）推广，近三年累计新增利润 129.45 亿元。

“食用菌种质资源鉴定评价技术与广适性品种选育”获 2017 年国家科学技术进步奖二等奖。

4. 半纤维素酶高效生产及应用关键技术

半纤维素资源的高效生物转化及利用具有重大的经济、社会和生态效益，是目前国际上研究的热点和难点。该项目围绕半纤维素的生物转化，在半纤维素水解酶的发掘、高效制备、益生元转化及应用等方面开展了长期、系统研究，取得了系列创新性成果。发掘了 11 种具有自主知识产权的新型半纤维素酶，阐明了其酶学特性和催化作用机制；创立了半纤维素酶的高效制备关键技术，突破了半纤维素酶工业化生产的技术障碍；发明了半纤维素高效预处理技术耦合特异性半纤维素酶转化益生元技术，攻克了半纤维素资源高效利用的技术难题。打破了国际跨国公司在半纤维素酶生产及益生元转化应用领域的技术垄断，带动了我国发酵、食品、饮料等产业的发展和技术进步，产生了重大经济、社会效益和生态效益。

"半纤维素酶高效生产及应用关键技术"获 2018 年国家科技进步奖二等奖。

5. 我国口蹄疫高效疫苗等动物疫苗制备技术国际领先

我国自主研发的猪瘟兔化弱毒疫苗、马传染性贫血疫苗、H5N1 禽流感疫苗、布氏杆菌猪二号活疫苗和猪喘气病兔化弱毒活疫苗等动物疫苗在技术上处于国际领先，为我国重大疫情有效控制发挥了重要的技术支撑作用。2016 年，中国农业科学院兰州兽医研究所、金宇保灵生物药品有限公司、申联生物医药（上海）股份有限公司、中农威特生物科技股份有限公司、中牧实业股份有限公司等单位协同攻关取得的科技成果"针对新传入我国口蹄疫流行毒株的高效疫苗的研制和应用"荣获国家科学技术进步奖二等奖。集成上述技术成果研制的口蹄疫高效疫苗，在全国推广应用，为及时快速遏制口蹄疫在我国大规模流行发挥了决定性作用。疫苗累计销售 75 亿毫升，直接经济收益达 56 亿元，间接经济效益超过 1100 亿元，经济、社会效益显著。

（三）本学科与国外同类学科比较

1. 在微生物前沿技术领域

美国在合成生物学基础能力、核心技术以及重大战略方向进行了系统布局。2014 年国防部预研项目署（DARPA）成立了全新的生物技术办公室，旨在整合生物、工程、计算机科学技术，同年启动"生命铸造厂"计划。保守估计美国近几年在合成生物学方面的总投入超过 20 亿美元。美国能源部和国家自然科学基金会资助建立了多个合成生物学工程研究中心；英国把合成生物学列为支撑该国未来经济成长的"八大技术"之一；自 2007 年以来，英国在合成生物学领域的总投入已经超过 1.25 亿英镑；欧洲已经建立了由 14 个欧盟国家参加的欧洲合成生物学研究领域网络。我国政府高度重视合成生物学研究。在 2006 年的国家中长期发展规划纲要中提到"生命体重构"；2010 年科技部支持了第一个合成生物学"973"重大项目。此后，科技部在合成生物学领域先后启动了 10 项"973 计划"项目和 1 项"863 计划"重大项目，在植物与现代农业领域主要开展生物抗逆和固氮方面的研究，并取得较好研究进展。2018 年启动了第一批合成生物学重点研发计划项目。目前我国合成生物学研究无论是基础科研论文发表量还是技术专利申请量，都已经处于国际行列的第二位。但与美国相比，我们在基础理论、使能技术、核心体系、产业技术进展等方面尚存在不小的差距，表现在原创性的标志性工作少，共性关键技术和方法体系方面需要加强顶层设计，基础研究到应用技术创新衔接不够紧密等方面。

2. 农业微生物基础理论研究方面

经过多年的发展和跟踪，整体研究水平提高很大，处于国际先进水平，与美国、欧盟的差距逐渐缩小。目前，国际微生物与宿主的相互作用组学研究成为热点，从系统生物学的角度全面解析微生物—宿主—环境之间的互作关系，特别是微生物—宿主的分子对话机制研究发展迅速；微生物中新型调控因子非编码 RNA 的功能研究及应用成为重要研究方向，非编码 RNA 可在转录后水平调控靶标基因的表达，最近该研究领域活跃性有望在未来几年继续增加，最终可能与传统的蛋白质调控因子相匹敌，极大地加深我们对细胞调控的多层次及其相互作用的理解；宏基因组及代谢组学技术成为挖掘重要功能基因和鉴定新型天然产物的重要手段，使人们能够获得以前无法获得的天然产物资源并鉴定其合成途径。

3. 微生物农药方面

以美国、欧盟为首的技术发达国家，在生物农药领域的竞争中占有绝对优势，生物农药成为了各国新农药开发研究的重点选择对象。欧美发达国家科研机构、大型农化跨国公司，都把病虫害绿色防控产品研发作为未来十年的研究重点，如美国“赢在未来”国家科技创新战略及欧盟“框架计划——地平线 2020”“欧洲战略投资基金”等都把农作物病虫害绿色防控产品作为重要内容。我国已经掌握了许多生物农药的关键技术与产品研制的技术路线，拥有众多的自主知识产权；生物农药产品剂型已从不稳定向稳定发展，由剂型单一向剂型多样化方向发展，由短效向缓释高效性发展。但另一方面，我国生物农药品种结构还不够合理，生物农药的协同增效、适宜剂型、功能助剂等配套技术成为制约生物农药和生物防治的技术瓶颈，生物农药市场中小企业高度分散，许多公司往往只有一两种产品，不利于生物农药行业的壮大和规模化发展。

4. 微生物肥料方面

欧美国家选择生物肥料为主的化肥低投入战略。美国在溶磷、解钾生物肥料的基础研究、产品开发、应用技术研究处于国际引领地位。美国、巴西、澳大利亚、法国、德国等国确定了根瘤菌优先发展战略。根瘤菌生物肥料使用每年为农业节约化肥 1000 多万吨，农民节约投入数百亿美元。我国已经建立了庞大的微生物肥料体系，但是与欧美等国家相比，差距明显，主要表现在菌剂与作物品种的匹配等技术瓶颈尚未解决，生物肥料保活材料筛选与保活技术落后，研发产品中菌剂活性较短，不利于储藏和运输等方面。此外，企业自主研发能力不强，创新能力不足，竞争力差，研究成果主要依赖于科研院所，产学研结合不够密切也制约了行业的创新发展。

5. 微生物饲料方面

国际上对生物饲料的研发着重于肠道微生物及其作用机制、微生物代谢物及其机理研究、菌体的功能性状加强、新的菌种资源开发、饲料产品的保质期延长等方面。欧美国家微生物发酵饲料的使用比例已经超过 50%，德国液体饲喂普及率达到 30% 以上，荷兰和芬兰规模化养猪场应用生物饲料饲喂达到 60%，而我国发酵饲料普及率很低，液体饲喂模式还在探索阶段。

6. 微生物农业环保、能源及环境修复方面

发达国家实际上走的是从“污染—控制—修复—源头防控”的道路。从禁止污染物输入农田生态系统入手，在此基础上逐步开展污染农业生境的修复研究，并形成相应的技术和模式。从污染物在农田生态系统的迁移转化、有效性及其影响机理等方面开展系统研究。我国在微生物对污染物的富集及转化机理、农林废弃物的无害化处理与资源化利用方面开展了生物质及农林废弃物高效转化过程及机理、微生物对农林废弃物转化的过程及其调控、废弃物农业应用中的分解转化规律等研究，但整体看在转化产物的精准控制、转化效率等方面与国际先进水平具有一定差距。

7. 食用菌产业是农业供给侧结构改革的新路径

很多地方政府在选择农业供给侧结构的时候，在不种玉米、不种粮食作物的前提下，很快选择了食用菌，因为其不仅产量大、效益高，同时还利用农业的废弃物，形成一个非常好的循环经济模式。截至 2015 年我国食用菌产值已超过 2500 亿元，产量超过 3400 万吨，成为中国农业种植业中继粮食、蔬菜、果树、油料之后的第五大产业，截至 2016 年底食用菌工厂化企业已近 600 家。我国食用菌工厂化产能稳居全球首位，占全球食用菌工厂化总产量的 43%，这是世界上其他国家不能比拟的。面临的主要挑战有以下几点：①菌种方面问题严重，如菌种混乱、品种混杂、质量标准不统一等；目前我国食用菌工厂化栽培使用的菌种一直是外国菌种占主导地位，属于“中国造”的菌种太少，我国自主品种缺乏。②与日本、韩国及欧美等发达国家的工厂化食用菌占有率达 90% 以上相比，我国工厂化生产方式比重仍然偏低，制约了我国食用菌生产整体规模。③食用菌的精深加工能力明显不足，食用菌精深加工产品少，研发刚刚起步，产品附加值低，食用菌初级产品的销售占比达 95%，大部分消费者对食用菌的概念仍处于初级产品阶段，即鲜品、干品、罐头和腌渍品等，食用菌产品还可加工成休闲类食品、烹饪类辅料等。随着食用菌的医药功效成功验证和人们对健康愈加重视，食用菌的价值将不断提升。

三、展望与对策

（一）未来几年发展的战略需求、重点领域及优先发展方向

1. 微生物学科前沿理论和技术

（1）加强农业微生物前沿基础研究，提升创新理论水平

加强农业模式微生物表达调控系统研究。对模式微生物基因系统的基因组织、启动调控区、蛋白编码区及蛋白产物的一级结构和高级结构开展深入研究，揭示其基因表达调控系统在长期进化过程中形成的一整套精细而协调的遗传控制机制，探索原有基因表达调控机制的遗传改造途径，研究高表达或高分泌能力的生物反应器的构建途径。

加强农业微生物逆境抗性基础研究。利用微生物组学技术和代谢网络调控技术，开

展特殊环境微生物抗逆相关的调控网络、生物逆境与非生物逆境信号传导及其作用机制的研究，从分子水平上阐明和解析生物对干旱、高盐、温度（抗虫、抗病）的抗逆本质。

加强非豆科生物固氮机制研究。针对根际非生物逆境如氮缺乏和干旱等胁迫因子导致根际固氮效率低下，田间应用效果不稳定等瓶颈问题，组学水平上开展固氮微生物碳氮代谢的网络调节、小 RNA 参与逆境反应的调控机制以及宿主水稻与固氮微生物相互作用的分子机制等研究，构建根际人工高效固氮体系并进行系统优化。

作物根际微生物和农业动物肠道微生物被称之为“动植物的第二个基因组”，以宏基因组学和生物进化学理论为基础，利用高通量测序技术和生物学信息学分析方法对作物根际微生物和农业动物肠道微生物进行系统研究，揭示其遗传多样性以及环境适应的分子进化机制。

（2）加强微生物合成生物学技术研究，提升创新能力

开展生物固氮、生物抗逆、生物强化、生物降解与生物转化等重要元器件、基因线路和人工系统的研究，培育一批满足农业转型升级和保证农业绿色发展的微生物新产品与新工艺；创建全新生化线路、重要性状调控回路、非天然活性物质合成线路、高效生物降解和多酶生物转化途径等，创建原料利用能力强、物质合成效率高、安全高效智能的农用微生物细胞工厂；开发氮高效利用、耐旱节水等农业生物新品种与新型农药降解，抗生素替代和盐碱地改良微生物产品，以及合成牛奶、合成肉等未来食品。

2. 农业微生物产业化发展重点

（1）绿色健康养殖生物制剂研发

针对我国动物绿色养殖的基础问题和重大产业需求，建立绿色新型功能性饲用生物制剂的高通量定向筛选与评价、分子改良、高效表达及多酶共表达等前沿共性技术，重点开发具有抗氧化、抗应激、分解霉菌毒素等特殊功能的新型酶制剂；开发具有耐酸、耐热等不同特点的微生物制剂，以及满足不同动物种类、不同生长阶段差异化需求的微生物制剂。

在组学（功能基因组、代谢组等）深度解析的基础上，开发出一批性能优良、使用范围广和高效稳定的新型饲用酶及微生物制剂，创制一批绿色、环保的创制针对不同畜禽营养高效、提高动物免疫力、消除饲料原料的污染从而提高动物产品的质量安全的酶及微生物重大产品。加快抗生素替代品的研发，进行抗菌多肽、防御素、溶菌酶基因以及功能性肠道微生物的分离鉴定，开发新一代饲用抗生素替代产品，有效替代对人体健康危害较大的饲用抗生素。

开发优质蛋白饲料资源。利用微生物发酵技术，开发菌体蛋白是缓减蛋白饲料资源短缺的有效途径。通过纳米粒度化和载体化对饲料原料与添加物质进行复合加工与改性，发展功能性与营养强化饲料、纳米饲料添加剂及替代药物新产品。

（2）绿色健康种植生物制剂研发

研究土壤微生物和宿主之间的关系，品种专一性和广谱性机制，开展具有重要应用价值的固氮、溶磷解钾、盐碱土改良等功能微生物种质资源收集、评价，解析作用机制，突破微生物和生物功能物质筛选与评价、高密度高含量发酵与智能控制、新材料配套增效等关键技术，创制和推广一批高效固氮解磷、促生增效、新型复合及专用等绿色高效生物肥料新产品。针对传统盐碱地改良生产菌种存在适用范围窄、应用效果不稳定等瓶颈问题，构建一系列具有调节土壤酸碱度，激活固化营养元素，改良土壤结构，恢复土壤肥力等功能的基因工程菌种，开发新型高效盐碱地改良复合菌剂。

发展具有全新机制的生物农药。围绕植物免疫诱导剂、土传病害的微生物修复剂、天敌昆虫产品、Bt 工程菌、害虫及天敌食诱剂等创制及产业化，通过科技创新，研发一批高效、持效、货架期长的具有较强竞争力的微生物农药、天敌昆虫新产品和新制剂，研发天敌友好型理化诱杀技术和产品，研发绿色防控产品的施用机械及技术，研制人工智能装置，达到精准对靶施药，提升绿色农药使用占比和防治成效，实现农作物病虫害绿色防控产品系列化、规模化、标准化、品牌化。

（3）农业有机废弃物资源化利用

加快农业废弃物资源化、肥料化、饲料化和沼气化，对于实施乡村振兴战略，促进农业农村绿色发展意义重大。以粪便、羽毛等畜禽废弃物和秸秆、玉米芯等农作物废弃物为主要原料，在建立微生物工程、酶工程、基因工程和发酵工程平台，突破制约农业生物质资源高效利用的关键核心技术的基础上，建立农业废弃物资源化、肥料化、饲料化和沼气化新技术和新工艺，研发微生物秸秆处理菌剂、畜禽粪便除臭熟化制剂、羽毛降解酶制剂，沼气微生物制剂和混合酶制剂等创新产品。以新一代秸秆高效转化酶制剂研发，以作物秸秆为材料，通过非天然合成途径创建、元件设计、模块组装和功能优化，形成具有高效合成能力的无细胞级联酶工厂。实现通过酶联复合体及微生物联产将废弃生物质（稻秆，麦秆等）一步转化为淀粉，打通不可食用植物向食品乃至有机化工原料的生物合成通道。

农业微生物学的研究与应用对我国农业绿色发展的不可替代作用，未来五年或更长时期，要继续加强相关应用基础研究，大力推进以微生物肥料、微生物农药和微生物饲料添加剂为代表的农业生物产业发展，着力推进行业的创新能力建设，加快产业化跨越式发展。同时，进一步加强政府扶持、企业化运作、产学研结合，原始创新与集成创新并举相结合，整体提升农业微生物产业的研发与产业化能力，扩大推广应用范围，发挥其在农业可持续发展、减肥增效、节本增效、提升农产品品质和生态保护等方面的综合效应。

参考文献

[1] Jiang Y, Wang W, Xie Q, et al. Plants transfer lipids to sustain colonization by mutualistic mycorrhizal and parasitic fungi. Science. 2017, 356 (6343): 1172-1175.

[2] Yang Z, Han Y, Ma Y, et al. Global investigation of an engineered nitrogen-fixing Escherichia coli strain reveals regulatory coupling between host and heterologous nitrogen-fixation genes. Scientif Reports, 2018, 8: 10928.

[3] Yang J, Xie X, Yang M, et al. Modular electron-transport chains from eukaryotic organelles function to support nitrogenase activity. Proc Natl Acad Sci USA, 2017, 114: E2460-E2465.

[4] Yang J, Xie X, Xiang N, et al. Polyprotein strategy for stoichiometric assembly of nitrogen fixation components for synthetic biology. Proc Natl Acad Sci USA, 2018, 115: E8509-E8517.

[5] Zhao R, Liu LX, Zhang YZ, et al. Adaptive evolution of rhizobial symbiotic compatibility mediated by co-evolved insertion sequences. ISME J. 2018, 12 (1): 101-111.

[6] Jiao J, Ni M, Zhang B, et al. Coordinated regulation of core and accessory genes in the multipartite genome of Sinorhizobium fredii. PLoS Genet. 2018, 14 (5): e1007428.

[7] Wang T, Zhao X, Shi H, et al. Positive and negative regulation of transferred nif genes mediated by indigenous GlnR in Gram-positive Paenibacillus polymyxa. PLoS Genet. 2018, 14 (9): e1007629.

[8] Guo Z, Li P, Chen G, et al. Design and biosynthesis of dimeric alboflavusins with biaryl linkages via regiospecific C-C bond coupling. J Am Chem Soc. 2018, 140 (51) 18009-18015.

[9] Xie L, Zhang L, Wang C, et al. Methylglucosylation of aromatic amino and phenolic moieties of drug-like biosynthons by combinatorial biosynthesis. Proc Natl Acad Sci USA. 2018, 115 (22): E4980-E4989.

[10] Xun W, Yan R, Ren Y, et al. Grazing-induced microbiome alterations drive soil organic carbon turnover and productivity in meadow steppe. Microbiome. 2018, 6 (1): 170.

[11] Zhang J, Liu YX, Zhang N, et al. NRT1.1B is associated with root microbiota composition and nitrogen use in field-grown rice. Nat Biotechnol. 2019, doi: 10.1038/s41587-019-0104-4.

[12] Han LB, Li YB, Wang FX, et al. The Cotton Apoplastic Protein CRR1 Stabilizes Chitinase 28 to Facilitate Defense against the Fungal Pathogen Verticillium dahliae. Plant Cell. 2019, 31 (2): 520-536.

[13] Niu B, Paulson JN, Zheng X, et al. Simplified and representative bacterial community of maize roots. Proc Natl Acad Sci USA, 2017, 114 (12): E2450-E2459.

[14] Zhao D, Han X, Wang D, et al. Bioactive 3-decalinoyltetramic acids derivatives from a marine-derivied strain of the fungus Fusarium equiseti D39. Front. Microbiol. 2019, doi: 10.3389/fmicb.2019.01285.

[15] Chen JY, Liu C, Gui YJ, et al. Comparative genomics reveals cotton-specific virulence factors in flexible genomic regions in Verticillium dahliae and evidence of horizontal gene transfer from Fusarium. New Phytol. 2018, 217 (2): 756-770.

[16] Li T, Ma X, Li N, et al. Genome-wide association study discovered candidate genes of Verticillium wilt resistance in upland cotton (Gossypium hirsutum L.). Plant Biotechnol J. 2017, 15 (12): 1520-1532.

[17] Hao Y, Yang N, Wang X, et al. Killing of Staphylococcus aureus and Salmonella enteritidis and neutralization of lipopolysaccharide by 17-residue bovine lactoferricins: improved activity of Trp/Ala-containing molecules. Sci Rep. 2017, 7: 44278.

[18] Yang L, Wang H, Lv Y, et al. Construction of a rapid feather-degrading bacterium by overexpression of a highly efficient alkaline keratinase in its parent strain Bacillus amyloliquefaciens K11. J Agric Food Chem. 2016, 64 (1):

78-84.
[19] Wang X，Wang C，Duan L，et al. Rational reprogramming of O-Methylation regioselectivity for combinatorial biosynthetic tailoring of benzenediol lactone scaffolds. J Am Chem Soc. 2019，141（10）：4355-4364.
[20] Zheng J，Gao Q，Liu L，et al. Comparative genomics of Bacillus thuringiensis reveals a path to specialized exploitation of multiple invertebrate hosts. mBio. 2017，8（4）. pii：e00822-17.
[21] Zheng D，Zeng Z，Xue B，et al. Bacillus thuringiensis produces the lipopeptide thumolycin to antagonize microbes and nematodes. Microbiol Res. 2018，215：22-28.
[22] Wang Z，Fang L，Zhou Z，et al. Specific binding between Bacillus thuringiensis Cry9Aa and Vip3Aa toxins synergizes their toxicity against Asiatic rice borer（Chilo suppressalis）. J Biol Chem. 2018，293（29）：11447-11458.
[23] Yu J，Zhao Y，Zhang H，et al. Hydrolysis and acidification of agricultural waste in a non-airtight system：Effect of solid content，temperature，and mixing mode. Waste Manag. 2017 Jan；59：487-497.
[24] Zhao X，Luo K，Zhang Y，et al. Improving the methane yield of maize straw：Focus on the effects of pretreatment with fungi and their secreted enzymes combined with sodium hydroxide. Bioresour Technol. 2018，250：204-213.
[25] Zhao X，Liu J，Liu J，et al. Effect of ensiling and silage additives on biogas production and microbial community dynamics during anaerobic digestion of switchgrass. Bioresour Technol. 2017，241：349-359.
[26] Cao H，Sun L，Huang Y，et al. Structural insights into the dual-substrate recognition and catalytic mechanisms of a bifunctional acetyl ester-xyloside hydrolase from Caldicellulosiruptor lactoaceticus. ACS Catal. 2019，9（3）：1739-1747.
[27] Zhan Y，Deng Z，Yan Y，et al. NfiR，a new regulatory ncRNA，is required in concert with the NfiS ncRNA for optimal expression of nitrogenase genes in Pseudomonas stutzeri A1501. Appl Environ Microbiol. 2019，doi：10.1128/AEM.00762-19.
[28] Zhan Y，Yan Y，Deng Z，et al. The novel regulatory ncRNA，NfiS，optimizes nitrogen fixation via base pairing with the nitrogenase gene nifK mRNA in Pseudomonas stutzeri A1501. Proc Natl Acad Sci U S A. 2016，113（30）：E4348-56.
[29] Han Y，Lu N，Chen Q，et al. Interspecies transfer and regulation of Pseudomonas stutzeri A1501 nitrogen fixation island in Escherichia coli. J Microbiol Biotechnol. 2015，25（8）：1339-1348.
[30] Wang D，Xu Z，Zhang G，et al. A genomic island in a plant beneficial rhizobacterium encodes novel antimicrobial fatty acids and a self-protection shield to enhance its competition. Environ Microbiol. 2019，doi：10.1111/1462-2920.14683.
[31] Yu H，Xiao A，Dong R，et al. Suppression of innate immunity mediated by the CDPK-Rboh complex is required for rhizobial colonization in Medicago truncatula nodules. New Phytol. 2018，220（2）：425-434.
[32] Duan L，Pei J，Ren Y，et al. A dihydroflavonol-4-reductase-like protein interacts with NFR5 and regulates rhizobial infection in Lotus japonicus. Mol Plant Microbe Interact. 2019，32（4）：401-412.

撰稿人：林　敏　燕永亮　王忆平　李　俊　张瑞福　田长富

农业生物信息学发展研究

一、引言

生物信息学是伴随人类基因组计划而产生的一门新型学科。在人类基因组计划的总结报告中给出了“生物信息学”的完整定义，该学科是一门由数学、计算机科学和生物学综合而成的交叉学科，它包含了生物信息的获取、加工、存储、分配、分析、解释等在内的所有方面，它综合运用数学、计算机科学和生物学的各种工具来阐明和理解大量数据所包括的生物学意义。基于上述理念，农业生物信息学主要是指生物信息学的理论、方法、技术、工具等在农业各领域研究中的应用，以及适用于农业生物特点的生物信息学新理论、新方法的研究。

农业生物信息学的研究内涵主要是以农业动物、植物、微生物为研究对象，综合运用生物学、信息学和统计学知识，通过对上述农业生物的基因组、转录组、表观组、蛋白质组、代谢组、宏基因组、表型组等生物数据的采集、处理、存储、分析和解释，以期获得生物学新知识，解释农业领域内的各种生物学问题，从而为指导生物实验研究及品种培育、改良提供参考。其研究核心是引入生物信息学理论与方法，推动农业基础研究与应用技术更快更好的发展。包括以下三个部分：①建立广泛的农业生物组学数据库，包括基因组、变异组、蛋白组、代谢组、表型组等；②农业动植物性状形成的组学基础，包括：基因与蛋白、蛋白与蛋白、蛋白与代谢物、宿主与微生物等之间的关系，以及代谢通路等基础性知识体系；③建立表型与基因型的关系，用于表型选育，如关联分析、基因组预测等实用育种技术。

基于农业生物信息学的定义及研究内涵，各研究主要包含如下重点研究内容与方向。

（1）农业生物组学数据库的构建

开展重要农业生物基因组的测序、拼接及注释工作；开展针对重要经济性状或农业性状的转录组、蛋白质组、表观组、变异组、代谢组、宏基因组的基础数据收集；整合各类组学数据构建具有专业特色的二级数据库。

针对大基因组的复杂特点，如重复序列和高杂合度等特征，研发高效的基因组组装和拼接工具；着重在重复序列识别、非编码 RNA 预测、编码蛋白质基因和结构的预测、基因功能注释等方面开展基因组注释的核心技术研发。

（2）构建影响农业动、植物性状形成的知识体系

围绕重要经济性状或农艺性状，针对农业生物特有的群体结构、基因组特点，研发或优化利用基因组重测序数据，高效检测影响性状形成的 SNP、InDel、SV、CNV 等遗传变异的统计方法和工具；研发和优化利用 RNA-seq 开展特定时空的全转录组研究的数据分析方法与研究策略；开展基于结构预测蛋白质功能及结构异常与重要经济性状（农艺性状）的关系研究；开展农业动物宏基因组学研究，研究微生物群落的构成及其动态变化；微生物群落中的各种微生物的基因结构及其功能；微生物群落的各个成员之间及其与环境或宿主之间的关系。

研发整合各类组学数据，解析农业动植物性状形成的遗传机理、机制所需的新理论、方法、工具等；构建复杂性状形成和发育的各层次生物网络（基因网络、蛋白质互作网络、信号传导网络、代谢网络），以及数学描述、统计建模和功能分析等理论体系。分析农业生物各组学数据，解析在人工选择下，各复杂性状的形成机制和适应性机理，揭示人工选择下家养动植物适应人工环境的遗传机制。

（3）用于表型选育的生物信息学新理论、新方法研究

开展基于物联网和人工智能技术在表型组学数据收集和分析应用研究，开展利用图像识别、视频识别等技术准确收集农业生物特定表型值（常规手段难以准确度量性状，如：屠宰性状、肉质性状、行为性状、抗病性状等）的理论、方法与工具。

针对农业动物、植物重要经济性状（农艺性状），建立挖掘表型与基因型关系的新理论、新方法；研发适用于组学数据的基因定位统计理论、模型、算法和分析工具；研发高效全基因组选择育种程序；开发和优化基因组育种值估计的新理论、新方法及分析工具。

二、近年的最新研究进展

（一）研究进展

1. 农业生物组学数据呈爆发式增长

准确地获取各种组学数据是农业生物信息学研究的第一要务。核酸测序技术的进步对基因组学研究起到了至关重要的作用。1953 年 Watson 和 Crick 提出 DNA 双螺旋结构，之后 Sanger 测序法的出现，直到人类基因组计划完成，人类才真正地开始了解自己，生物学研究也逐渐深入分子水平。其中，DNA 测序法的进步对人类生物分子研究领域起到至关重要的作用。随着各个学科之间的联系越来越紧密，多学科交叉对测序技术的发展有着关

键的基础支撑作用。与此同时，测序技术正变得更加低成本、高通量及多功能。

1977年，Sanger发明了链终止测序法。该方法引入双脱氧核苷三磷酸，第一次为研究者开启了深入了解遗传密码的大门。同年，Maxam和Gilbert提出化学降解法测定DNA序列的方法。以上两种手工测序方法后期所需人力大，无法自动化，读取的片段序列长度也较短，且都需要同位素标记，比较危险且不稳定，但因其准确性高一直沿用至今，是一种较为广泛的测序技术，它的出现也被认为是第一代测序技术真正诞生的标志。后续又出现带有荧光标记的毛细管电泳测序方法，该方法对人类基因组计划的完成发挥了重要作用。主要的测序仪器包括ABI 370A测序仪、ABI 3730XL测序仪等。

Applied Biosystems（现属Life Technologies公司）首先利用Sanger测序法原理生产出第一台自动测序装置，并首次用自动化的测序仪ABI 370A测定了大鼠心脏两种cDNA序列。后来又发展了直接在双脱氧核苷酸上直接标记不同颜色荧光基团的技术，终止了标记系统的应用，也避免了聚合酶提前终止所导致的错误，且凝胶电泳之后可以利用荧光检测仪器直接读取并存储，节省了大量人力，结果更加精准，只要在进行凝胶电泳时将一个反应体系内的序列片段分离，便能一直快速地测定。

第一代测序仪的第二个版本为ABI 3730XL。该版本的优势在于：一是用毛细管电泳代替平板电泳对样品进行分离，避免不同泳道迁移率差异的影响；二是并行化程度提高，可同时测定较多的样品，采用阵列毛细管电泳，将多条毛细管并列进行电泳分离，吸收了聚丙烯酰胺凝胶电泳的优势，据报道该电泳可同时进行96个并行测序反应；三是采用毛细管上样，提升上样速度。此类测序仪对人类基因组计划的完成起到关键性作用，随着技术的发展，其读取序列长度达1100 bp，但其过度依赖电泳技术，在成本与耗时方面也基本达到顶峰。20世纪80年代末出现了杂交测序技术，其原理是将一段已知的单链核苷酸固定在基片上，再使用变性待测的DNA与其杂交，然后根据杂交情况排列其序列信息。一般是对一段有限长度的DNA序列进行再测序。这种方法检测速度较快，但准确性较低，不能重复测定，成本较高。

第二代测序技术也称为新一代测序技术NGS，相比第一代测序技术，总体往高通量、低成本方向发展。2005年，因合成与测序同时进行的454测序技术率先出现，测序市场发生标志性变革。此测序技术成本较低且能进行大规模的并行测序反应，比第一代在聚丙烯酰胺凝胶排列上的模板数多出数十万个，并行化程度大大提高。第二代测序技术主要有Solexa测序技术、454测序技术、SOLiD测序技术、Complete Genomics测序方法、半导体（Ion Torrent）测序技术等。

Solexa测序技术原本由Solexa公司发明，后被Illumina公司收购，即常见的Illumina测序仪。该技术利用边合成边测序的原理。基本原理及步骤：构建测序文库、进行桥式扩增、测序。该方法最显著的特点是测序通量高、文库构建简单、运行成本较低；缺点是读取的序列片段长度较短，其中的化学反应如荧光基团切割可能失败，合成较长序列测序时会产生信号衰减和荧光信号相位移，即读取越长，错误率越高。

454 测序技术利用焦磷酸测序法进行测序，是第一个商业化的二代测序平台。基本原理及步骤是构建测序文库、乳液 PCR 扩增、测序。第一代商业化的 454 测序仪为 GS 20，后被 454GS FLX 取代，后者的微孔板上有 3×10^6 个测序反应孔，孔壁上有金属涂层，有助于提高信噪比，可获得更多更准确的数据。其局限性是当其遇到类似 AAAAAA 等寡聚单核苷酸序列时，需根据光信号强度自我判断，易产生插入、缺失等错误，随着读错长度的增加，错误率也相应升高。另外，其所用酶的价格相对较高。

SOLiD 技术与其他技术最大的不同是其以连接反应取代聚合反应。该技术对每个碱基测定两次，即使一次测定中造成了错误的累积，但二次测定可以检测出来。且两次的荧光颜色综合数据可以根据计算机联合分析确定序列，操作简单。该方法可以识别读错的碱基，减少了数据读取的失误，准确率达 99.4%，是第二代测序技术中准确率最高的，在个体微小差异测定方面具有较高优势。目前该技术最新的测序平台是 2010 年推出的 5500 xl，改变乳液 PCR 条件可影响这种测序仪对 GC 的偏好性。该技术的缺点是扩增产物存在移相，序列读取长度相对有限。

Complete Genomics 测序原理同 SOLiD 测序方法，也是使用连接法测序。该方法通过锚定序列确定位置，利用锚定序列与碱基单链荧光探针混合物在 T4 连接酶作用下连接。确定荧光信号后，锚定序列和探针的连接片段被洗去，再重复连接下一个锚定序列，根据荧光信号确定每个锚定序列处的序列信息，从而获得 DNA 序列信息。该方法是分段进行的，拥有较高的容错能力，后期的拼接也较容易，但由于探针的长度有限，读取序列长度仍较短。

半导体测序技术的原理是利用高密度半导体芯片检测 dNTP 聚合时产生 H^+ 的变化实时测序。以此原理应用的 Ion PGM System 平台可以读取的序列长度超过 400bp，读取次数达到 550 万次，运行时间 2—7 h；另一种 Ion Proton System 平台被设计用于读取外显子组，在从头测序、全基因组转录、甲基化分析等的测序上读取的长度超过 200 bp，读取次数达 8000 万次，运行时间只有 2—4 h。

第三代测序技术以单分子测序为主要特点，Braslavsky 等首次在实验的基础上描述了单分子测序技术。不同于第二代测序技术的使 DNA 与固相表面相结合，第三代测序技术无须进行 PCR 扩增，具有更高通量、更长读取度、更高准确性、更短测序时间、更低成本等特点。主要的三代测序技术包括 tSMS 单分子测序技术、SMRT 单分子实时技术、VisiGen 测序技术。

最近又出现了一些新的测序技术，主要包括纳米孔单分子测序技术、电子显微镜观察法等。纳米孔单分子测序技术是基于电信号原理进行测序的，测序仪有 GridION 和 MinION。值得注意的是，纳米孔单分子测序技术对甲基化的胞嘧啶可以直接检测，拥有较大的应用前景。因为切割的单个核苷酸能快速从纳米孔通过，该技术在测定同核苷酸寡聚物时有较大优势。另外，该技术的仪器省却了 dNTP 标记和复杂的检测系统与后期处理，数据分析相对简单，成本较低。但在大规模测序时，该方法有可能读错方向，并行测序有待突破。2012 年，首次报道通过电子显微镜鉴定完整 DNA 分子的碱基结构。ZS Genetics 使用透射电子显微镜通过检测标记的重金属标签观测 DNA 分子，不过当重金属标签相距较近时很难分辨并会相互影响，另外透射电子显微镜发射的高能电子束易破坏 DNA 分子结构。Electron Optica 公司使用低能量电子显微镜 LEEM，可以减少对 DNA 分子结构的破坏，且不使用重金属标签，在测序时发生的错误较少，但获得的图片分辨率低。这些新技术的原理均显著区别于第三代单分子测序技术，是直接从模板链开始测序的，技术理念有较大的进步。

目前农业基因组学主要基于二代测序技术，而新技术的逐渐成熟必将带来农业基因组学数据井喷式地增加。由此获得了大量的测序数据，华大研发了 GigaDB 数据库，用以收录这些测序，数据量达到 44T，包括 10.4 万个样本，这些数据主要涉及农业生物的基因组、转录组、表观基因组的数据。国际上也有多个数据库收录了农业生物不同组织的不同发育时期的转录组、表观组的测序数据，以及不同品种（品系）的基因组数据。

在国际上，生物数据库的构建是生物信息研究领域中一个重要的研究热点，其中核酸研究杂志（*Nucleic Acids Research*，NAR）和数据库杂志（*Database*）是两个专门收录生物学数据库的期刊，生物信息学（*Bioinformatics*）、BMC 生物信息学（*BMC bioinformatics*）等重要学术期刊上也收录了一部分数据库构建的研究报告。核酸研究杂志每年都收集、整理、汇总目前已发布的分子生物学数据库，目前已经收录了 1613 个数据库，其中 2019 年公布了 68 个新发布的数据库，并有 104 个数据库做了重大更新。表 1 罗列了部分包含农业生物数据的各类数据库，这些数据库所收录的数据随时都在更新。我国学者构建了多个应用于农业生物信息学研究具有农业专业特色的二级数据库，如国家基因库生命大数据平台（CNGBdb）、千种植物数据库（ONEKP）、肠道微生物数据库（MDB）、万种动物线粒体数据库（MT10K）、表型数据管理系统（DMAS）、SNPs 数据管理系统（SNPSeek）、植物转录因子数据库（PlantTFDB）、

表 1　目前仍在维护使用的常用数据库

类别	数据库名称	数据库网址	数据库描述
综合	Ensembl	http://ensemblgenomes.org/	由 EMBL 运营，提供细菌、原生生物、真菌、植物和无脊椎动物后生动物的基因组数据、基因组和基因注释文件
	UCSC	http://genome.ucsc.edu	包含动物基因组信息，基因组注释，基因组保守性和基因组共线性数据
	NCBI	https://www.ncbi.nlm.nih.gov/	收集了从病毒、细菌到真核生物等主要生物的核酸、蛋白质序列 GEO 和 SRA 收集了表达芯片和测序数据

续表

类别	数据库名称	数据库网址	数据库描述
核酸类	DDBJ	https://www.ddbj.nig.ac.jp/index-e.html	一级核酸数据库
	EMBL	https://www.embl.org/	一级核酸数据库
	ArrayExpress	https://www.ebi.ac.uk/arrayexpress/	功能基因组数据存档；存储来自 EMBL 的高通量功能基因组学实验的数据
	Bioinformatic Harvester	http://asia.ensembl.org/index.html	人类，小鼠，其他脊椎动物和真核生物基因组提供自动注释的数据库
	EPD	https://epd.vital-it.ch/index.php	真核基因启动子数据库
	miRBase	http://www.mirbase.org/	存储 microRNA 序列和注释的数据库
	Rfam	http://rfam.org/	一个包含非编码 RNA（ncRNA）家族和其他类型 RNA 信息的数据库
	RNAcentral	https://rnacentral.org/	非编码 RNA 序列数据库
	NONCODE	http://www.noncode.org/	存储 17 类个物种非编码 RNA 的数据库
蛋白质类	Uniprot	https://www.uniprot.org/	非冗余蛋白质序列数据库
	DIP	https://dip.doe-mbi.ucla.edu/dip/Main.cgi	收集经实验确定的蛋白质之间的相互作用
	InterPro	https://www.ebi.ac.uk/interpro/	蛋白序列进行功能注释的平台，包括对蛋白质家族、结构域、功能位点的预测
	Pfam	http://pfam.xfam.org/	蛋白质家族的数据库，包括使用隐马尔可夫模型生成的注释和多序列比对
	PRINTS	http://130.88.97.239/PRINTS/index.php	蛋白质序列指纹图谱数据库
	SUPERFAMILY	http://supfam.org/SUPERFAMILY/	包含所有蛋白质结构和功能注释
	PDB	http://www.rcsb.org	收录蛋白质及核酸的三维结构
	BioGRID	https://thebiogrid.org	蛋白质与遗传相互作用数据库
代谢通路	Reactome	https://reactome.org/	该库覆盖了 19 个物种的通路研究，包括经典的代谢通路、信号转导、基因转录调控、细胞凋亡与疾病
	BiGG Models	http://bigg.ucsd.edu	整合了 70 多种已发表的基因组规模的代谢网络图
	KEGG	https://www.kegg.jp	整合基因组、化学和系统功能信息的数据库包括各物种主要代谢通路等
表型类	QTLdatabase		主要农业动物的所有已发表 QTLs 结果
	Corr		动物重要经济性状的遗传参数
	OMIA	https://omia.org/	收录动物基因与遗传疾病特征

动物转录因子数据库（AnimalTFDB）、种子特异性基因数据库（SeedGeneDB）、谷子数据库（Millet）、华中农业大学作物表型中心（Crop Phenotyping Center）等。

进入 21 世纪以来，物联网、移动互联网、大数据、云计算和人工智能等新一代信息技术的发展及其与各行业的深度融合，正加速推进人类社会向大数据、智能化时代迈进。数据已经渗透到当今每一个行业和业务职能领域，成为重要的生产因素。海量聚集的大数据隐含着巨大的社会、经济和科研价值，吸引着各学科、各行业乃至各国政府的高度关注。大数据时代农业科学正在从理论科学、实验科学和计算科学步入以数据密集型知识发现为研究范式的学科发展阶段，特别是育种技术正在进入以基因组和信息化技术高度融合为主的育种阶段，直接推动动、植物科学进入以大数据为核心的组学研究时代。进入组学时代的农业基础科学，迫切需要组织开展农学、畜牧、生命科学、信息科学和工程科学等多学科交叉合作研究，获取并解析表型组—基因组—环境大数据，从组学高度系统深入地挖掘“基因型—表型—环境型”内在关联、全面揭示特定生物性状形成机制，对揭示作物生命科学规律，提高动、植物功能基因组学和分子育种研究水平等具有重大意义。

农业生物表型组学可高效准确地提供产量、品质、抗逆等重要性状的量化信息，通过与遗传数据的关联分析，分析重要性状的遗传基础和基因—环境互作机理，进而为高效筛选优质基因型及改良农业生物品种提供可靠的大数据支撑。相对于其他各类组学研究，表型组学的理论基础和研究方法的滞后，已逐渐成为现今农业生物研究的一个瓶颈，严重影响了我们对重要农艺性状和经济性状的遗传分析和品种改良的研究进程。表型组学大数据的研究体系一般可以分成三个部分，分别为获取与解析、数据管理以及挖掘与应用。其中获取与解析是指利用传感设备获取表型原始数据，并将其转化为具有明确生物学含义的表型性状；数据管理是对全链条大数据的存储、管理与共享；挖掘与应用是实现表型组学大数据价值化的重要途径。

21 世纪以来，以各类新型物理、化学和生物（生理）传感器、图形图像技术、人工智能技术及物联网技术为代表的新一代表型获取技术体系，正在为动、植物研究提供海量表型数据。1998 年，比利时 CropDesign 公司成功开发世界上首套大型植物高通量表型平台，命名为 TraitMill，该平台打破了几百年来一把尺子、一杆秤的表型性状获取瓶颈，可高通量、自动化获取包括众多经济性状的表型信息。此后，环境可控的室内植物表型平台，大田植物表型平台，低成本、便携式表型采集设备及航空机载平台等多层次表型获取技术迅猛发展，整合图像、点云、光谱、红外线、X 射线等传感器采集了细胞—组织—器官—个体—群体多尺度的表型数据，形成了从室内、温室、田间、畜舍的多生境、数万亿字节的大规模数据。

如何把这些初始数据转化为具有生物学意义的信息至关重要。近年来，各类计算机视觉算法、图形图像处理和机器学习分类方法在表型数据解析中得到大规模应用，通过融合科研工作者的专家先验知识，从各种结构化和非结构化信息中自动抽取大小、形态、生长动态、病害检测等重要表型特征和逻辑关系，在海量大数据中实现表型性状自动精准识别。利用支持向量机、随机森林、人工神经网络、卷积神经网络、深度卷积神经网络等算法实现了对不同的器官的自动分类和识别、表型性状的高通量解析以及病害性状的自动解析等。另外，通过使用如 OpenCV、SciKit-Image、TensorFlow 等开源软件库和 YOLO、CapsuleNetworks 等模型框架设计开发的自动化表型分析流程不断更新，极大地推动了表型大数据的分类、解析与可视化。今后，随着高通量、多维度、多尺度表型数据的进一步积累，适用于大数据分析的软硬件系统升级、分析流程的整合与交互式可视化分析平台的建设将必不可少。

利用高通量植物表型信息获取平台获取的图像、点云、光谱和环境等非结构化表型数据的大量出现，为表型组数据的管理带来了挑战。计算机技术的快速发展，特别是互联网的普及和数据库技术的进步，为有效管理飞速增长的表型组数据提供了可能。数据库的研究始于 20 世纪 60 年代中期，历经半个世纪的发展，形成了坚实的理论基础、成熟的商业产品和广泛的应用领域。传统的表型数据多为结构化的数值型和字符串型数据，可利用常见的关系数据库完成有效的数据存储、检索和维护。但由于非结构化表型数据格式不一，长度各异，无法用简单的二维表结构来逻辑表达和实现，因此出现了与之匹配的非结构化植物表型组数据管理系统。目前，常用于表型组数据的非结构化数据管理系统有基于传统关系数据库系统扩展的非结构化数据管理系统，以及基于 NoSQL 的非结构化数据管理系统等。近年来，有关表型组学的数据库及管理系统已有报道，如为特定物种的本体以及基因和表型注释提供参考的 Planteome 数据库，针对物联网传感器和表型平台自动化获取数据的开源信息管理系统 CropSight 等。

表型组数据库构建是对表型数据进行管理、存储和共享的过程，可以利用计算机硬件和软件技术增强数据管理能力；可以使用充足的数据注释和标准化的文件格式提高数据存储质量；可以打破信息孤岛实现表型组大数据的整合与共享。在表型组数据库构建中，常用的表型信息标准化原则包括三点：①利用最小信息法来定义表型组数据集的内容，确保表型数据可验证、可分析和可解释，这将有利于研究人员对表型数据进行再利用和整合；②采用本体术语作为表型数据的唯一和可重复性注释；③选择适当的数据格式来构建表型数据集。此外，人工智能的先进技术，为公开可用的可扩展型表型组数据管理系统的构建提供支持，实现了数据传输、校准、标注和聚合等过程的有效集成，并加强表型组数据的重利用和安全共享。

表型组大数据的挖掘与利用目前可归纳为两个方面：面向表型组本身的表型性状预测和结合其他组学的多重组学分析。表型组学海量聚集的数据规模和越发繁杂的数据类型有力地促进了表型性状预测技术的发展。大数据基础上的表型性状预测方法发展历经三个阶段：①基于过程机理的模型；②基于统计学习理论的机器学习；③针对大规模数据的深度学习。这些方法为及时、高效、准确地预测不同区域、不同尺度的时序动植物表型信息，揭示动植物表型性状的地域分异和演化规律，服务动植物育种和决策提供给了重要手段。

我国农业生物表型组研究相比欧美发达国家起步较晚，很多表型获取和分析技术仍以人工为主，不但工作量大，数据重复性差，而且在研究方法、评测标准等关键问题上没有建立在全国范围内可以推广的通用标准。目前，我国表型组的研究主要关注于通过监测和量化分析器官、个体和群体等不同层次样品在不同发育阶段的动态表型变化，再与其他多重组学分析结果相融合，通过大数据多方位剖析重要生命过程。在系统水平上深入研究农业动、植物在不同环境条件下的多尺度表型特征，真正建立一套把基因型和表型联系起来的分析技术。

2. 农业生物信息学算法不断取得新突破

最近五年，生物信息学发展迅速，研究范围不断扩展，内容不断深化。在当今大数据时代，生命科学领域的数据产出能力在各学科中处于领先位置，以基因组学和蛋白质组学数据为核心的组学大数据增长速度远超很多其他领域。作为生物信息学发展的重要趋势，数据量迅速增大，数据类型不断增加，为生物信息学方法提出了大量新挑战；组学技术使越来越多层面的生物机理被揭示出来，系统生物学研究越来越走向对生物调控机理的定量认识和建模；同时，对生物系统认识的深化和合成生物学、基因编辑技术的不断突破，使得合成基因线路与系统的理论和技术有很大发展。

目前，基因组学、蛋白质组的研究数据量很大，并一直在增长。如何充分利用这些数据破译出基因密码，挖掘出更多促进学科发展的相关信息，是生物信息工作者迫切希望解决的问题。大数据技术主要指从各种类型的数据中快速获得有价值信息的技术，后期处理技术包括大数据采集、大数据预处理、大数据存储及管理、大数据分析及挖掘、大数据展现和应用等。大数据技术在生物信息领域已有应用并取得了较好的成果，例如：Matsunaga 等基于 Map-Reduce 框架实现了分布式 BLAST 计算；Cloud RSD 基于 RSD 算法大规模寻找基因组之间的同源序列。中国“天河一号”千万亿次超级计算机部署核心计算加速，可在数小时内完成微生物宏基因组的快速分析鉴定。各种大数据技术的应用，给生物信息技术带来了新的机遇。

在农业生物基因组学研究方面，中国农业科学院基因组所在全基因组组装算法、极低频点突变检测、基因组结构变异检测、DNA 存储技术以及基因组分析技术开发方面取得了突出的进展。为克服第三代测序准确度较低、测序数据组装工具资源占用大、组装质量不稳定的瓶颈问题，发挥第三代测序的优势，我国科学家开发了三代测序数据的纠错、组装软件 NextDenovo，实现了超大型基因组组装的突破，为利用三代数据组装基因组扫清了组装算法的障碍。基于 NextDenovo，实现了对水稻 93-11 测序数据的组装。在该组装中可以找到约 98.1% 的完整基因元件，单碱基准确率在 99.99% 以上。与其他组装策略相比，组装的水稻 93-11 基因组质量明显优于用其他软件组装的结果。开发了 NovoBreak 算法，该算法可以有效地提高结构变异的检测准确性和敏感性，在领域内权威的国际体细胞突变检测挑战赛上，连续取得最佳平衡准确度；为针对性提高基因组极低频突变测序的检测效率与数据利用率，开发新型高效测序检测技术，所开发的 O2n-seq 算法，不仅极大地降低了第二代测序技术的碱基错误率，而且数据有效利用率较传统标签法高出 10—30 倍。

在全转录组研究中，对测序数据的分析是生物信息学研究重要的研究内容之一。目前可用的对测序数据进行质控的软件包括 FastQC、NGSQC、Qualimap2、HTQC、QCchain、almostSigni-fican、fastq-clean、FaQCs 等，最常用的是 FastQC 和 HTQC。将读段比对到参考基因组或者转录本上，并根据实际定位情况进行转录本组装的生物信息工具主要有：BWA、Bowtie、TopHat、Map-Splice、STAR、CAP3、Seq-Man、TGICL、stackPACK、ALLPATHS2、SOAPdenovo、STM、Trinity 等。用来检测差异表达的分析软件 edgeR、DESeq2、tweeDESeq、ebSeq、Limma、Cuffdiff、SAMSeq 等。如何组合这些软件完成整个全转录组数据的分析，也有多个研究报道，如 Conesa 等（2016）、Wang（2017）等。全转录组学以其精准、系统、直观的技术优势为畜禽重要经济性状功能基因的挖掘、鉴定与验证提供了新的技术平台和手段。虽然全转录组学在畜牧领域的研究较其他领域而言起步较晚，但是也获得了一列成果，如：Mcdaneld 等选取了增殖中的卫星细胞、胚胎期不同日龄、出生胎儿和成年猪组织进行了全转录组研究，探究 miRNA 在猪骨骼肌中的作用，研究发现了 12 个新 miRNA 与肌肉生长发育密切相关；Sun 等对长白猪和兰塘猪背最长肌进行了全转录组测序研究，从 22469 个编码转录物中筛选出差异表达的 mRNA 547 个、lncRNA 5566 个和 circRNA 4360 个，通过生物信息学分析挖掘出与肌肉生长发育相关的基因 17 个，并构建了 ceRNA 网络，该网络包括 19 种 lncRNA、40 种 circRNA 和 9 种 mRNA。Billerey 等检测了 9 头利木赞牛犊的胸肌样本，发现 418 种 lncRNA 存在显著差异；Park 等对 6 匹纯种马运动前后的血液和肌肉进行全转录测序，使用差异表达分析，确定了多个运动调节基因，并有 91 个转录因子编码基因，此外，还发现了同一基因的不同可变剪接形式在运动前后表现出反向表达模式。在家禽的研究上也已利用全转录组鉴定出一批与生长、繁殖等重要经济性状相关的分子标记和候选基因。

利用机器学习算法挖掘农业生物重要经济性状（农艺性状）的生物学机制是目前农业生物信息领域研究的一个主要研究方向。常用的机器学习算法主要有决策树算法、隐马尔可夫模型、神经网络反向传播算法、支持向量机、聚类分析等方法。序列比对是生物信息学的基础，目前已将神经网络和隐马尔可夫链算法应用于序列比对分析中。随着基因组研究的发展，利用机器学习算法进行基因识别被广泛使用。神经网络算法、基于规则方法、决策树、概率推理算法等已经应用于基因识别中，其中基于隐马尔可夫模型的 EM 训练算法和 Viterbi 序列分析算法都有成功的应用成果。贝叶斯神经网络和聚类分析方法也已经被用于生物芯片的数据分析工作中。一些人工智能技术和自然语言处理技术也在生物信息中得到广泛应用，采用 Ngram 寻找蛋白质序列和自然语言的相似性，采用条件相即域（CRF）解决蛋白质相互作用位点预测问题，采用 Ngram、Binary Profile 和 N-nary profile 模型结合支持向量机解决蛋白质同源性和折叠识别问题。南京农业大学开发了用以准确识别miRNA、piRNA的极限学习机算法，优化了用以识别lncRNA的随机森林分类器模型；吉林大学开发了用于预测基因表达的卷积神经网络深度学习算法；中国农业大学通过对大规模表观基因组和转录组数据分析，研究基因表达调控机制，构建了识别节律性基因表达的算法ARSER/LSPR，并应用于拟南芥和水稻高通量时序基因表达谱分析；基因组所开发了结合编码区和非编码区新生突变的统计学算法，利用这些新生突变和基因组功能注释，可以提高定位复杂性状基因的统计效力，为新的甲基化定位方法Jump-Seq开发了分析方法，验证了其在低成本的测序情况下能达到20bp左右的定位精度，填补了这个精度范围内低成本定位甲基化的空白。

在表型组学的研究中，我国学者紧追国际前沿，相继研发了针对应用于玉米茎秆维管束表型组数据分析的随机森林模型；应用于大麦植株动态生长表型组数据分析的支持向量机算法，玉米植株分割、株高检测的Faster R-CNN算法，应用于大田水稻稻穗识别的简单线性迭代聚类和卷积神经网络算法。

3. 农业生物信息学加速动植物分子设计育种进程

随着主要农作物遗传图谱精确度的提高以及特定性状相关分子基础的进一步阐明，人们可以利用生物信息学的方法，先从模式生物中寻找可能的相关基因，然后在作物中找到相应的基因及其位点。农作物的遗传学和分子生物学的研究积累了大量的基因序列、分子标记、图谱和功能方面的数据，可通过建立生物信息学数据库来整合这些数据，从而比较和分析来自不同基因组的基因序列、功能和遗传图谱位置。一方面，育种学家可以应用计算机模型来提出预测假设，从多种复杂的等位基因组合中建立自己所需要的表型，然后从大量遗传标记中筛选到理想的组合，从而培育出新的优良农作物品种；另一方面，可以通过功能基因组分析识别重要基因，对植物进行定向改良和培育，可以提高植物观赏性或是经济效益。也可以利用转基因技术将特定优良基因转入某一品种中，可以使植物具有更高观赏性或者获得更优异的生产性能。

传统的农药研制盲目性大，偶然性强，生物信息学在农药研发中的意义在于找到高效的作用靶点、阐明其结构和功能关系，从而指导设计能激活或阻断生物大分子发挥其生物功能的特定药物，使药物研发更加有针对性和方向性。目前，生物信息学促进农药研制已有许多成功的例子。杨华铮等采用同源建模的方法，以紫色菌光合系统L蛋白为模板，构建了豌豆光系统Ⅱ D1蛋白的三维结构模型，并验证了其合理性。在此基础上进一步研究了三类典型的光系统Ⅱ电子传递抑制剂，并构建它们与D1蛋白相互作用的复合物模型，最后设计并合成了十多类数百个化合物，并鉴定出部分化合物的活性，已经超过商品化光合作用抑制剂的水平，使农药向低污染低毒性方向有了质的进步。ALS酶抑制剂是一类高活性除草剂。在其具体结构未知的情况下，邹小毛等研究了磺酰脲、稠杂黄酰胺以及嘧啶（硫）醚三大类典型ALS除草剂的结构与活性关系，并构建了受授体相互作用模型。在此基础上设计了全新结构的化合物，经合成和生物活性试验证实，部分化合物已经表现出除草活性。以信号受体和转录途径组分分析为基础，进行农业化合物设计，结合化学信息学方法，鉴定可用于杀虫剂和除草剂的潜在化学成分，将成为生物信息学在农业上的另一推动力，这将保证农作物高产优质和绿色环保的市场要求。

农作物的遗传学和分子生物学的研究积累了大量的关于有害昆虫、细菌、真菌及宿主植物的基因序列，分子标记，图谱和功能方面的数据。通过建立生物信息学数据库整合这些数据，再利用现代分子生物学和生物统计学的方法，先从模式生物中寻找可能对病虫害产生抗性的相关基因并将其作用模式阐述清楚，然后在经济作物群体中找到相应的基因及其位点标记。再通过比较和分析来自不同基因组的基因序列、功能和遗传图谱位置，在经济作物基因组中引入抗性基因，从遗传基础上改变作物的基因结构，最大限度地减少有害昆虫、细菌、真菌的影响，提高农业生物抗病虫害、抗逆能力。如转基因单价抗虫棉的培育过程中利用了大量的农业生物信息学技术。

生物信息学在动物遗传中的运用，主要是研究核酸和蛋白质的结构和序列的不同组成的遗传信息对动物遗传性状的控制。随着各种动物不同组学测序持续进行，大量组学数据也将不断呈现在我们面前。借助于生物信息学工具，通过分析基因型及表型数据，我们可以掌握基因组序列中所潜藏的遗传信息，然后将所获得个体或群体遗传信息用于动物品种改良。同时，通过对不同物种之间所存在的进化距离和功能基因同源性加以分析和比较，可以发现影响动物重要经济性状的候选基因，通过对相关基因进行标记，然后进行分子育种，加快动物育种的进程和速度。需要注意的是：动物的经济性状主要是由微效多基因进行控制，同时其中还存在主效基因，此时就可以借助序列对比和同源性分析，根据已有生物数据库找到与主效基因的同源基因，并在此基础上构建动物良种繁育基因组数据库。然后利用物种基因的同源性和相似性，以及根据进化过程中距离较近的物种，找到想要找到的基因类型。例如奶牛，可以通过基因同源性和进化进程，选择优良品种的奶牛基因进行培育，从而培育出高产优质牛奶的奶牛，提高经济效益；同时还加快了育种的速度。同样，我们可以通过对禽类的控制优良的产蛋性能的主效基因进行标记，利用基因序列的对比，建立起主效基因数据库，在此基础上改良禽类的品种。

根据不同物种基因组中 DNA 序列差异，可以判定动物物种亲缘程度。因此，完整基因组间比较可以为动物性状选择和杂交组合筛选提供参考依据，还能够通过对不同物种基因 DNA 序列异同情况比较，实现生物分子进化研究，最终有效理清动物基因起源、进化和结构演变，促进动物更好育种。现在已有研究表明，利用生物信息学方法对人和牛的基因组图谱进行比较分析，发现了其中存在的 105 种保守部分。

全基因组选择技术是农业生物信息学研究的重要特色内容。国际上已经在理论上证明这一方法对于农业生物的育种应用有较大的潜力和优势，已经广泛应用于动物遗传改良与育种实践中。我国已经建立了奶牛基因组选择分子育种技术体系。在传统的奶牛育种中，优秀种公牛需要经过后裔测定进行选择，尽管其选择准确性高，但这种方法的弊端在于选择周期长、育种成本高、效率较低。中国农业大学以基因组学技术为核心，系统开展了奶牛基因组选择分子育种技术研究，取得了一系列重要创新性研究成果，建立了完善的技术体系，并大规模产业化应用。该分子育种技术被农业部指定为我国荷斯坦青年公牛的遗传评估方法，自 2012 年起在全国所有种公牛站推广应用。同时，依托国家生猪遗传改良计划，已经开展猪全基因组选择的应用研究。

（二）重大成果

我国作为世界上最大的发展中国家和传统的农业大国，紧跟国际科研的步伐，在农业生物信息数据库的建设与维护和农业生物信息学研究方面也取得了一定的成绩。

中国农作物种质资源数据库包括了 111 种以上作物、27 万多份种质信息、近 1300 万个数据项，数据量仅次于美国的植物种质资源数据库；创建于 1992 年的中国动物物种编目数据库是通过中国科学院“八五”重大项目“生物多样性生物学基础的研究”，“九五”期间得到中科院基础研究特别支持项目“科学数据库及其信息系统”、国家科委的“中国可持续发展信息共享示范项目”与中国科学院生物多样性委员会的经费资助，得以不断增加与更新动物有关信息，并能上网服务，目前已收录了一万余种（亚种）动物的基本信息。2000 年正式开通运行的北京农业信息网是发布国内外最新农业信息和实用技术以及其他综合信息的大型农业专业网站，该网站目前已建好的农业数据库有北京农业专家数据库、北京市农业科技资源数据库、北京市农业科技成果档案 Web 数据库、农业实用数据库、农业科技动态数据库和农业新技术新产品数据库等一系列数据库；2002 年成立的上海市农业生物基因中心，其数据库收集保存了上海市农业生物基因资源，同时也保存了全球范围内具有重要科学意义与经济价值或应用前景的优良资源。

中国于 2000 年 5 月启动“中国杂交水稻基因组研究和开发计划”，以中国杂交水稻父本“籼稻 9311”为研究对象，全部计划已在 2003 年完成。2001 年 10 月 12 日，在中国科学院遗传研究所和国家杂交水稻研究中心的合作下，中国科学院基因组生物信息学中心完成了具有国际领先水平的中国水稻（籼稻）基因组“工作框架图”及数据库的建立。中国水稻（籼稻）基因组“工作框架图”和数据库的公布标志着我国已经成为继美国之后世界上第二个具有独立完成大规模的全基因组测序和组装分析能力的国家。2002 年完成中国水稻（籼稻）基因组“精细图”。与此同时还进行了超级杂交水稻母本“培矮 64s”的比较基因组研究。在此基础上，我国科学家将全面开展对杂交稻杂种优势机理研究和基因预测分析；解析和发现与水稻育性、丰产、优质、抗病、耐逆、成熟期等有关的遗传信息和功能基因；进而发现控制优良性状如米质、香味、抗性的因子，为我国的水稻应用研究和育种提供全面的生物信息服务。2018 年国际顶级期刊 *Nature* 杂志在线长文报道了 3010 份亚洲栽培稻基因组研究成果。该研究由中国农业科学院作物科学研究所牵头，联合国际水稻研究所、上海交通大学、深圳农业基因组研究所、美国亚利桑那大学等16家单位共同完成。这是国内外水稻研究专家大协作的重大成果，体现了中国农业科学在水稻基因组研究方面居于世界领先位置，扩大了我国水稻功能基因组研究国际领先优势。这一重大科技成果将推动水稻基因组研究和分子育种水平，加快优质、广适、绿色、高产水稻新品种培育。

稻瘟病被称为“水稻癌症”，常年肆虐各个水稻产区，引起水稻大幅度减产甚至绝收，是全球粮食安全的重大隐患。2017年四川农业大学陈学伟研究组利用大数据分析，结合分子生物技术手段鉴定并克隆了抗病遗传基因位点Bsr-d1，揭示了该位点具有抗谱广、抗性持久、对水稻产量性状无明显影响等特征。该研究成果一方面极大丰富了水稻免疫反应和抗病分子的理论基础；另一方面为培育广谱持久抗稻瘟病的水稻新品种提供了关键抗性基因；同时，也为小麦、玉米等粮食作物相关新型抗病机理的基础和应用研究提供重要借鉴。该成果发表于*Cell*杂志；同年，中国科学院上海生科院植物生理生态研究所何祖华研究组系统鉴定和解析水稻广谱抗瘟新基因Pigm，发现该基因位点通过蛋白互作和表观遗传方式精妙调控一对免疫受体蛋白PigmR和PigmS而协调水稻广谱抗病与产量平衡的新机制，为作物高抗与产量矛盾提出新的理论，也为作物抗病育种提供了有效技术。

番茄是世界第一大蔬菜作物，其消费量和产值在蔬菜和水果中一直居于首位。我国以鲜食番茄为主，其风味品质更受关注，然而近年来消费者经常抱怨现在的西红柿越来越不好吃了。为了探究影响番茄风味的遗传机制，2012年，中国农业科学院蔬菜花卉研究所黄三文研究员带领团队破解了拥有9亿个碱基对的番茄全基因组图谱。2014年，又与国内外多个团队一起揭开了番茄果实由小到大的人工驯化过程，构建了番茄基因组变异图谱，发现了1200万个基因组变异的数据。2018年，黄三文团队在对世界范围内400份代表性的番茄种质进行了全基因组测序和多点多次的表型鉴定后，最终鉴定了影响33种风味物质的200多个主效的遗传位点，发现其中有2个基因控制了番茄的含糖量，5个控制了酸含量。在历时4年多的协同攻关后，终于发现了番茄风味调控的机制，为番茄风味的改良奠定了基础。

黄瓜是世界上最重要的蔬菜作物之一，也是我国保护地生产的第一大作物，在蔬菜生产中具有非常重要的地位，其遗传、育种研究长期受到研究人员的关注。如何通过基因组等大数据的基础研究，解决黄瓜的苦味从哪里来等生产性难题，贯穿了我国黄瓜育种工作的全过程。2007年，中国农科院蔬菜所所长杜永臣自筹经费发起国际黄瓜基因组计划，黄三文担任首席科学家，借助二代DNA测序技术，于2009年在世界上首次解读了黄瓜基因组，并以封面文章形式发表在*Nature Genetics*杂志上，这是我国园艺科学界首次在国际高水平学术期刊发表论文。2013年黄三文研究员带领团队对115个黄瓜品系进行了深度重测序，并构建了包含360多万个位点的全基因组遗传变异图谱，同时发现黄瓜基因组中有100多个区域受到了驯化选择，包含2000多个基因。其中7个区域包括了控制叶片和果实大小的基因，果实失去苦味的关键基因已经明确地定位在染色体 5 上一个包含 67 个基因的区域里。这为全面了解黄瓜这一重要蔬菜作物的进化及多样性提供了新思路，并为黄瓜的全基因组分子育种打下了基础。在 2019 年 1 月 8 日的国家科学技术奖励大会上，黄三文研究员牵头完成的“黄瓜基因组和重要农艺性状基因研究”获国家自然科学奖二等奖。

甘蔗是世界上最重要的糖和生物燃料作物，生产全球 80% 的糖和 40% 的生物燃料，是单产生物量最大的作物，也是研究 C4 光合作用途径和同源多倍体遗传的模式植物。鉴于其重要性，国际上很多国家都在积极开展甘蔗基因组的研究，如巴西、法国、泰国等国，但由于受复杂的大基因组、高多倍体以及同源异源杂交品种等因素限制，均未获得突破性进展。2018 年 10 月 8 日，福建农林大学明瑞光教授团队领衔与国内外多个研究团队合作在 *Nature Genetics* 在线发表了一篇研究论文，在全球首次公布甘蔗基因组，攻克同源多倍体基因组拼接组装的世界级技术难题，率先破译甘蔗“割手密”种基因组，同时还解析了甘蔗“割手密”种的系列生物学问题，特别是揭示了甘蔗“割手密”种的基因组演化、抗逆性、高糖以及自然群体演化的遗传学基础。甘蔗基因组是第二个以中国人为主破译的大宗农作物基因组，是全球第一个组装到染色体水平的同源多倍体基因组，标志着全球农作物基础生物学研究取得重大突破，奠定了我国在甘蔗研究领域的国际领先地位。本研究将极大地促进甘蔗分子生物学的快速发展，使甘蔗实施分子育种策略成为可能，从而加快甘蔗品种改良和产业发展；同时也对人类深化同源多倍体植物的研究，具有十分重要的借鉴意义。

在畜禽基因组研究领域，我国国内相关研究也取得许多可喜的成绩。2012 年，华大基因和中国科学院的研究者公布了山羊的基因组序列，该研究选择一只雌性云南黑山羊为材料，构建了 fosmid 文库，采用二代测序技术与全基因组酶切光学图谱技术相结合共同绘制出基因组图谱。组装质量检测表明，超过 89% 的双末端读取序列可以映射到组装的山羊基因组上，95% 的读取序列都已成功装配，说明组装质量较为理想。2014 年，该团队又公布了绵羊的基因组序列，该研究以特克塞尔绵羊为材料，采用同样的技术进行测序和组装。组装质量检测表明，超过 99.3% 的测序个体的 mRNA 可以映射到 Oar v3.1 上（平均水平为 98.4%），说明组装质量已达到较为理想的水平。2018 年 6 月《自然—通讯》在线发表名为“全基因组重测序分类世界家牛血统，并反映东亚家牛的三个血统来源和外缘物种基因的适应性渗入”的文章。该研究的第一单位为西北农林科技大学，对我国 22 个代表性地方品种的 111 头黄牛和 8 个陕西石峁遗址的 4000 年前的古代黄牛样品进行了全基因组重测序，同时下载比较了国外 27 个牛种的 149 个个体的全基因组数据。该论文首次证明全世界家牛至少可以分为五个明显不同的类群，即为欧洲普通牛、欧亚普通牛、东亚普通牛、中国南方瘤牛和印度瘤牛。中国黄牛地方品种来源于其中的三个血统，同时发现通过历史上牛亚科的跨物种人工杂交选育相关信息。本研究对中国黄牛遗传特性来源系统全面的分析将为我国兼顾高产、优质和抗逆的肉牛新品种培育提供理论基础。2018 年 7 月《自然—通讯》在线发表了第一单位为中国农科院北京畜牧兽医研究所的研究论文，在该研究中科研人员构建了大规模绿头野鸭与北京鸭的杂交后代群体，并启动了“千鸭 X 组”计划，运用多组学技术对 1026 只杂交二代个体及其祖代亲本（40 只绿头野鸭、30 只北京鸭）进行全基因组关联分析（GWAS）和表达数量性状基因座（eQTL）分析。深入研究分析表明，杂交后代群体羽色分化由单个基因决定，完全符合孟德尔遗传定律。而且该研究鉴定出导致北京鸭体格变大的主效基因 IGF2BP1，该基因原来是在胚胎期发挥促进生长作用，而北京鸭在被选育过程中，其远程增强子上产生了一个自然突变，致使该基因在北京鸭出壳后仍持续表达，饲料利用效率的提高致使其体格变大。此研究从方法论角度为系统解析动植物品种改良机制提供了经典范例，并为畜禽分子育种提供了理论基础。

三、国内外研究进展比较

国外非常重视生物信息学的发展，各种专业研究机构和公司如雨后春笋般涌现出，生物科技公司或制药企业的生物信息学部门的数量也与日俱增。美国早在 1988 年就成立了国家生物技术信息中心（NCBI），其目的是进行计算分子生物学的基础研究，构建和散布分子生物学数据库；欧洲于 1993 年 3 月着手建立欧洲生物信息学研究所（EBI），日本于 1995 年 4 月组建了信息生物学中心（CIB）。目前，绝大部分的核酸和蛋白质数据库由美国、欧洲和日本的 3 家数据库系统产生，他们共同组成了 DDBJ / EMBL /Gen Bank 国际核酸序列数据库，每天交换数据，同步更新。以西欧各国为主的欧洲分子生物学网络组织（European Molecular Biology Network，EMB Net），是目前国际最大的分子生物信息研究、开发和服务机构，通过计算机网络使英国、德国、法国、瑞士等国生物信息资源实现共享。在共享网络资源的同时，他们又分别建有自己的生物信息学机构、二级或更高级的具有各自特色的专业数据库以及自己的分析技术，服务于本国生物（医学）研究和开发，有些服务也开放于全世界。这些综合性的数据库也收录了海量的农业生物基因组、转录组、表观组、蛋白组等组学数据，为农业生物信息学研究提供了数据支撑。从专业出版物来看，1970 年，出现了 *Computer Methods and Programs in Biomedicine* 这本期刊；1985 年 4 月，就有了第一种生物信息学专业期刊——*Computer Application in the Biosciences*。现在我们可以看到的生物信息学专业期刊已经非常多了。但是我国收录农业生物信息学相关研究的专业期刊或栏目较少。

在我国，生物信息学随着人类基因组研究的展开而起步。同时，我国着眼于农业领域，最先开展了水稻和鸡的基因组测序工作，这些工作为我国农业生物信息学的发展提供了宝贵的机遇。在一些著名院士和教授的带领下，在各自领域取得了一定成绩，显露出蓬勃发展的势头，有的在国际上还占有一席之地。如北京大学的罗静初和顾孝诚教授在生物信息学网站建设方面、中科院生物物理所的陈润生研究员在EST序列拼接方面以及在基因组演化方面、天津大学的张春霆院士在DNA序列的几何学分析方面、中科院理论物理所郝柏林院士、清华大学的李衍达院士和孙之荣教授、内蒙古大学的罗辽复教授、上海的丁达夫教授等。北京大学于1997年3月成立了生物信息学中心，这个中心在1996年欧洲EMB Net扩大到欧洲之外时已正式成为中国结点（每个国家只有一个结点），目前已有60多种生物数据库的经常更新的镜像点。中科院上海生命科学研究院于2000年3月成立了生物信息学中心，分别维护着国内两个专业水平相对较高的生物信息学网站。随后，我国又相继多个机构用于开展生物信息学的相关研究，目前重要的研究机构主要集中于中科院基因组所、上海生命科学研究所、华大基因、中国农科院深圳基因组所。近五年，这些研究机构取得了丰硕的研究成果，一些研究得到了国际同行的认可。但是，与国际上生物信息学发达的国家（地区）或机构相比，我国生物科学研究与开发，对生物信息学研究和服务的需求市场非常广阔，但是，真正开展生物信息学具体研究和服务的机构或公司却相对较少，仅有的几家科研机构主要开展生物信息学理论研究。生物信息学服务公司提供的服务仅局限于核酸或蛋白质的序列测定，真正用于生产实践的生物信息学产品或技术服务相对较少，与国际水平差距还很大。在人才培养方面，与国家同领域差距较大，目前既娴熟掌握生物信息学主要技术，又懂农业生物育种、饲养、栽培等环节的复合型领军人才较少。在各农业高校的相关课程设置上也需要进一步优化，以利于这类人才的培养。

四、发展趋势及展望

农业的本质就是解决人们的温饱。因此农业生物信息学的最重要任务就是通过解析复杂性状背后的生物学及遗传学规律，将其应用到种植、养殖实践当中，帮助人们实现粮食、农产品增产，农民增收的目的。农业是我们国家的支柱。它不仅涉及农作物的种植，而且包括林业、渔业和畜牧业等。中国幅员辽阔，但不同地区的地理环境及自然气候千差万别，丰富的气候环境使我国能够生产丰富多样的农作物产品。但同时，导致我国事宜耕种的土地并不多。随着人口的增加，粮食需求不断增加，耕地的负担越来越重。为了满足日益增长的粮食需求，如果可以提升植物的耐受性，使其在以前并不事宜生长的土地上（例如盐碱地、滩涂等）得以种植，将会大规模提升我国的粮食产量。但仅依靠目前的农业生产技术和种植方式显然不能达到这一目的。

在现代农业中，农业科学家的研究方向更多地集中在提高农产品产量，减少收获损失，防治病虫害的侵袭，干旱胁迫、寒冷胁迫、盐胁迫以及增强农产品的营养价值等方面。虽然通过当前科学技术的应用，已经在上述的研究中取得了不小的成就，但由于生物的基因变异、植物的杂交不亲和等方面的限制，仍然有很多生产问题无法解决。而这些限制因素有望借助生物基因工程技术得以突破，将高产基因通过转基因技术转移到植物或者动物体中，使其增加产量。

目前生物信息数据发展迅速，在数据库创建，物种进化分析，基因克隆，分子设计育种，分子辅助育种等多个农业领域正发挥着越来越重要的作用。如何利用国际上已有的生物信息学研究成果，结合我国实际，服务于现代农业育种研究是当务之急。随着生物研究的深入以及计算机技术的发展，生物信息学在未来必将迅速发展并在农业领域起着不可或缺的作用。因此，大力发展农业生物信息学具有必要性和紧迫性。我国应加大政府扶持力度，加强学科建设和平台建设，培育和造就一批专业人才将有助于发挥生物信息学的学科优势，提升现代农业科技含量，加强农业自主创新能力，为全面实现农业现代化而贡献力量。

目前已开发应用的农业生物信息数据库主要集中在英、美等发达国家，发展中国家的研究组织由于资金和技术问题难以建成完善的农业生物信息系统。如何基于生物信息学的学科优势，充分利用我国丰富的种质资源，建立起具有重要影响力的生物信息数据库，已成为摆在中国农业科技工作者面前的一项重要任务。

在我国农业生物信息研究中，我们也要意识到生物信息学研究不可能完全代替试验操作。生物信息学研究做出的分析和预测是建立在已经获得的实验数据基础上的，是对既往理论知识的充分而有效的运用及所作的合理推论，因此可能存在差错，需要进行实验室验证和补充。

生物信息学在我国农业动植物遗传育种方面的应用刚刚起步，该方面的专业人才甚少，尚不能为我国丰富的种质资源和遗传资源利用提供有力的帮助，并与国际进行有效的对接和及时更新。因此我国应重视在农业遗传育种专业学生的学习中加大生物信息学方面能力的培养，以培养出具有现代生物学意识的专业人才。生物信息学研究的特点是投资少、见效快、效益大，适合于我国的现实条件。利用互联网上的生物信息数据库资源不断采集数据进行分析、归类与重组，发现新线索、新现象和新规律，用以指导实验工作，是一条既快又省的科研路线，可避免不必要的重复工作，少走弯路。

目前，我国的农业生物信息学未来的应用方向主要在以下几个方面：①各类组学数据的收集及构建具有专业特色的二级数据库。②农业生物基因组的测序、拼接及注释，针对大基因组的复杂特点，如重复序列和高杂合度等特征，对农业生物基因组进行更加精细、准确的注释。③分析农业动物组学数据，挖掘人工选择下基因组变异的规律、鉴定出重要的适应性基因，揭示人工选择下家养动植物适应人工环境的遗传机制，筛选影响重要经济性状或农艺性状的遗传标记和分子标记。④全基因组选择，针对农业动物、植物重要经济性状，研发高效全基因组选择育种程序，统计模型及实现算法。⑤各类组学数据的整合分析，研发利用多种组学数据集成及多层次数据整合的理论和方法研究；针对复杂性状的生物网络的建模、数学描述和功能研究与分析；研发利用各类系统生物学的技术和手段，解析重要经济性状和农艺性状的遗传学问题的研究策略和相关统计算法；解析影响农业生物各类表型的基因网络。⑥合成生物学，研发利用生物信息学方法设计农业生物基因组结构或构成；以农业微生物为重点研究对象，开展应用于人工染色体构建的生物信息学理论、技术、算法等工作，开展利用生物信息学技术设计、重构或创造生物分子、元件、反应系统或者代谢途径与网络等研究工作；在农业动物、植物方面开展探索性研究。

参考文献

[1] 晏瑾，肖浪涛. 农业生物信息数据库发展现状及应用. 生物技术通报，2006（2）：33-36.

[2] 周艳琼. 美国的植物基因组计划［J］. 世界科学，2001（5）：20.

[3] 申建梅，胡黎明，宾淑英，等. 生物信息学在计算机辅助农药分子设计中的应用［J］. 安徽农业科学，2011，39（4）：2427-2428，2445.

[4] 杨华铮，邹小毛，朱有全. 现代农药化学. 世界农药，2014，36（2）：5.

[5] 许寒，战明哲，刘斌，等. 2-取代-6-甲基-4-苯基-3（2H）-哒嗪酮类化合物的合成及除草活性研究［J］. 有机化学，2014，34（04）：722-728.

[6] 农业生物基因工程安全管理实施办法. 生物技术通报，1997（1）：1-3，16.

[7] 朱淼. 论生物信息学在动物遗传育种中的应用［J］. 南方农机，2018，49（23）：78-79.

[8] 吴晓东. PrP单抗的研制及其在BSE的免疫组化检测和痒病的株系特征研究中的应用. 2015，扬州大学.

[9] Huang SW，Li RQ，Zhang ZH，et al.，The genome of the cucumber，Cucumis sativus L. Nature Genetics，2009，41（12）：1275-1281.

[10] "黄瓜基因组和重要农艺性状基因研究"成果获国家自然科学奖二等奖. 中国蔬菜，2019（02）：28.

[11] 千种动植物基因组计划完成测序十余项. 黑龙江科技信息，2011（27）：4.

[12] Zhu GT，Wang SC，Huang ZJ，et al.，Rewiring of the Fruit Metabolome in Tomato Breeding. Cell，2018，172（1-2）：249-261.

[13] Tieman D，Zhu GT，Resende FRM，et al.，A chemical genetic roadmap to improved tomato flavor. Science，2017，355（6323）：391-394.

[14] Lin T，Zhu GT，Zhang JH，et al.，Genomic analyses provide insights into the history of tomato breeding. Nature Genetics，2014，46（11）：1220-1226.

[15] Sato S，Tabata S，Hirakawa H，et al. The tomato genome sequence provides insights into fleshy fruit evolution. Nature，2012，485（7400）：635-641.

[16] Zhang JS，Zhang XT，Tang HB，et al.，Allele-defined genome of the autopolyploid sugarcane Saccharum spontaneum L. Nature Genetics,，2018，50（11）：1565-1573.

[17] Dong Y，Xie M，Jiang Y，et al.，Sequencing and automated whole-genome optical mapping of the genome of a domestic goat（Capra hircus）. Nature Biotechnology，2013，31（2）：135-141.

[18] Jiang Y，Xie M，Chen WB，et al.，The sheep genome illuminates biology of the rumen and lipid metabolism. Science，2014，344（6188）：1168-1173.

[19] Chen NB，Cai YD，Chen QM，et al.，Whole-genome resequencing reveals world-wide ancestry and adaptive introgression events of domesticated cattle in East Asia. Nature Communications，2018，9（1）：2337.

[20] Zhou ZK，Li M，Cheng H，et al.，An intercross population study reveals genes associated with body size and plumage color in ducks. Nature Communications，2018，9（1）：2648.

撰稿人：高会江　周正奎　张　帆　丁向东　崔艳茹　王志鹏

ABSTRACTS

Comprehensive Report

Advances in Basic Agronomy

The 2018-2019 Report on Advances in Basic Agronomy focuses on agricultural biology. It summarizes the latest progress and representative achievements of crop germplasm resources, crop genetics and breeding, crop physiology, agroecology, agricultural microbiology, and agricultural bioinformatics in recent years.

Crop germplasm resources, crop genetics and breeding

In general, the development of crop germplasm resources has reached the international advanced level. The total number of crop germplasm stored in the long-term repository has reached more than 500,000, ranking second worldwide. In addition, research on hybrid rice and rapeseed achieved leading place internationally, while gene editing, genetic modification, and other technologies have entered the first camp, and the ability to cultivate new crop varieties has been greatly improved. In the future, the research on germplasm resources will focus on in-depth evaluation and acceleration of innovative utilization. The further development of modern molecular breeding theory and technology will contiunously bring breakthrough of crop genetic breeding and diverse new varieties.

Crop physiology

From microscale physiology and biochemistry to molecular regulation, it has reached the international leading level in the areas of the structure and function of the light-harvesting pigment protein complex, and the artificially designed photosynthetic crop to reduce photorespiration. Great progress has been made in the mechanisms of growth and development, the formation of ideal plant types, the regulation of rice and wheat assimilate transportation and grain filling.

Future research will focus on the discovery of efficient photosynthetic germplasm resources and analysis of key genes and metabolic pathways, to improve crop productivity and quality, reveal physiological mechanisms of crop drought tolerance, clarify molecular mechanisms of crop absorption and utilization of mineral elements, and target on the innovative theory and practical application technology for post-harvest physiological improvement.

Agroecology

The systematic theory of high yield and high-efficiency planting based on the rational utilization of annual temperature and light resources was developed and formed a unique Chinese-style of high-yield integrated farming theory. Studies on rice-fish co-growth model, allelopathy and induced resistance of crops against weeds have reached the international frontier. Significant progress has been made in research on the soil quality issue of continuous cropping. Future research will focus on the development of the integrated planting and breeding production system, the establishment of the efficient utilization model of the entire industry chain of resources and waste recycle, the development of efficient and diversified planting systems such as crop rotation and intercropping, and the development of climate-friendly agricultural technics.

Agricultural microbiology

These areas have reached the international advanced level：microbial mechanisms, eco-friendly pests control, disease control of major livestock and poultry, biological nitrogen fixation, and microbial enzyme engineering. The feed additive enzyme has become a high-tech industry with international competitiveness. Future research will focus on the interaction of microorganisms with the host and the environment using omics techniques, the function and application of novel regulatory non-coding RNAs, as well as metagenomics and metabolomics.

Agricultural bioinformatics

The world's largest database of horticulture omics was constructed, and through which the process of domestication was analyzed in depth. The world's most efficient third-generation long-sequence assembly algorithm has been developed. The genome assembly efficiency increased by 6,000 times, making it the first technique that can meet the growing need of the current and future sequencing throughput. Bioinformatics is becoming an indispensable technic for fundamental agricultural research. Phenotypic omics, as a key to break through the research and application of crop science in the future, has been widely concerned.

Written by Mei Xurong, Li Lihui, Li Xinhai, He Zuhua, Luo Shiming, Lin Min, Gao Huijiang, Li Yu, Liu Rongrong, Xu Yuquan, Zhang Jiangli, Liu Rongzhi, Zheng Jun, Zhou Li, Li Long, YanYongliang, Wang Zhipeng, Zhang Fan, Wei Zheng, Ma Jing, Du Yong

Reports on Special Topics

Advances in Crop Germplasm Resources

Crop germplasm resources are the base for ensuring food security, green development and health safety in a country. Since 2008, the undertaking of crop germplasm resources has made a great progress in China. The discipline of crop germplasm resources has developed with a great pace.

Through five projects supported by the Ministry of Agriculture and the Ministry of Science and Technology, systematic survey and salvage collecting have been conducted, including The Inquiry for Crop Germplasm with Drought and Salt Tolerance in Coastal Areas, The Inquiry for Crop Germplasm with Stress Tolerance in the Northwest Arid Region, The Inquiry for Biological Resources in Yunnan and Neighboring Areas, The Inquiry for Agricultural Biological Resources in Guizhou, and especially the Third Nationwide Survey and Collecting of Crop Germplasm Resources which was initiated in 2015. Up to the end of 2018, the total number of crop germplasm stored in the Long-term Genebank and germplasm nurseries reached more than 500,000 accessions, only next to the U.S.A. Meanwhile, 171 *in situ* conservation sites were developed in China, at the international leading place. Our country has established a relatively well-equipped crop germplasm conservation system, with multiple conservation modes.

More than 30% of crop germplasm have been characterized for disease/pest resistance, abiotic stress tolerance and quality traits. Since 2016, more than 17,000 accessions of rice, wheat, maize, soybean, cotton, rapeseed and vegetables have been evaluated for important agronomic characters in multi-environments and multi-years, and genotyped genome-wide. Based on accurate assessment of genetic diversity and population structure, the origin and domestication of some crops were investigated, and a number of genes/quantitative trait loci were identified through linkage mapping and association mapping. Germplasm enhancement by using wild relatives and landraces with favorable alleles had a great achievement, providing new elite germplasm for breeders and basic researchers and producing huge economic and social benefits.

However, the activities of crop germplasm resources in China are facing great challenges from the industries and the societies in new national and international environments. In the future, the priorities should be effective conservation and efficient utilization of crop germplasm resources, with the tasks of intensive collecting and wide introduction of crop germplasm, precise characterization and evaluation, gene/allele discovery, germplasm enhancement, and basic research related to conservation and utilization of crop germplasm.

Written by Liu Xu, Li Lihui, Li Yu, Xin Xia, Zheng Xiaoming, Guo Ganggang, Zhang Jinpeng, Li Chunhui, Yang Ping, Zhou Meiliang, Wu Jing, Jia Guanqing, Li Yongxiang

Advances in Crop Genetics and Breeding

Crop genetics and breeding plays an important role in China's agricultural science. The scientific and technological progress of crop genetic improvement is of great significance for ensuring national food security and sustainable agricultural development. This paper summarizes the development history and significant achievements of crop genetics and breeding in China, and summarizes the development status and dynamic progress of crop genetics and breeding in China in 2018-2019. This paper also concentrated on the representative achievements such as "Molecular Mechanism and Variety Design of High-yield and High-quality Traits in Rice", "Distant Hybridization Technology between Wheat and Wheatgrass" and "Breeding and Application of New Wheat Variety Zhengmai 7698", and compared with similar foreign disciplines from the three aspects of crop new gene discovery, breeding techniques and genetic improvement of traits, and clarified the overall research level, technical advantages and gaps of the disciplines in the world. Aimming at the development requirements of the crop genetics and breeding discipline in the next five years, this report confirmed three key research areas of "formation of crop importance traits, important breeding techniques and breakthrough material innovation, and upgrading of new varieties", confirmed the seven priority development directions including the excavation of excellent crop germplasm resources, and proposed the strategic thinking and countermeasures to strengthen basic research and basic work, to strengthen the combination of biotechnology breeding and traditional breeding techniques, to strengthen the breeding of a new generation of high-quality green suitable mechanized new varieties, and then provide a basis for promoting the healthy development of crop genetics and breeding disciplines in China .

Written by Wan Jianmin, Li Xinhai, Liu Yuqiang, Ma Youzhi, Zhao jiuran, Qiu Lijuan, Li Fuguang, Zhang Xuekun, Lai Jinsheng, Chu Chengcai, Gu Xiaofeng, Xue Jiquan, Zhang Xueyong, Liu Rongrong, Lu Ming, Zheng jun

Advances in Crop Physiology

Crop physiology is one of the main disciplines of agricultural sciences and is closely related to crop production. Crop physiology studies growth and development, metabolism and energy, yield and quality, and postharvest physiology and quality at population, individual, cell and molecule levels and their relationships with yield and quality as well as postharvest maintenance, including breeding and cultivation for high yield and quality, high efficiency, stress resistance , and postharvest physiology. This report focuses on the five aspects of crop physiology, including photosynthesis, cultivation physiology, water physiology, nutritional physiology and postharvest physiology, with summarizing on the history, current situation and progress of crop physiological studies, perspectives of future research and strategy, which emphasize basic research and technology development for high yield, quality and green production of crops.

Written by Chen Xiaoya, He Zuhua, Chao daiyin, Jiang Yueming, Jiang De'an, Zhang Shaoying, Zhu Zhujun, Zhou Li

Advances in Agroecology

In China, Agroecology is defined as a discipline which applies the principle and methodology of ecology and systems theory to consider agricultural organisms with its natural and social environment as a whole , and to search for its interaction, co-evolution, regulation, control, and the principles for sustainable development. The development of agroecology in China can be traced back to late 1970s. The theory of agroecology stimulated the first eco-agriculture development in China during 1980s to 1990s. Many traditional and practical agroecosystem configurations were investigated and recorded. Large among of eco-friendly technology packages were developed and well documented. It can be considered as the knowledge driven stage. Around 2010, the food safety issue and environment issue were so serious that the importance of ecological civilization was generally accepted by the public. The development of eco-agriculture entered the social demand driven stage. In recent years, great progress has been made for agroecology in China. It includes (1) Chemical ecology and induced resistance in agriculture, (2) Biodiversity used in agricultural pests control, (3) The interaction mechanisms of inter-cropping, relay cropping and rotation systems, (4) The benefits and interaction mechanisms of integrated crop-animal production systems, (5) The development of resources saving technology and material circulation technology in agriculture, (6) The development of sustainable agroecosystems in fragile environment, and (7) Landscape ecology used in rural planning and agricultural planning.

Here are some important examples related to the research progress in Agroecology. The research results of 100 neighboring plant species of wheat disclosed that root system of wheat could identify the plant of the same species or the plant of different species by excretion of different allelopathic chemicals. The research on the soil problem of continuous cropping of Chinese medicinal herbs *Pseudostellaria heterophylla* and *Rehm, annia glutinosa Libosch* found that the structure of soil microbial community changed with increasing of pathogen and decreasing of beneficial micros. The intercropping of corn with pepper could reduced corn leaf spots by 33.9%-54.8%, and phytophthora blight of pepper by 34.7%−49.6%. The mechanisms behind included the separation of pepper root by corn root system, the attraction and kill mechanism toward spores of pepper phytophthora blight by corn root, and the induced resistant through the formation of BXs, and the induction of ABA, SA, JA process. Similar increasing of disease resistance was also found in systems of pepper intercropping with green onion, leek and rape. The intercropping of rice with water spinach could reduce rice sheath bright by 39.8%-68.8% through physical separation, microclimate improvement, allelopathic chemicals released by water spinach, and more Si absorption by rice plant. The inter-cropping of sugarcane with corn could reduce the population of corn borer, corn aphid and sugarcane aphid with significant increase of three parasitic wasps of corn borer in this system. It was found that the vetiver grass around rice field could attract rice borer and spider. Tobacco and a herb *Perilla frutescens* around rice field could attract rice brown hopper. The intercropping of wheat with broad bean could stimulate the nitrogen fixation of broad bean by reducing the N depression effect. Corn intercropping with broad bean could increase the emission of genistein and help broad bean for better nodule formation at the same time broad bean could release more organic acid to increase available phosphorus in soil. There were a lot of research on the integrated rice-duck, rice-fish, rice-shrimp, rice-frog, rice-crab, rice-soft shell turtle, and rice-loach systems in China. Their effects on rice pests, on nutrition, and on rice production were discovered more and better technical packages were further developed. Research on integrated orchards with pig, chicken, goal, rabbit, goose, or bee on soil fertility, on pest community and on fruit production were also conducted. Researches on technique related to water saving, water collection, cycling of crop stalk and animal waste has made significant progress. Many agroecosystems adapted to the arid and semi-arid region in Northwest China, Karst geomorphic area in Southwest China, and black soil region in Northeast China were identified and improved. Progress has been made on applying principles and methodology of landscape ecology on rural landscape classification and evaluation, rural planning, field corridor and vegetation patches design in the past 10 years.

The future scientific research of agroecology in China must be integrated with the reality of agriculture here. More systematic quantity data on the structure and function of agroecosystem for sustainable and optimal system design will be needed. Efforts should also be devoted to the disclose for more qualitative relationship in many unique biodiversity using systems in agriculture. The setting up of platform for agroecology development and information exchange will be important for different stakeholders such as farmers, agricultural farms, scientists, extension persons, consumers and government officers. In order to stimulate the development of agroecology practices in China, it is necessary to make better subsidy policy for agroecology and to open up broader market for agroecology products

Written by Luo Shiming, Lin Wenxiong, Fang Changxun, Yang Min, Zhu Shusheng, Li Chengyun, Li Long, Zhang Jia'en, Li Fengmin, Yu Zhenrong

Advances in Agricultural Microbiology

Agricultural microbiology research area mainly studies the basic characteristics, physiological behaviors and fundamental mechanisms of microorganisms that are related to agricultural production, food science and technology, agro-biotechnology and agro-ecology. Agricultural microbiology plays an indispensable role in alleviating or eliminating the problems caused by overuse of chemical fertilizer and pesticide, increasing crop yield, enhancing the quality of agricultural products as well as protecting and improving agricultural ecological environment.

This report summarizes the history and significant achievements of agricultural microbiology in China in recent years. Important progress has been made in many areas, including microbial mechanisms, eco-friendly pest control, disease control of major livestock and poultry, biological nitrogen fixation, and microbial enzyme engineering. The feed additive enzyme has become a high-tech industry with international competitiveness. Novel technologies of synthetic biology and microbiome are getting significance in the research of agricultural microbiology, and have brought important achievements in the design of nitrogen-fixing gene module, the biosynthesis of non-natural compounds and the investigation of the interaction between microorganism and host plant.

A series of functional genes with potential application value for stress resistance, insect resistance, drought resistance and herbicide resistance were obtained and applied to create genetically modified crops. Agricultural microbial industry has been growing steadily and has made important contributions to the sustainable development of agriculture in China.

This report also touches on the gaps between China and the developed countries on the basic research and industries of agricultural microbiology. In view of the future development in the next five years, it is significant to continue strengthening the application of basic research and innovation capacity-building, in order to actively promote the leap-forward development of microbial industry.

Written by Lin Min, Yan Yongliang, Wang Yiping, Li Jun, Zhang Ruifu, Tian Changfu

Advances in Agricultural Bioinformation Sciences

Bioinformatics is defined as the branch of science concerned with information and information flow in biological systems, especially the use of computational methods in genetics and genomics. Areas of current and future developments in bioinformatics have three parts. First part is all aspects of gathering, storing, handling, analyzing, interpreting and spreading vast amounts of biological information in databases. The information involved includes gene sequences, biological activity/function, pharmacological activity, biological structure, molecular structure, protein-protein interactions, and gene expression. The second aspect is to study various omics basis of agricultural animal and plant important economic traits formation, including the relationship between gene and protein, protein and metabolite, host and microbe, protein-protein interaction. The third is to establish the bridge between phenotype and genotype for animal or plant breeding, such as genome-wide association study, genome prediction or genomics selection.

With the development of three generations of sequencing technology, the data of agricultural biologics has been increasing explosively. The BGI has developed the GigaDB database to collect these sequencing data, with a data volume of 44T, including 104k samples, which mainly involve the genome, transcriptome and epigenome data of agricultural organisms. Meantime, various biological professional databases was developed by some agricultural bioinformatics research teams, such as CNGBdb, ONEKP, MDB, MT10K, DMAS, SNPSeek, PlantTFDB, AnimalTFDB, SeedGeneDB, Millet and so on.

How to make full use of all omics data to decipher the genetic mechanism and dig out more relevant valuable information is an urgent research field for bioinformatics researchers. Some progress has been made in the development of statistical analysis algorithms and tools. For example, some Chinese researchers focus on the development of novel genomic technologies on genome assembly, ultra-low frequency mutation detections, genomic structure variation detections, digital DNA data storage, and genome analysis. They developed efficient algorithms of assembling long sequencing reads in order to reduce computational burden under heavy workloads, proposed a novel approach of analyzing the continuous 256 bases as a mapping unit in computing to increase the speed of reads, and designed novel algorithms, NovoBreak and O2n-seq, which significantly improved the accuracy and sensitivity in detecting structural variations and extremely low-frequency mutations.

The milestone in the development of Chinese agricultural bioinformatics is the constructing the breeding program of animal genomic selection and plant genomic prediction. It is of great theoretical and practical significance to accelerate the breeding process of agricultural animals and plants, and break the technical bottleneck of breeding improvement of complex traits of agricultural animals and plants.

Written by Gao Huijiang, Zhou Zhengkui, Zhangfan,
Ding Xiangdong, Cui yanru, Wang Zhipeng,

索 引